“十二五”国家重点图书出版规划项目

新能源发电并网技术丛书

丁杰　周海　等　编著

风力发电和光伏发电预测技术

内 容 提 要

本书从电力系统持续发展的需求与风力发电和光伏发电功率预测技术的发展趋势出发，选择了一些近年来发展迅速且备受广大科研工作者和工程技术人员关注的重要研究领域，力求突出重要的学术意义和实用价值。书中分别介绍了风力发电和光伏发电预测技术的发展、风力发电和光伏发电特性、气象监测技术、数值天气预报技术、短期功率预测技术、超短期功率预测技术及风力发电和光伏发电功率预测系统。希望本书的出版能够促进我国风力发电和光伏发电预测技术的研究和应用，充分发挥预测系统在智能电网中的重要作用，推动预测技术的产业化快速发展。

本书对从事相关领域的研究人员、电力公司技术人员、风力发电和光伏发电预测系统研发人员具有一定的参考价值，也可供新能源领域的工程技术人员借鉴参考。

图书在版编目（CIP）数据

风力发电和光伏发电预测技术 / 丁杰等编著. -- 北京 : 中国水利水电出版社, 2016.1
（新能源发电并网技术丛书）
ISBN 978-7-5170-4108-5

Ⅰ. ①风… Ⅱ. ①丁… Ⅲ. ①风力发电－预测技术②太阳能发电－预测技术 Ⅳ. ①TM614②TM615

中国版本图书馆CIP数据核字(2016)第026934号

审图号：GS（2016）96 号

书　　名	新能源发电并网技术丛书 **风力发电和光伏发电预测技术**
作　　者	丁杰　周海　等 编著
出版发行	中国水利水电出版社 （北京市海淀区玉渊潭南路 1 号 D 座　100038） 网址：www.waterpub.com.cn E-mail：sales@waterpub.com.cn 电话：（010）68367658（发行部）
经　　售	北京科水图书销售中心（零售） 电话：（010）88383994、63202643、68545874 全国各地新华书店和相关出版物销售网点
排　　版	中国水利水电出版社微机排版中心
印　　刷	北京嘉恒彩色印刷有限责任公司
规　　格	184mm×260mm　16 开　11.75 印张　258 千字
版　　次	2016 年 1 月第 1 版　2016 年 1 月第 1 次印刷
定　　价	**42.00** 元

丛书编委会

本书编委会

主　编　丁　杰

副主编　周　海

编　员（按姓氏拼音排序）

陈卫东　陈志宝　程　序　崔　方

丁　煌　谭志萍　王知嘉　于炳霞

周　强　朱　想

随着全球应对气候变化呼声的日益高涨以及能源短缺、能源供应安全形势的日趋严峻，风能、太阳能、生物质能、海洋能等新能源以其清洁、安全、可再生的特点，在各国能源战略中的地位不断提高。其中风能、太阳能相对而言成本较低、技术较成熟、可靠性较高，近年来发展迅猛，并开始在能源供应中发挥重要作用。我国于2006年颁布了《中华人民共和国可再生能源法》，政府部门通过特许权招标，制定风电、光伏分区上网电价，出台光伏电价补贴机制等一系列措施，逐步建立了支持新能源开发利用的补贴和政策体系。至此，我国风电进入快速发展阶段，连续5年实现增长率超100%，并于2012年6月装机容量超过美国，成为世界第一风电大国。截至2014年年底，全国光伏发电装机容量达到2805万kW，成为仅次于德国的世界光伏装机第二大国。

根据国家规划，我国风电装机2020年将达到2亿kW。华北、东北、西北等“三北”地区以及江苏、山东沿海地区的风电主要以大规模集中开发为主，装机规模约占全国风电开发规模的70%，将建成9个千万千瓦级风电基地；中部地区则以分散式开发为多。光伏发电装机预计2020年将达到1亿kW。与风电开发不同，我国光伏发电呈现“大规模开发，集中远距离输送”与“分散式开发，就地利用”并举的模式，太阳能资源丰富的西北、华北等地区适宜建设大型地面光伏电站，中东部发达地区则以分布式建筑光伏为主，我国新能源在未来一段时间仍将保持快速发展的态势。

然而，在快速发展的同时，我国新能源也遇到了一系列亟待解决的问题，其中新能源的并网问题已经成为了社会各界关注的焦点，如新能源并网接入问题、包含大规模新能源的系统安全稳定问题、新能源的消纳问题以及新能源分布式并网带来的配电网技术和管理问题等。

新能源并网技术已经得到了国家、地方、行业、企业以及全社会广泛关注。自“十一五”以来，国家科技部在新能源并网技术方面设立了多个“973”“863”以及科技支撑计划等重大科技项目，行业中诸多企业也在新能源并网技术方面开展了大量研究和实践，在新能源的并网技术进步方面取得了丰硕的成果，有力地促进了新能源发电产业发展。

中国电力科学研究院作为国家电网公司直属科研单位，在新能源并网等方面主持和参与了多项的国家“973”“863”以及科技支撑计划和国家电网公司科技项目，开展了大量的与生产实践相关的针对性研究，主要涉及新能源并网的建模、仿真、分析、规划等基础理论和方法，新能源并网的实验、检测、评估、验证及装备研制等方面的技术研究和相关标准制定，风力、光伏发电功率预测及资源评估等气象技术研发应用，新能源并网的智能控制和调度运行技术研发应用，分布式电源、微电网以及储能的系统集成及运行控制技术研发应用等。这些研发所形成的科研成果与现场应用，在我国新能源发电产业高速发展中起到了重要的作用。

本次编著的《新能源发电并网技术丛书》内容包括电力系统储能应用技术、风力发电和光伏发电预测技术、新能源发电建模与仿真技术、光伏发电并网试验检测技术、微电网运行与控制等多个方面。该丛书是中国电力科学研究院在新能源发电并网领域的探索、实践和在大量现场应用基础上的总结，是我国首套从多个角度系统化阐述大规模及分布式新能源并网技术研究与实践的著作。希望该丛书的出版，能够吸引更多国内外专家、学者以及有志从事新能源行业的专业人士，进一步深化开展新能源并网技术的研究及应用，为促进我国新能源发电产业的技术进步发挥更大的作用！

中国科学院院士、中国电力科学研究院名誉院长： 周孝信

2015年12月

前言

风力发电、光伏发电功率预测技术是新能源发电并网中不可或缺的支撑技术，在电网优化调度、发电计划制定、电站经济运行等方面都发挥着重要作用。近年来，以风力发电、光伏发电为代表的新能源发电在我国得到了快速发展，风力发电、光伏发电自身具有波动性、随机性、间歇性，当其在电网中超过一定比例后，将对电网的控制运行和安全稳定产生风险。风力发电、光伏发电功率预测是提高风电场、光伏电站出力可预见性，为发电计划制订与电网调度提供决策支持，缓解电力系统调峰、调频压力，尽可能多地接纳风力发电、光伏发电的重要技术保障。同时，风力发电和光伏发电预测在电站发电量评估、检修计划制订以及智能运维等方面都将发挥重要作用。

2011 年，国家能源局发布《风电场功率预测预报管理暂行办法》（国能新能〔2011〕177 号），要求所有已并网运行的风电场应在 2012 年 1 月 1 日前建立风力发电预测预报体系和发电计划申报工作机制，促进开展风电功率预测。2012 年，《风电功率预报与电网协调运行实施细则（试行）》（国能新能〔2012〕12 号）规定了电网调度机构应该建立覆盖整个调度管辖区的风力发电功率预测系统，开展电力系统风力发电功率预测工作。这些举措都突显了功率预测技术在我国新能源开发利用中的重要性。

近年来，我国风力发电、光伏发电功率预测技术的研究逐步深入，关键技术不断取得突破，研究成果在我国风能、太阳能资源富集区域得到推广应用。《风电功率预测系统功能规范》（NB/T 31046—2013）《光伏发电功率预测系统功能规范》（Q/GDW 1995—2013）《光伏发电功率预测气象要素监测技术规范》（Q/GDW 1996—2013）等一系列标准成体系地制定颁布，有力地推动了预测技术的研究与应用。

本书研究的现有进展与国外风力发电、光伏发电功率预测技术同步，结合气象与出力特性分析、预测建模方法等关键技术的研究以及风力发电和光伏发电预测系统，详细介绍了风力发电和光伏发电特性、气象监测技术、数值天气预报技术、短期和超短期预测技术，以及风力发电和光伏发电预测技术的实际工程应用。

本书共7章：其中第1章由崔方编写；第2章由周强编写；第3章由程序编写；第4章由丁煌编写；第5章由谭志萍和于炳霞编写；第6章由陈志宝编写；第7章由朱想和王知嘉编写。全书编写过程中得到了陈卫东、居蓉蓉、彭佩佩等同事的大力协助，全书由丁杰、周海指导完成。

本书在编写过程中参阅了很多前辈的工作成果，在此深表衷心的敬意与感谢。中国电力科学研究院新能源所的领导、专家王伟胜、吴福保、朱凌志等也对本书的编写给予了高度重视、深切关怀和精心指导，在此一并向他们致以真诚的感谢！

本书仅对目前的气象资源与出力特性、预测技术、系统应用涉及的关键问题进行系统地阐述。随着精细化数值模拟、预测模型算法、误差校正等技术的快速发展，我们将努力探索和实践，将新技术的科研成果不断地应用于生产实践，持续提升预测精度。

稳定、可靠、精度高、适用于新能源电力市场竞价的风力发电、光伏发电功率预测产品在发电调度中的应用需求越来越迫切，随着我国风力发电和光伏发电产业的持续高速发展、规模扩大，我们的研究与实践将任重道远。

限于作者水平和实践经验有限，书中难免有不足和待改进之处，恳请读者批评指正。

作者

2015年12月

目录

第1章　风力发电和光伏发电预测技术的发展

环境保护与可持续发展是贯穿21世纪全球性的重大战略方针和迫切任务。鉴于化石燃料趋于枯竭、环境污染等问题日益严峻，越来越多的国家将新能源发电，特别是风力发电和光伏发电作为缓解能源压力、改变能源结构、促进可持续发展的重要手段和长远战略。

2006年《中华人民共和国可再生能源法》实施后，我国风力发电进入大规模发展阶段。统计数据显示，2009年我国风电装机首次突破1000万kW，至2014年年底累计并网装机容量达到9637万kW，占全部发电装机容量7%，占全球风电装机的27%。与此同时，我国光伏发电的装机容量在2014年底达到2805万kW，同比增长60%。如此大规模的风力发电和光伏发电接入电网，势必给电网的运行控制和安全稳定带来巨大挑战。

风力发电和光伏发电预测的重要作用在于提高风电场、光伏电站的出力可预见性，为发电计划制订与电网优化调度提供决策支持，缓解电力系统调峰、调频压力，使得电网能够在安全稳定运行的前提下，尽可能多地接纳风力发电、光伏发电。同时，风力发电和光伏发电预测在电站发电量评估、检修计划制订以及智能运维等方面都将发挥重要作用。

1.1　基本概念

风力发电与光伏发电预测技术具有一定的共性，即采用风电场、光伏电站的历史功率、气象、地形地貌、数值天气预报和设备状态等数据建立输出功率的预测模型，以气象实测数据、功率数据和数值天气预报数据作为模型的输入，经计算得到未来时段的输出功率值。

根据应用需求的不同，预测的时间尺度分为超短期和短期，分别对应未来15min～4h和未来0～72h的输出功率预测，预测的时间分辨率均不低于15min。

风力发电和光伏发电预测技术具有多学科综合应用的特点，需要了解和掌握风能和太阳能资源评估、气象监测、数值天气预报、风力发电和光伏发电功率预测系统等相关技术。

风能太阳能资源评估是指通过对某一区域的风速、风向、太阳辐射等观测要素的时间序列分析，估算区域风能、太阳能资源储量，并对资源分布情况作出分析和评价。目前，风能、太阳能资源评估方法主要有基于气象观测资料的资源评估、基于数值模拟的资源评估、基于卫星遥感技术的资源评估等。

气象监测是基于标准自动气象站，通过网络通信实现与中心站数据传输的局地气象要素高频次监测。在风力发电和光伏发电预测中，气象监测数据既是预测模型训练和优化的主要依据，同时又是超短期预测模型的关键输入，这对气象数据采集的实时性提出了更高要求，数据传输时间间隔一般不超过5min。

数值天气预报（Numerical Weather Prediction，NWP）是根据大气实际情况，在一定的初值和边值条件下，通过大型计算机进行数值计算，从而求解描写天气演变过程的流体力学和热力学方程组，预测未来一定时段的大气运动状态和天气现象的方法。在风力发电和光伏发电预测技术中，数值天气预报数据是短期预测模型的关键输入，提供指定空间和时间分辨率的风速、风向、总辐射、温度、气压等要素预报值。

风力发电功率预测系统和光伏发电功率预测系统是分别针对风力发电、光伏发电，利用服务器、工作站、数据通信等相关设备，进行数据信息收集、传输和高级应用的集成化人机系统。该系统一般包括数据采集单元、处理单元、存储单元、计算单元，可实现对单个或多个发电站未来一段时间内输出功率的预测，并对数据进行展示、统计、分析。

1.2　研究内容

本书综合国内外风力发电和光伏发电预测技术的研究进展，分析预测技术各环节中的影响因素，介绍风力发电和光伏发电预测技术中的风能和太阳能资源与发电特性研究、微区域的气象监测技术研究、数值天气预报的应用技术研究、功率预测方法研究，以及预测系统应用开发等部分。

在风能、太阳能资源与发电特性部分，主要研究了风能、太阳能的资源特性，结合风力发电和光伏发电的原理，剖析风力发电和光伏发电的出力特性，使读者能够清晰地了解大气中风的运动特征和太阳辐射的传播机理，掌握风能、太阳能时间变化与空间分布的影响因素，从而更加深入地理解研究对象。

在气象监测技术部分，从风力发电和光伏发电预测对气象实测数据的需求出发，阐述了气象要素类别、监测方式、测站选址技术和监测系统设计。新能源电站气象数据是预测模型训练、数值天气预报校验的关键数据源，同时也是风能和太阳能资源评估、新能源电站选址、电网建设规划的重要数据基础，与气象部门的专业观测形成优势互补。

数值天气预报的应用研究包括数值模式本身的研究开发、风能和太阳能模拟及预报研究。该部分介绍了NWP的基本原理和方法，阐述了面向风能、太阳能资源的中尺度数值模拟关键技术，并结合风力发电和光伏发电功率预测中对风速、风向、辐射等气象要素的预报需求，研究风能、太阳能数值天气预报业务系统的典型设计。在功率预测中，NWP的优势在于通过大气运动的物理机制，准确求解大范围风能、太阳能资源分布及未来一段时间内的变化趋势，有效地克服了统计方法在气象要素短期预测中的局限性。

在风力发电和光伏发电功率预测方法研究部分，通过总结国内外技术发展现状，探讨了风和太阳辐射的主要影响因素（即预测关键量）的分类方法、量化方法，以风力发电、光伏发电的原理为基础，结合工程实践经验，阐述短期和超短期单站功率预测、区域功率预测以及多模型组合预测等建模技术，详细介绍预测误差校正和预测不确定性分析方法。

风力发电和光伏发电功率预测系统是集气象要素监测与预测、发电功率超短期和短期预测、资源特性分析评价以及数据统计分析等功能为一体的应用软件。系统以相关技术标准要求为开发依据，根据实际应用需求和应用场景进行系统设计与开发，主要研发内容包括数据库设计、系统功能设计、数据接口设计、人机界面等设计，以及相关软件开发。

1.3 现状与挑战

20 世纪 90 年代初，丹麦 Risø 实验室设计开发了首个风电场短期功率预测系统 Prediktor。在随后的几十年间，一系列的政策、市场激励使得国内外风力发电和光伏发电产业得到蓬勃发展，新能源发电功率预测的需求也变得异常旺盛，预测技术从探索研究发展到现场应用，市面上出现了不同厂家研发的预测系统。

2008 年 11 月，我国首套风电功率预测系统 WPFS 由中国电力科学研究院研发完成，并在吉林省电力调度中心投入运行。迄今为止，我国各个新能源富集省份的电网调度中心均已具备了风力发电功率或光伏发电功率预测能力。2011 年，国家能源局发布《风电场功率预测预报管理暂行办法》（国能新能〔2011〕177 号），要求所有已并网运行的风电场应在 2012 年 1 月 1 日前建立风电预测预报体系和发电计划申报工作机制，此举大力促进了预测系统在风电行业的应用推广。随着光伏发电的蓬勃兴起，光伏发电功率预测系统也获得了广泛应用。

经过多年的实践与发展，目前大多数发电功率预测系统均能达到国内相关标准的要求，但在系统运行的可靠性、预测精度的稳定性、短期预测的最大偏差等方面尚有不足，部分关键技术指标的整体水平与电网调度需求存在差距。当前风力发电和光伏发电预测还面临着一些问题和挑战。

（1）气象监测数据的质量。风速、风向、总辐射、气压等气象监测数据是预测系统建模的主要依据，同时也是数值天气预报预测数据校准的基本前提。

在实践中发现，由于多方面的原因，气象监测系统在设备质量、日常维护以及通信保障等方面还存在较多问题，相当一部分监测系统的数据完整性、可信度堪忧，使得诸如预测模型在线训练、预测误差实时校正等重要功能难以得到广泛应用。在区域性的新能源场站群功率预测建模中，根据风能、太阳能资源特性分析的需要，需要多个甚至数十个气象监测站进行实时气象数据采集，这对不同监测站数据采集的连续性和同步性提出了较高要求。

气象监测数据直接影响着风能、太阳能资源的调查和分析研究，上述问题的解决不仅有助于预测精度的提高，也将对我国气象资源开发利用和新能源电站发展规划提供极

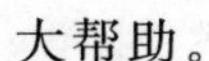

大帮助。

（2）基于中尺度模式的精细化预测。目前，用于风力发电和光伏发电预测的数值天气预报主要为中尺度模式，较为常见的水平分辨率是9～1km，下部摩擦层中垂直分辨率为10m。一般而言，中尺度模式的空间分辨率并非越高越好，1km以下水平分辨率的预报精度要求，不仅超出了中尺度模式的适用范围，且不尽科学的精细化处理可能影响到气象要素预报的质量。

相比于自由大气，下部摩擦层气象要素的影响因素（如植被、建筑、地形等）更为复杂，风速、风向、太阳短波辐射的数值预报具有较高的技术难度。因此，今后中尺度区域模式将在模式的物理过程（尤其是云物理过程、湍流过程）参数化方案、资料同化方法、集合预报以及突发性、局地性的小尺度天气系统预报技巧等方面开展深入的技术研究。

对于风力发电功率预测技术，中小尺度耦合技术将有可能提供空间分辨率为100m×100m甚至更为精细的风向量预报场。在充分研究不同尺度物理多样性、风力发电机组的边界层影响，以及叶轮转动引起的尾流效应的前提下，中小尺度数值模拟将可为逐台风电机组提供更为精细的风速、风向预测值，这必将大大降低粗网格情况下由于风向量空间不均匀性所引起的风力发电功率预测误差。

用于光伏发电功率预测的数值天气预报，除考虑模式本身的研究外，还需要进一步解决大气污染排放对于大气透明度的影响问题，深入研究煤烟、沙尘等气溶胶颗粒对组件入射短波辐射的衰减效应，此外，降雪与融雪的日前预测也是一个非常值得探讨的课题。

未来数值天气预报的研究将更加侧重于行业的实际应用需求，精细化的数值预报产品将为气象资源评估、发电功率预测提供更为可靠的数据服务。随着我国数值天气预报商业化进程的推进，数据产品的成本价格逐步降低后，多源数值预报的集合预报技术的实用化将成为可能，这将大大提升气象要素预报的稳定性和准确性。

参　考　文　献

［1］迟永宁，刘燕华，王伟胜，等．风电接入对电力系统的影响［J］．电网技术，2007，31(3)：77－81.

［2］谷兴凯，范高锋，王晓蓉，等．风电功率预测技术综述［J］．电网技术，2007.

［3］范高锋，裴哲义，辛耀中．风电功率预测的发展现状与展望［J］．中国电力，2011，44（6）：38－41.

［4］C. Monteiro，R. Bessa，V. Miranda，et al. Wind power forecasting：state-of-the-art 2009［J］．Argonne National Laboratory，ANL/DIS－10－1，Decision and Information Sciences Division，2009，32（2）：124－130.

［5］E. Lorenz，J. Hurka，G. Karampela，et al. Qualified Forecast of Ensemble Power Production by Spatially Dispersed Gridconnected PV Systems［C］．23rd European Photovoltaic Solar Energy Conference，IEA Task 36，2007.

［6］Lange M. On The Uncertainty of Wind Power Predictions-Analysis of The Forecast Accuracy and Statistical Distribution of Errors［J］．Journal of Solar Energy Engineering，2005，127（2）：177－184.

第2章　风力发电和光伏发电特性

风力发电和光伏发电特性与风能和太阳能资源自身特性密切相关，它是风力发电和光伏发电功率预测技术的研究基础，也是考量预测模型适应性的重要条件。本章以气象要素观测资料、风电场和光伏发电站有功功率的实际监测数据为对象，分析研究风能和太阳能资源特性及其时空分布特性，结合风力发电和光伏发电的基本原理，对风力发电、光伏发电的出力特性进行较为全面的阐述。

2.1　风能资源特性

风能资源是选择风电开发区域的主要依据，也是影响风力发电特性的关键因素。本节从风力发电功率预测研究的实际需求出发，对局地风能资源的变化特性以及风能资源的评价指标进行介绍。

2.1.1　风的变化特性

风是由太阳辐射对地球表面加热不均所形成的气压梯度力产生的，其首要的度量指标即为风速。风速是单位时间内空气在水平方向上的移动距离，主要由气压梯度力决定。

风速可以看成时间和空间的函数，因而在不同的时间尺度下具有不同的规律。随着风速与风向的变化，风中可利用的能量也随之变化。

风速逐秒变化曲线如图2-1（a）所示。风速的短时间波动主要受地形、地貌和中小尺度天气系统影响，地形、地貌对气流的影响体现为强迫作用，可以简化为刚体物质对于流体运动的影响，中小尺度天气系统的生消周期短，对大气扰动作用强，容易导致湍流。

风速逐小时变化柱状图如图2-1（b）所示。风速的日变化主要与天气系统和下垫面的属性相关。一般情况下，陆地上是白天风速大，夜间风速小，这与白天太阳辐射强、空气对流旺盛密切相关。大气层高层的流体动量下传，迫使下层空气流动加速，因而近地层和地球表层一般也被看作大气动量的“汇”。日落后，热容较低的地球表层迅速冷却，大气的垂直流动趋于稳定，风速逐渐减小。相比之下，海面的粗糙度低、热容高，风速的日变化呈现与陆地相反的特点。

此外，随着季节的不同，风速也会有相应地变化，风速逐月变化柱状图如图2-1（c）所示。对于东亚大陆的风能而言，受北半球永久性、半永久性天气系统等因素影响，大气的周期性调整使得地表风能普遍表现为6—10月贫乏，冬半年丰裕的特点。这

一季节性变化的根本原因是地球与太阳相对运动的周期性。

除时间尺度上的变化外，风速还随高度变化，风速随高度变化曲线如图 2－1（d）所示。风在近地层中的运动同时受到动力因素和热力因素的影响。动力因素的来源主要为地面的摩擦阻力，这一阻力可能是由地球表面自身的粗糙度引起的，也可能是由于植被及地面上的建筑物引起的，风速在高度上的变化很大程度上取决于地面的粗糙度。而热力因素则与近地层的大气垂直稳定度有直接关系，不同的层结下，风廓线的数学表达差异较大，因而风随高度的变化规律也显得复杂。

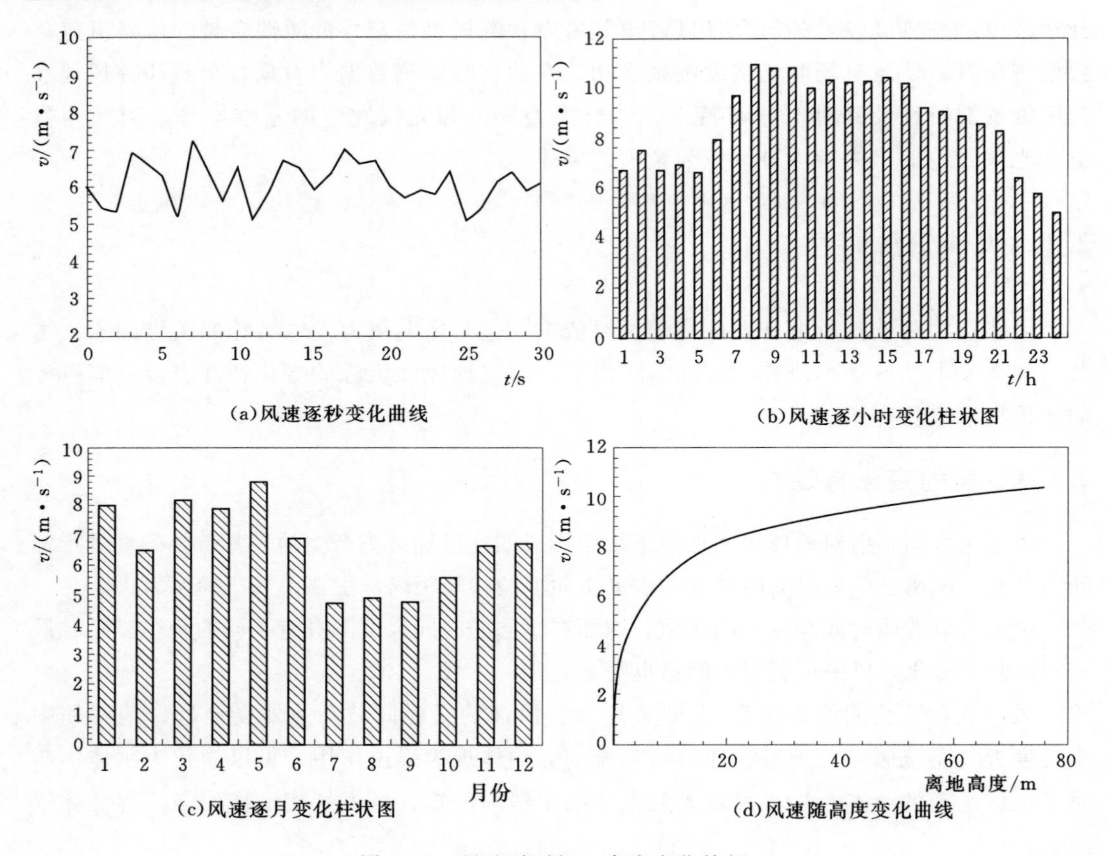

图 2－1　风速随时间、高度变化特征

2.1.2　风能资源的评价

针对风电场的建设与运行需求，在分析某地的风能状况时，需对采集的风数据进行分析和解释。离计划开发区域较近的气象站数据可以用来做初步分析，获得风况概貌。初步分析后，还要在场址上实地测风，通常为期一年。

（1）平均风速。平均风速是反映风能资源的重要参数，一般分为月平均风速和年平均风速 $\overline{v}$：

$$\overline{v}=\frac{1}{n}\sum_{i=1}^{n}v_i \tag{2-1}$$

式中 v_i——风速；

n——测量数据的个数。

(2) 风频分布。风频分布表示一段时间内不同风速出现的概率，一般用风速频率来表示。某地一年内发生同一风速的样本数与总体样本数的比，即为该风速的频率。

当风速超过规定的最高允许值时，风力发电机组有损坏的危险，风力发电机组将立即停转，这个停机风速称为“切出风速”。风力发电机组还有一个能够启动的最低风速，称为“切入风速”。在风电场建设区域风能资源评估中，通常较为关注“切入风速”与“切出风速”间各段风速区间的频率分布特点，作为评估的基本依据。

(3) 风玫瑰图。任意地点的风向、风速及其持续时间都是变化的。为了更为直观地刻画这一变化，可采用风玫瑰图来进行风能资源测量数据的统计。

风玫瑰图如图 2-2 所示，这是根据某一地区长期记录的风向、风速数值，按一定比例绘制，一般采用 8 个或 16 个方位表示。由于该图的形状似玫瑰花朵，故名“风玫瑰”。

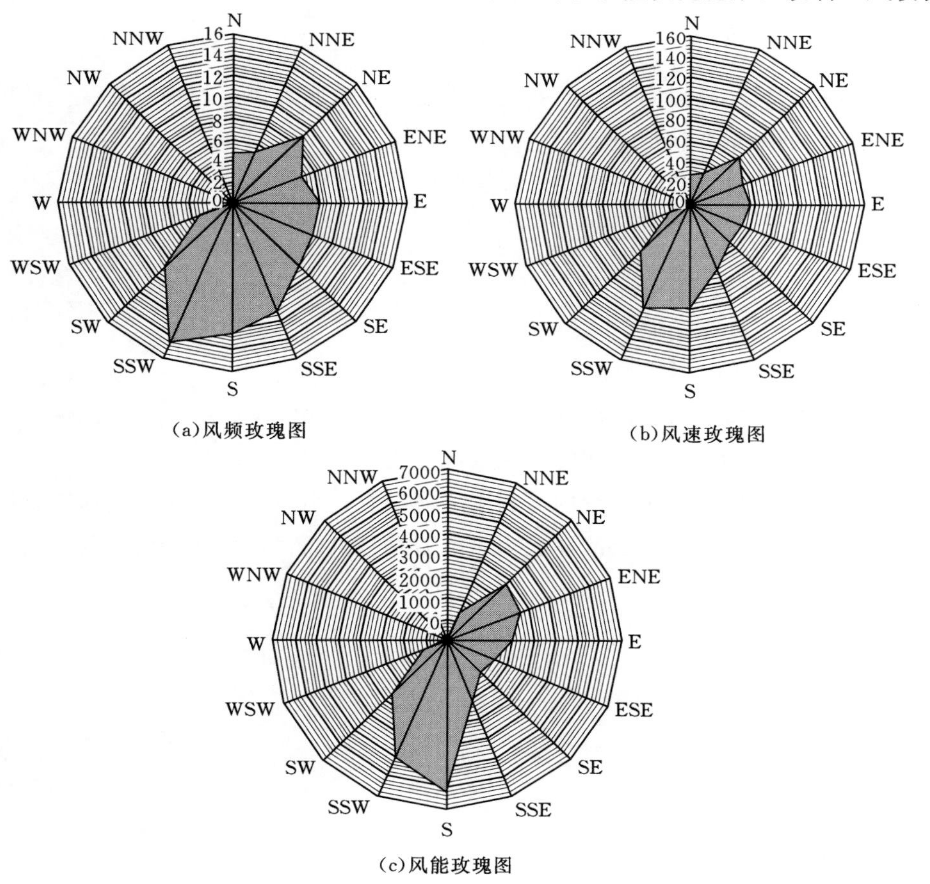

(a)风频玫瑰图

(b)风速玫瑰图

(c)风能玫瑰图

图 2-2 风玫瑰图

风玫瑰图可以表达某一方位的风所占时间百分比，由此得出主风向。上述时间百分比和该方向平均风速的乘积，为风频谱的平均强度信息。上述时间百分比乘以该方向风速的三次方，则得到各个方向上的风能。

（4）湍流强度。当风通过粗糙的地表及障碍物时，风速和风向会迅速地变化，这一现象是由湍流造成的，气流越过障碍物如图 2-3 所示。湍流强度取决于障碍物的尺寸和形状。基于湍流特性，湍流区域在障碍物前可以扩展到 5 倍障碍物高度区域，在障碍物后侧，其影响区域为障碍物的 10～15 倍。在垂直方向上，湍流的影响在 2～3 倍障碍物高度处仍然显著。

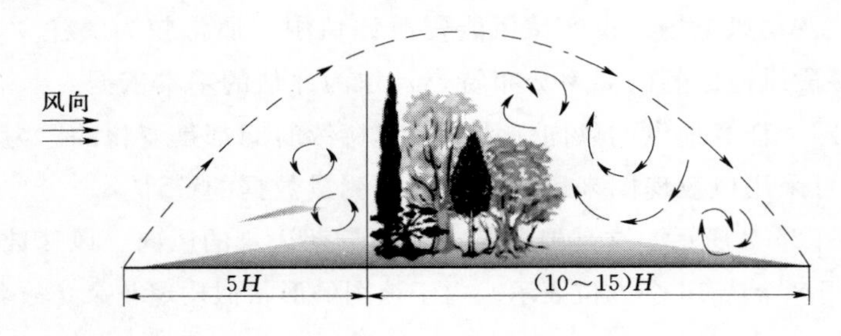

图 2-3　气流越过障碍物示意图

湍流强度描述风速随时间和空间变化的程度，反映脉动风速的相对强度，是描述大气湍流运动特性的最重要特征量。

湍流强度 ε 定义为脉动风速均方根值与平均风速之比。

$$\varepsilon=\frac{\sqrt{(\overline{u'^2}+\overline{v'^2}+\overline{w'^2})/3}}{\sqrt{\overline{u}^2+\overline{v}^2+\overline{w}^2}}=\frac{\sqrt{(\overline{u'^2}+\overline{v'^2}+\overline{w'^2})/3}}{\overline{v}} \tag{2-2}$$

式中　u，v，w——风速三维空间分布的分量；

u'，v'，w'——相应的扰动量。

湍流强度 $\varepsilon \leqslant 0.1$ 时，表示湍流较小；相对于风力发电，$\varepsilon \geqslant 0.25$ 表明湍流过大，易引起风能转化系统振动、载荷不均匀，导致风电机组输出功率减少。

（5）平均风能密度。一个区域的可利用风能资源，由该区域常年平均风能密度的大小决定。风能密度是单位面积上的风能，对风力发电机而言，风能密度是其叶轮扫过单位面积的风能，即

$$W=\frac{1}{2}\rho v^3 \tag{2-3}$$

式中　W——风能密度；

ρ——空气密度；

v——风速。

常年平均风能密度为：

$$\overline{W}=\frac{1}{T}\int_0^T \frac{1}{2}\rho v^3 \mathrm{d}t \tag{2-4}$$

式中 $\overline{W}$——平均风能密度；

T——总时间长度。

（6）有效风能密度。对于风力发电机组而言，可利用的风能是在“切入风速”和“切出风速”之间的有效风速范围内，这个范围内的风能叫“有效风能”，该风速范围内的平均风功率密度称为“有效风功率密度”。

$$\overline{W_e} = \int_{v_2}^{v_1} \frac{1}{2}\rho v^3 P'(v)\mathrm{d}v \tag{2-5}$$

式中 v_1——切入风速；

v_2——切出风速；

P'——有效风速范围内的风速概率密度分布函数。

（7）风速的典型随机分布。一年中，每个月的风速不只是大小不同，其分布规律也有差异。常用来描述平均风速随机性的分布主要有双参数 Weibull 分布、Rayleigh 分布、LogNormal 分布。其中，双参数 Weibull 分布被普遍认为适用于风速作统计描述的概率密度函数。

Weibull 分布是一种单峰的、双参数的分布，其概率密度可表示为：

$$p(x) = \frac{k}{c}\left(\frac{x}{c}\right)^{k-1}\exp\left[-\left(\frac{x}{c}\right)^{k}\right] \tag{2-6}$$

式中 k，c——Weibull 分布的两个参数；k 称作形状参数，决定分布曲线的形状，c 称作尺度参数，决定平均风速分布的尺度。

不同月份风速的 Weibull 分布，其形状参数 k 和尺度参数 c 的差别很大，这说明不同月份风速具有不同分布规律。形状参数 k 的改变对分布曲线型式有很大影响。当 $0<k<1$ 时，分布为众数为 0，分布密度为 x 的减函数；当 $k=1$ 时，分布呈指数型；当 $k=2$ 时，分布为瑞利分布；当 $k=3.5$ 时，分布接近正态分布。

（8）风切变。在了解某一风电场的风能资源特性时，地表 0～100m 的风切变特征是需要重点考虑的一项因素。如果一台风电机组的叶轮直径为 68m、轮毂中心高 65m，叶尖最低时和最高时的高度将相差 68m，风能的铅直变化将重点关注 30～100m。而不同高度的风速是不同的，作用在叶片上的力以及可利用的风能会因叶片位置的不同而有重大变化。

风速随高度的增加幅度、水平风向的垂直变化均受地面粗糙度大小和障碍物的物理特征影响。植被稠密会大大削弱近地层风的强度，平滑的地表则对风切变的影响较小。通常用粗糙度高度来表征地表的粗糙度，平坦光滑地表为 0.005m，开阔草地为0.025～0.1m，中耕作物取 0.2～0.3m，果园和灌木丛为 0.1～0.5m，森林以及城镇中心为1～2m。上述粗糙高度的估计有利于垂直风切变的分析研究和实际计算。

（9）加速效应。加速效应是地形对气流的动力作用之一。当气流由较宽阔地带进入狭窄区域（例如穿过两侧高山或高山间的峡谷）时，由于横截面积减小，光滑的山脊会加速流经它的气流，产生加速效应，也称狭管效应，山脊上的加速效应如图 2-4 所示。

地形自身的几何形状是影响加速效应的重要因素。当山脊坡度在 6°～16°之间或山脊的凹面为迎风面时，加速效应显著；主导风向平行于山脊时，加速效应小；主导风向垂直于山脊时，加速效应大。

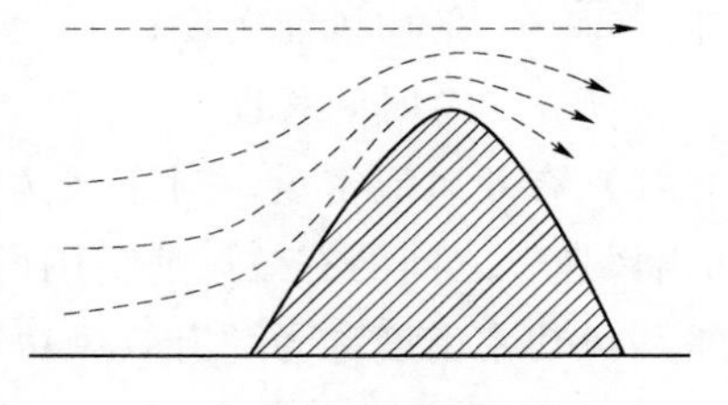

图 2-4　山脊上的加速效应

2.2　太阳能资源特性

太阳能资源的变化受太阳高度角、大气条件、地形等因素影响。其中，大气条件是造成地球表面太阳辐射非均匀性、太阳辐射瞬时波动的主要原因。本节以太阳辐射的大气传输理论为基础，对地表太阳能资源的变化特性以及太阳能资源的评价指标进行介绍。

2.2.1　太阳辐射的变化特性

辐射是太阳能传输到地球的唯一途径。太阳辐射中辐射能波长的分布，称为太阳辐射光谱。太阳辐射主要是可见光（0.4～0.76μm），此外还有不可见的红外线（>0.76μm）和紫外线（<0.4μm）。在全部辐射能之中，波长在 0.15～0.4μm 之间的占 99%以上，且主要分布在可见光区和红外区，前者占太阳辐射总能量的 50%，后者占 43%，紫外区的太阳辐射能只占总能量的 7%，太阳辐射光谱如图 2-5 所示。

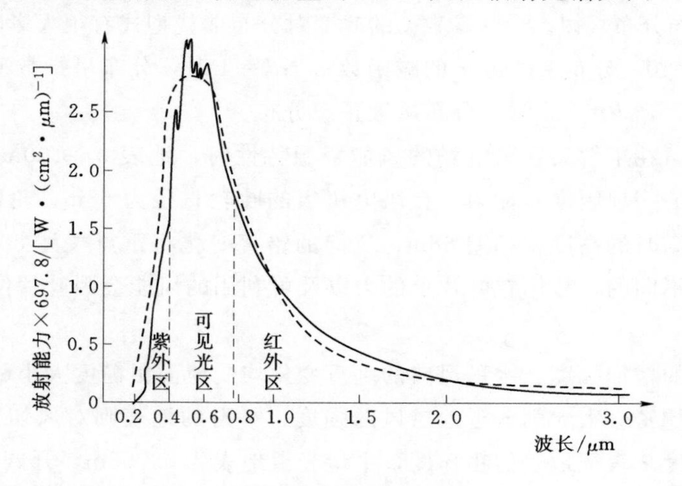

图 2-5　太阳辐射光谱

就日地平均距离而言，大气上界垂直于太阳入射光线的单位面积单位时间内获得的太阳辐射能量称为太阳常数。1981 年世界气象组织推荐的太阳常数最佳值为 1367±7W/m²。大气层水平面上的太阳辐射日总量 H_0 为：

$$H_0=\frac{24\times3600}{\pi}\gamma I_{sc}\left(\frac{\pi\omega_s}{180^\circ}\sin\varphi\sin\delta+\cos\varphi\cos\delta\sin\omega_s\right) \tag{2-7}$$

式中 I_{sc}——太阳常数；

ω_s——日出、日落时角；

δ——太阳赤纬角；

γ——日地距离变化引起大气层上界的太阳辐射通量的修正值。

$$\gamma=1+0.033\cos\frac{360^\circ n}{365} \tag{2-8}$$

式中 n——一年中的日期序号。

太阳辐射到达地表前要通过大气层，由于大气对太阳辐射有一定的吸收、散射和反射作用。实际投射到大气上界的太阳辐射不能完全到达地面，在地球表面获得的太阳辐射强度比太阳常数值要小。

(1) 大气对太阳辐射的吸收。大气中的某些成分会选择性吸收一定波长的太阳辐射，这些成分主要有水汽、氧、臭氧、二氧化碳及固体杂质等。吸收太阳短波辐射的主要是水汽，其次是氧和臭氧。

水汽在可见光区有不少吸收带，但最强的吸收带在红外区。太阳辐射能量主要在短波部分，因此水汽吸收的太阳辐射的能量并不多。据估计，太阳辐射因水汽的吸收可减弱4%～15%。

氧在波长小于0.2μm处有一宽吸收带，吸收能力较强。臭氧在0.6μm处有一宽吸收带，虽然吸收能力不强，但因位于太阳辐射最强的辐射带里，所以吸收的太阳辐射能量较多。

由于大气中主要吸收物质对太阳辐射的吸收带都位于太阳辐射两端能量较小的区域，因此对太阳辐射的削减作用不大。

(2) 大气对太阳辐射的散射。太阳辐射通过大气时，会碰到空气分子、云滴、尘埃等粒子，发生散射现象。散射只是改变辐射的方向，并不吸收辐射能。经过散射，一部分太阳辐射无法到达地面。如果太阳辐射遇到直径比波长小的空气分子，则辐射的波长越短，散射越强，其散射能力与波长的四次方成正比。这种散射是有选择性的，称为分子散射，也叫瑞利散射。如果太阳辐射遇到直径比波长大的质点，辐射虽然也要被散射，但这种散射是没有选择性的，辐射的各种波长都要被散射，这种散射称为粗粒散射，也叫米散射。

(3) 云层、尘埃对太阳辐射的反射。大气中的云层和较大颗粒的尘埃能将太阳辐射中的一部分能量反射到宇宙空间，其中云的反射作用最为显著。反射对各种波长没有选择性，所以反射光呈白色。云的反射能力因云状和云厚而不同，高云反射率约25%，中云为50%，低云为65%，稀薄的云层也可反射10%～20%。厚的云层反射可达90%，一般情况下云的平均反射率为50%～55%。

上述三种作用中，反射作用最为重要，散射作用次之，吸收作用最小。太阳辐射约有 30%被散射和漫射回宇宙，约 20%被大气和云层直接吸收，到达地面被吸收的太阳辐射约 50%。

(4) 地表总辐射的变化。太阳辐射经过大气的减弱后，以平行光线的形式直接投射到地面上的部分，称为直接辐射，经过散射后由天空投射到地面的，称为散射辐射，两者之和称为总辐射。

影响太阳直接辐射强度的最主要因子为太阳高度角和大气透明度。

太阳高度角是从太阳中心直射到地球某一地点的光线与当地水平面的夹角，是决定地球表面获得太阳能数量的最重要因素，太阳高度角不同，地表单位面积上获得的太阳辐射也就不同。太阳高度角越小，等量的太阳辐射散布面积就越大，单位面积上获得的太阳辐射就越小。同时，太阳高度角越小，太阳辐射穿过大气层时经过的距离也就越长，被大气削弱的也就越多。

当地面为标准气压（1013hPa）时，太阳光垂直投射到地面所经过的路程中，单位截面积的空气柱质量称为一个大气质量。在相同的大气质量和相同的太阳高度角情况下，到达地面的太阳辐射也不完全一样，因为还受大气透明系数（p）的影响：

$$p=\frac{I}{I_0} \tag{2-9}$$

式中　I_0——太阳常数；

I——到达地面的太阳辐射强度。

大气中所含的水汽、尘埃等杂质越多，大气透明程度越差，透明系数越小，太阳辐射受到的减弱也就越强。

太阳辐射透过大气层后的减弱程度与大气透明系数和通过大气质量之间的关系可以表示为：

$$I=I_0 p^m \tag{2-10}$$

式中　m——大气质量数。

由此可以看出，如果大气透明系数一定，大气质量数以等差级数增加，则透过大气层到达地面的太阳辐射以等比级数减小。

散射辐射的强弱也与太阳高度角和大气透明度有关。太阳高度角增大时，到达近地面层的直接辐射增强，散射辐射也就随之增强。而太阳高度角减小时，到达近地面层的直接辐射减小，散射辐射也就相应地减弱。大气透明度较低时，空气中水汽、尘埃等杂质较多，散射作用增强，散射辐射较大。反之，散射辐射则较小。

日出以前，地面上只有散射辐射；日出以后，随着太阳高度的升高，直接辐射和散射辐射逐渐增加，直接辐射增加的较快，总辐射中散射辐射的比重不断减小。理想条件下，太阳高度角约为 8°时，直接辐射与散射辐射相等；当太阳高度角为 50°时，散射辐射仅相当于总辐射的 10%～20%；正午时刻直接辐射和散射辐射都达到一天中的最大值；当天空有云时，直接辐射的减弱比散射辐射的增强要多，总辐射最大值出现的时间可能提前或者推后。

2.2.2 太阳能资源的评价

对太阳能资源进行评估时，所用的数据必须为具有气候意义的多年气候平均值。根据气象行业标准《太阳能资源评估方法》（QX/T 89—2008）和国家标准《太阳能资源等级总辐射》（QX/T 31155—2014），通常采用的太阳能资源评估指标包括太阳辐射年总量、稳定度和直射比。

（1）太阳总辐射年总量。太阳能资源丰富等级见表 2－1，依据年总量指标可将太阳能资源的丰富程度划分为四个等级：太阳总辐射年总量≥1750kW·h/(m^2·a）为资源最丰富；1400～1750kW·h/(m^2·a）为资源很丰富；1050～1400kW·h/(m^2·a）为资源丰富；＜1050kW·h/(m^2·a）为资源一般。

表 2－1　　太阳能资源丰富等级表

太阳总辐射年总量	资源丰富度
≥1750kW·h/(m^2·a)	资源最丰富
≥6300MJ/(m^2·a)	
1400～1750kW·h/(m^2·a)	资源很丰富
5040～6300MJ/(m^2·a)	
1050～1400kW·h/(m^2·a)	资源丰富
3780～5040MJ/(m^2·a)	
＜1050kW·h/(m^2·a)	资源一般
＜3780MJ/(m^2·a)	

按接受太阳辐射量的大小，我国大致上可分为五类地区：

1）一类地区是我国太阳能资源最丰富的地区，全年日照时数为 3200～3300h，辐射量在 6680～8400MJ/(m^2·a)，主要包括青藏高原、甘肃北部、宁夏北部和新疆南部等地区。

2）二类地区是我国太阳能资源比较丰富的地区，全年日照时数为 3000～3200h，辐射量在 5852～6680MJ/(m^2·a)，主要包括河北西部、山西北部、内蒙古南部、宁夏南部、甘肃中部、青海东部等地区。

3）三类地区是我国太阳能资源中等类型地区，全年日照时数为 2200～3000h，年太阳辐射总量为 5016～5852MJ/(m^2·a)，包括了山东、河南、河北东南部、山西南部、新疆北部、吉林、辽宁、云南、陕西北部、甘肃东南部、广东南部、福建南部、江苏北部等地区。

4）四类地区是我国太阳能资源较差地区，全年日照时数为 1400～2200h，辐射量在 4180～5016MJ/(m^2·a)，主要位于长江中下游地区。

5）五类地区是我国太阳能资源最少的地区，全年日照时数为 1000～1400h，年太阳辐射总量为 3344～4180MJ/(m^2·a)，主要包括四川、贵州等地区。

（2）稳定度。太阳能资源稳定度有两种表达方式。

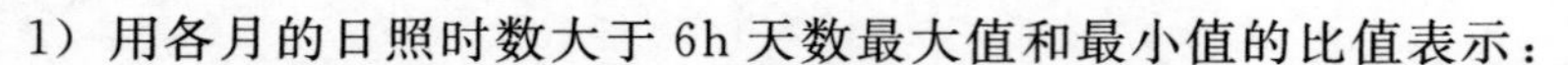

1）用各月的日照时数大于6h天数最大值和最小值的比值表示：

$$K=\frac{\max(Day_1,Day_2,\cdots,Day_{12})}{\min(Day_1,Day_2,\cdots,Day_{12})} \tag{2-11}$$

式中 Day_1，Day_2，…，Day_{12}——1—12月各月日照时数大于6h的天数。

稳定度等级见表2-2。

表2-2　　稳定度等级

太阳能资源稳定度指标	稳定程度	太阳能资源稳定度指标	稳定程度
<2	稳定	>4	不稳定
2～4	较稳定		

2）用全年各月总辐射量最小值与最大值的比值表征总辐射年变化的稳定度，其数值在（0，1）区间变化，越接近于1越稳定。稳定度等级见表2-3。

表2-3　　稳定度等级

等级名称	分级阈值	等级符号
很稳定	$R_w \geqslant 0.47$	A
稳定	$0.36 \leqslant R_w < 0.47$	B
一般	$0.28 \leqslant R_w < 0.36$	C
欠稳定	$R_w < 0.28$	D

R_w 为太阳总辐射稳定度，划分为4个等级。很稳定（A）、稳定（B）、一般（C）、欠稳定（D）。

（3）直射比。总辐射由直接辐射和散射辐射构成，不同的气候类型区，直接辐射和散射辐射在总辐射中所占比例各有不同。在开发利用辐射时，要依据其主要的辐射形式特点。直射比表示一段时间内直接辐射量和总辐射量之比，在实际大气中其数值在（0，1）区间变化，越接近1，直接辐射所占的比例越高。直射比等级见表2-4。

表2-4　　直射比等级

等级名称	分级阈值	等级符号	等级说明
很高	$R_D \geqslant 0.6$	A	直接辐射主导
高	$0.5 \leqslant R_D < 0.6$	B	直接辐射较多
中	$0.35 \leqslant R_D < 0.5$	C	散射辐射较多
低	$R_D < 0.35$	D	散射辐射主导

R_D 表示年直射比，将全国太阳能资源分为4个等级，分别为很高（A）、高（B）、中（C）、低（D）。

2.3　风能、太阳能资源的时空分布

区域性的风能、太阳能资源分析研究通常需要基于多个气象监测系统。近年来，应用于

风力发电和光伏发电的气象监测系统日益增多，监测数据不断积累，监测信息愈加丰富。

在风能、太阳能的空间特征及其时间演变规律分析中，较为常用的方法是经验正交函数(Empirical Orthogonal Function，EOF)，其优势在于可将原始的多维监测数据矩阵分解为正交函数组合，从而利用为数较少、彼此独立的典型模态解释原数据矩阵的主要特征。

2.3.1 研究方法与意义

EOF早在1902年由Pearson提出，20世纪50年代中期，Lorenz将其引入气象研究中。EOF可针对有限区域内不规则分布站点的气象要素监测信息进行分解，能够将某一空间区域的气象要素变化信息集中在几个模态上，从而实现信息维度降低，达到历史演变规律抽象的目的。

在EOF中，如果分解后的特征向量表现出各分量符号一致，则这一特征向量反映了该地区的风速、太阳总辐射等要素的变化趋势基本一致；如果某一特征向量的分量呈正、负相间的分布型式，则代表了两种变化趋势相反的分布型。特征向量所对应的时间系数代表了这一区域分布型式的时间变化特征，系数绝对值越大，分布型越典型。

通过EOF能够了解某一区域一定时段内，风能、太阳能资源的变化特点，总结提炼时空一致性，规避均值分析引起的信息丢失问题，从而为人们详细掌握风能、太阳能资源变化特点或开展风力发电、光伏发电的区域功率预测研究提供依据。

2.3.2 风资源的时空分布特征

甘肃地处中国西北部，地广人稀，拥有丰富的风、光资源。在2006年结束的第3次全国风能普查工作中，甘肃省风能资源总储量为2.37亿kW，占全国总储量的7.3%，年平均风功率密度在150W/m^{2}及以上的区域占全省总面积的4%，风能资源技术可开发量为2667万kW。根据规划，到2015年西北地区风力发电总装机容量将达到1.271×10^7kW，到2020年西北地区风电总装机规模将达到约5×10^7kW。现以甘肃为例，对其多年的风资源状况进行诊断分析，得出其时空分布特征。

根据气象观测资料，选取了包括甘肃省在内的25个地面观测站点，1981—2010年年平均风速数据。将观测资料矩阵进行标准化处理，进行EOF分解。前5个模态的方差贡献见表2-5。

经EOF分解，第一载荷向量方差贡献最大，达到35.7%，第二载荷向量次之，为20.4%。前三个载荷向量累积方差为66.6%。通过显著性检验的前几项特征向量最大限度地表征了这一区域气候变量场的变率分布结构。它们所代表的空间分布型是该变量场典型的分布结构。

第一特征向量的方差贡献为35.7%，载荷场空间分布如图2-6(a)所示。甘肃的西北部、河西走廊地区都为正值，表明这两个区域变量变化趋势基本一致，酒泉地区在0.2以上，位于变化的中心，甘肃的东南部为负值。第一特征向量呈现正、负相间的分布型式，代表了两种分布类型，甘肃西北地区和河西走廊地区与甘肃的东南部在年平均

风速上呈现相反的分布型式。

表 2-5　前 5 个模态的方差贡献

模　态	方差贡献率	累积方差贡献率
1	0.357	0.357
2	0.204	0.561
3	0.104	0.666
4	0.076	0.742
5	0.050	0.792

第一特征向量的时间系数如图 2-6（b）所示，甘肃西北部、河西走廊在 1995 年前年平均风速偏大的型式很显著，1995 年后则变得越不典型，年平均风速呈现减小的趋势。甘肃东南部则与此相反。

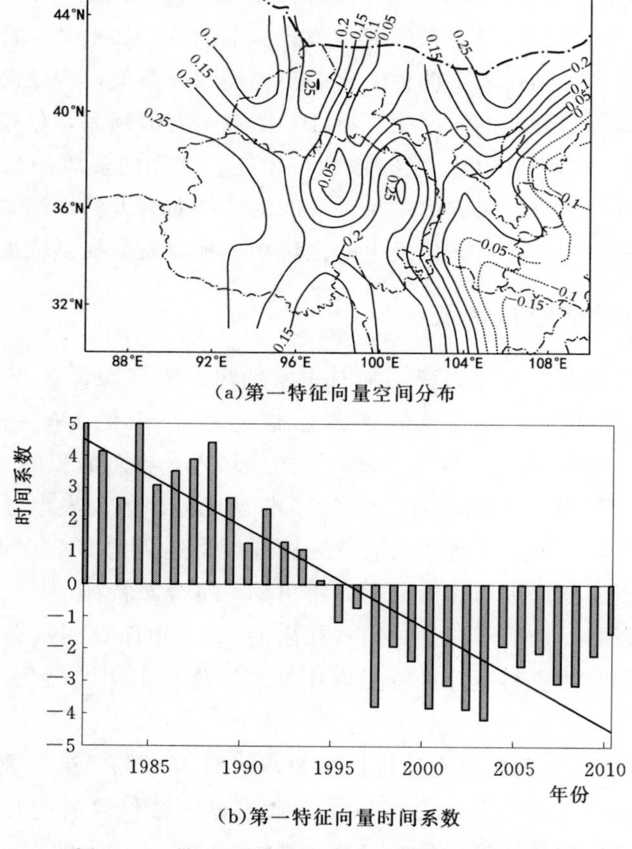

图 2-6　第一特征向量空间分布及其时间系数

第二特征向量的方差贡献为 20.4%，载荷场空间分布如图 2-7（a）所示。可以看出，甘肃全省都为正值，表明变量变化趋势基本一致，东南部在 0.35 以上，位于变化的中心。第二特征向量呈现全部正值的分布型式，代表了一种分布类型，即甘肃年平均风速的变化型一致，或一致上升，或一致下降。第二特征向量相应的时间系数如图 2-7（b）所示，甘肃地区在 2005 年前风速偏大的型式不显著，年平均风速偏小。2005 年

后，年平均风速显著上升。

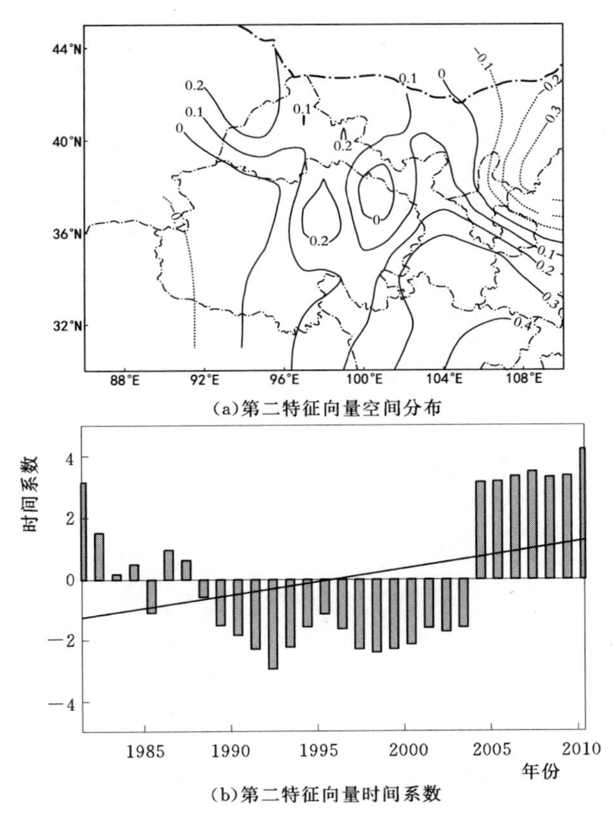

图 2-7　第二特征向量空间分布及其时间系数

2.3.3　太阳能资源的时空分布特征

在我国，全年日照时数为 2800～3300h，且太阳总辐射量为 6000～8000MJ/m^2 的区域，即可称为太阳能资源丰富区。从气候角度看，中国西北部地区普遍具有全年降水稀少、空气干燥的特点，晴天多、光照充足。本节采用包括甘肃省 3 个气象观测站在内的我国西北部 23 个观测站 1974—2003 年总辐射年总量数据。在对观测资料矩阵标准化处理后，进行 EOF 分解。

由 EOF 分解，已得到的前两个模态的累积方差接近 50%，收敛情况理想，可以认为这两个模态代表了甘肃地区总辐射年总量变化的主要特征。前 5 个模态的方差贡献见表 2-6。

表 2-6　　前 5 个模态的方差贡献

模　态	方差贡献率	累积方差贡献率
1	0.288	0.288
2	0.167	0.455
3	0.117	0.572
4	0.069	0.641
5	0.060	0.701

第一特征向量的方差贡献为 28.8%，其相应的荷载场空间分布如图 2－8（a）所示。图中甘肃的西北部、河西走廊中西部呈一致变化，西北部是荷载的高值区，而在甘肃的东南角和河西走廊的中东部，则表现出与甘肃西北部相反的变化特征，呈现两种分布型式。

第一特征向量的时间系数如图 2－8（b）所示，近 30 年来，河西走廊中西部、甘肃西北部的总辐射年总量上升型式很显著，而甘肃的东南和河西走廊中东部总辐射年总量则呈现下降的趋势。

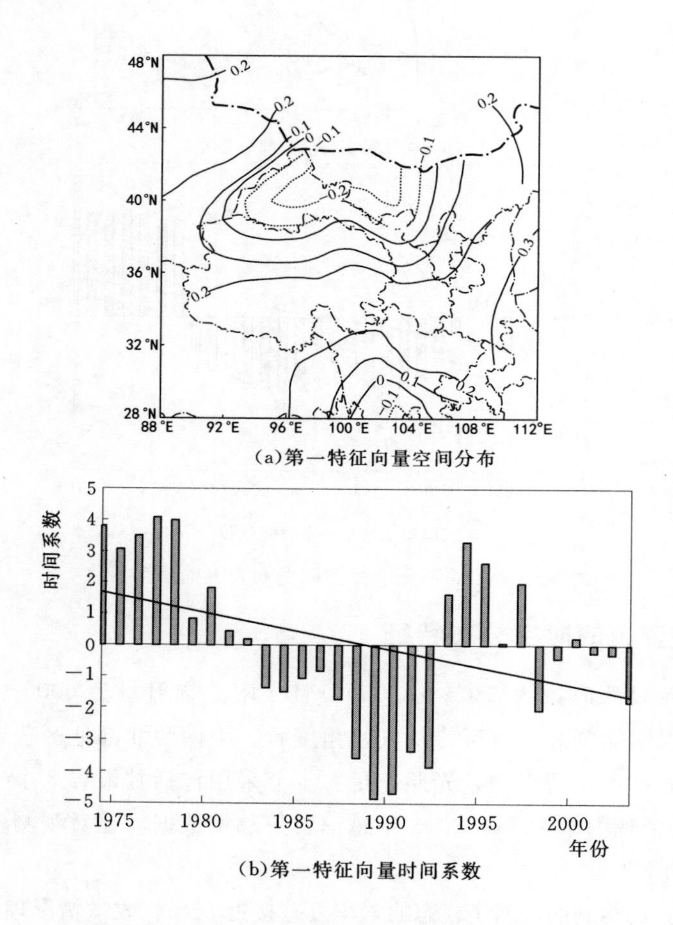

图 2－8　第一特征向量空间分布及其时间系数

第二模态方差贡献为 16.7%，荷载场空间分布如图 2－9（a）所示。可以看出，甘肃的西北部和东南部变化趋势基本一致，而河西走廊地区则呈现与之相反的变化特征。

第二特征向量相应的时间系数及线性趋势如图 2－9（b）所示，1974—2003 年，河西走廊地区的总辐射年总量上升型式显著；甘肃的东南部和西北部，总辐射年总量则趋于下降。

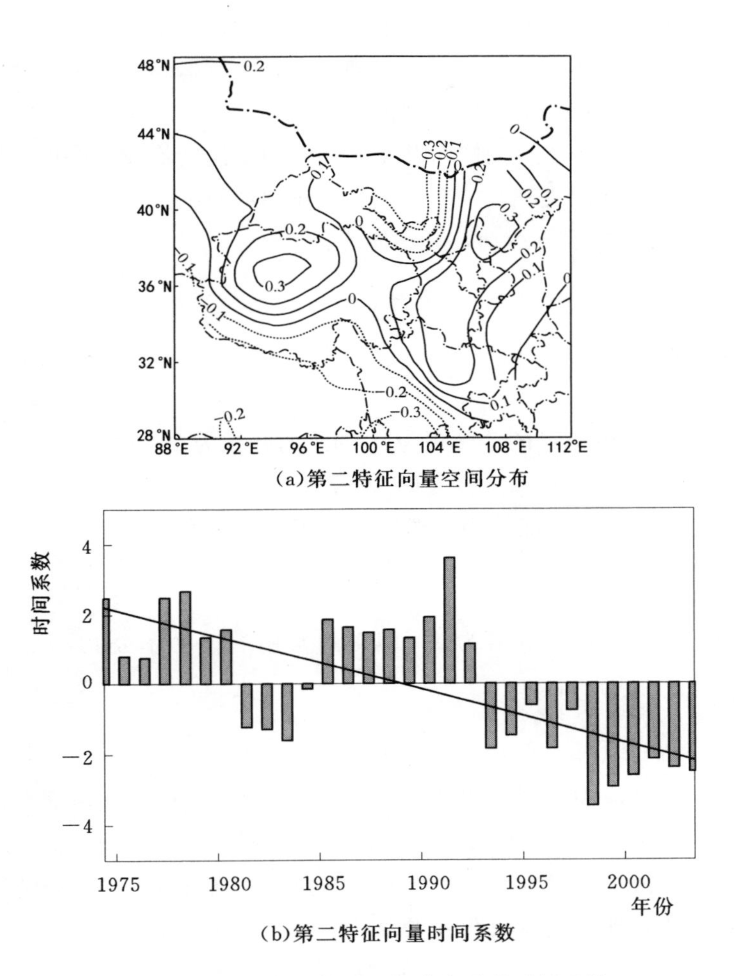

(a)第二特征向量空间分布

(b)第二特征向量时间系数

图 2-9　第二特征向量空间分布及其时间系数

2.4　风力发电和光伏发电原理

风力发电和光伏发电的特性不仅与风能、太阳能资源的自然变化相关，也与风力发电机组、光伏发电系统的自身特点密切联系。本节内容基于风力发电机组、光伏发电系统的工作原理，对风力发电、光伏发电与风能、太阳能之间的关系进行简要介绍。

2.4.1　风力发电的能量转换原理

2.4.1.1　风能

空气的运动是在力的作用下产生的。作用于空气的力除重力外，还有由于气压分布不均而产生的气压梯度力、由于地球自转而产生的地转偏向力、由于空气与地面之间相对运动而产生的摩擦力，以及空气做曲线运动时产生的惯性离心力。这些力在水平分量之间的不同组合，构成了不同形式的大气运动。风是空气运动的结果，风能可利用的能量基本来自于沿地球表面运动的大气团动能。

风力发电中，叶片捕捉空气动能，并将所捕获的动能转换成为电能。风能转换成其他可利用能量形式的效率取决于叶轮和气流相互作用的效率。

质量为 m 的气流以速度 v 运动，其动能为：

$$E=\frac{1}{2}mv^2 \tag{2-12}$$

式中　m——气体质量；

　v——气流速度。

假定在 T 时间内气流流过的截面积为 A 的风的容积为 L，则

$$L=AvT$$

以 ρ 来表示空气密度，风能大小（即功率）可以表示为：

$$E=\frac{1}{2}\rho ATv^3 \tag{2-13}$$

将式（2-13）中时间 T 取值为 1，即得到常用的风功率公式，或习惯称为风能公式：

$$W=\frac{1}{2}\rho Av^3 \tag{2-14}$$

由此可知，影响气流中可利用能量的因素是空气密度、叶轮扫风面积以及风速。风功率和风速成三次方关系，风速的变化对于风功率的影响十分显著。

影响空气密度的因子有温度、大气压力、海拔和空气成分等。一般情况下，干空气可以被视为理想气体，理想气体状态方程为：

$$pV_G=nRT \tag{2-15}$$

式中　p——大气压力；

　V_G——气体体积；

　n——气体摩尔常数；

　R——通用气体常数；

　T——温度。

空气密度为 1kmol 空气的质量和其体积之比，描述为：

$$\rho_a=\frac{m}{V_G} \tag{2-16}$$

由上两式，密度可以表示为：

$$\rho_a=\frac{mp}{RT} \tag{2-17}$$

如果已知风电场的海拔 Z 和温度 T，则此处空气密度可以求得：

$$\rho_a=\frac{353.049}{T}e^{\left(-0.034\frac{Z}{T}\right)} \tag{2-18}$$

空气密度随着风电场海拔和温度的增加而降低，且随空气的干湿混合比变化而变化。风能资源评估中，大部分风电场的理论空气密度值可取定常值 1.225kg/m³，但在精度要求更为苛刻的风力发电功率预测中则不能忽视空气密度对风能密度的影响。

2.4.1.2　风力发电机组功率

风力发电所用的风力发电机组大多为螺旋桨型的水平轴风力发电机组。常见的螺旋桨式风力发电机组多为双叶片或三叶片。为了提高启动性能，减少空气动力损失，多采用叶根强度高、叶尖强度低、带有螺旋角的结构。

风力发电机组主要包括风轮、塔架、机舱等部分。风轮由轮毂及安装于轮毂上的若干桨叶组成，是风力发电机组捕获风能的部件；塔架是风力发电机组的支撑结构，保证风轮能在地面上方具有较高风速的位置运行；为了使风向正对风轮的回转平面，水平轴风力发电机组需要装有调向装置进行方向控制。调向装置、控制装置、传动机构及发电机等都集中放置在机舱内。

任何类型的风力发电机组无法获得风中的全部动能，当气流经过风力发电机组时，一部分动能传给叶轮，剩下的能量被流过风力发电机组的气流带走。风轮能够产出的实际功率取决于能量转换过程中风与风轮相互作用时的效率，这种效率通常称为功率系数（C_p），也叫风能利用系数，定义为由风轮转换的实际风功率与风中具有的全部功率的比值：

$$C_p=\frac{2P_T}{\rho_a A_T v^3} \tag{2-19}$$

式中　P_T——风力发电机组实际转换的风功率。

C_p 值越大，表示风力发电机组能够从风中获取的能量比例越大，风能利用率也就越高。德国科学家贝茨（Betz）在 1926 年建立了著名的风能转化理论，即贝茨理论。根据贝茨理论，风力发电机组的功率系数理论最大值是 0.593。

风力发电机组的功率系数取决于多种因素，风轮叶片的外形、叶片的装配与设置等，都会影响功率系数的大小。为了在更广的风速范围内获得最大的功率系数 C_p，需要将风力发电机组参数调整到 C_p 的最优水平。

作用在叶轮上的推力 F 可以表示为：

$$F=\frac{1}{2}\rho A v^2 \tag{2-20}$$

叶轮的扭矩 T 可以表示为：

$$T=\frac{1}{2}\rho A v^2 R \tag{2-21}$$

式中　R——风轮半径；

A——扫风面积；

v——风速；

ρ——空气密度。

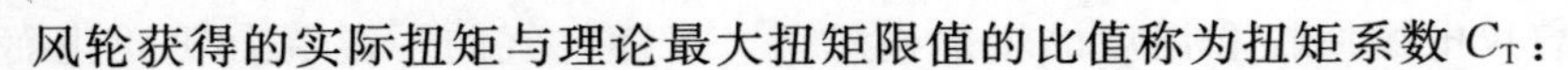

风轮获得的实际扭矩与理论最大扭矩限值的比值称为扭矩系数 C_T：

$$C_T=\frac{2T_T}{\rho Av^2R} \tag{2-22}$$

式中　T_T——叶轮实际获得的扭矩。

当叶轮以很慢的速度旋转时，而风以很快的速度流向风轮，一部分流向风轮的气流可能尚未与叶片发生能量转换就已经从风轮间流过；类似地，如果风轮旋转很快而风速很慢，风力发电机组可能会使气流改变方向，能量可能会因为湍流和涡旋分离而损失。在这两种情况下风能利用率都很低。

叶片的叶尖旋转速率与上游未受干扰的风速比，称为叶尖速比 λ：

$$\lambda=\frac{R\Omega}{v}=\frac{2\pi NR}{v} \tag{2-23}$$

式中　Ω——风轮角速度；

N——风轮旋转速度。

从风力发电机组的功率系数 C_p 与风力发电机组叶尖速比 λ 的对应关系中可以发现，当叶尖速比 λ 取某一特定值时，C_p 有最大值。与 C_p 最大值对应的叶尖速比称为最佳叶尖速比。为了使 C_p 维持最大值，当风速变化时，风力发电机组转速也需要随之变化，使之运行于最佳叶尖速。对于任意给定的风力发电机组，最佳叶尖速比取决于叶片的数目和每片叶片的宽度。对于现代叶片较少的风力发电机组，最佳叶尖速比介于 6～20 之间。

由于

$$C_p=\frac{2P_T}{\rho Av^3}=\frac{2T_T\Omega}{\rho Av^3} \tag{2-24}$$

则

$$\frac{C_p}{C_T}=\frac{R\Omega}{v}=\lambda \tag{2-25}$$

由此可见，叶尖速比为风轮功率系数与扭矩系数的比值。

风力发电机组输出功率与空气密度、风速、叶片半径和风力发电机组的功率系数有关，而空气密度、风速、叶片半径等因素无法进行实时控制，为了实现风能捕获最大化，唯一可以控制的参数就是风力发电机组的功率系数 C_p。事实上，风力发电机组并不是在所有风速下都能正常工作，各种型号的风力发电机组通常都有一个额定工作风速，在该风速下，风力发电机组的输出功率达到标称功率，风力发电机组的工况最为理想。风速提高时，可利用调节系统使风力发电机组的输出功率保持恒定。

对于风力发电机组而言，可利用的风能是在“切入风速”和“切出风速”之间的有效风速范围内，这个范围内的风能叫“有效风能”，该风速范围内的平均风功率密度称为“有效风功率密度”。我国规定的有效风能密度所对应的风速范围为 3～25m/s。

2.4.2　光伏发电的能量转换原理

太阳能电池是一种基于光生伏特效应（简称光伏效应，Photovoltaic Effect）将

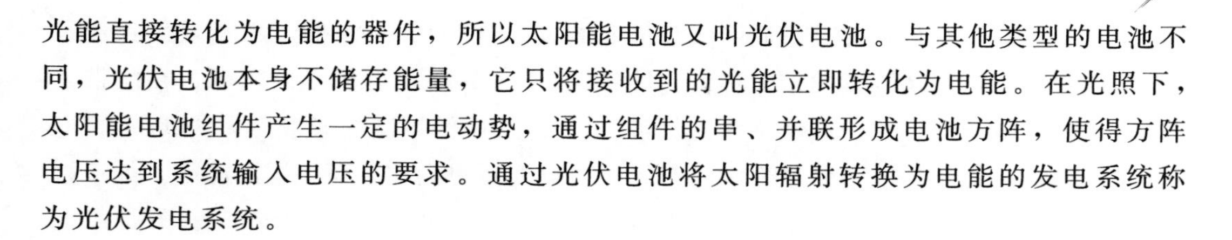

光能直接转化为电能的器件，所以太阳能电池又叫光伏电池。与其他类型的电池不同，光伏电池本身不储存能量，它只将接收到的光能立即转化为电能。在光照下，太阳能电池组件产生一定的电动势，通过组件的串、并联形成电池方阵，使得方阵电压达到系统输入电压的要求。通过光伏电池将太阳辐射转换为电能的发电系统称为光伏发电系统。

2.4.2.1　半导体的导电性

要利用太阳能，必须找到适合制作太阳能电池的材料。制作太阳能电池的材料主要以半导体材料为基础，其中硅系太阳能电池是目前发展最快、最成熟的太阳能电池。

在硅晶体中，每个硅原子有内层的 10 个电子和外层的 4 个电子，而这 4 个电子（又称价电子）和相邻原子的外层电子构成共价键。共价键受原子核的束缚力较小，由于共价键的作用，电子无法移动。但当受到外力作用，获得足够的能量时，电子就会脱离原子作用成为自由电子，而脱离的电子原来所在的地方会出现一个空穴。受到外界电场作用时，自由电子沿着和电场相反的方向运动，空穴邻近的电子由于热运动脱离原来原子的束缚填充了这个空穴，在远处留下了新的空穴。如此一来，空穴也在移动，其方向和电子运动的方向相反。半导体之所以能够导电，就是因为内部具有电流载流子和空穴载流子，硅原子的共价键结构和硅的晶体结构与电子—空穴对的产生如图 2-10 所示。

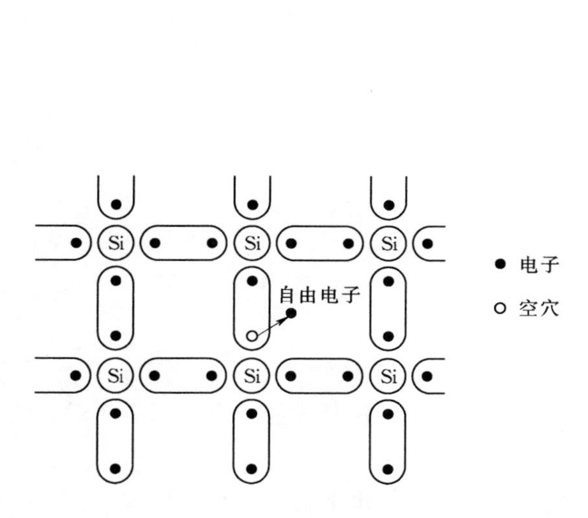

图 2-10　硅原子的共价键结构和硅的晶体结构与电子—空穴对的产生

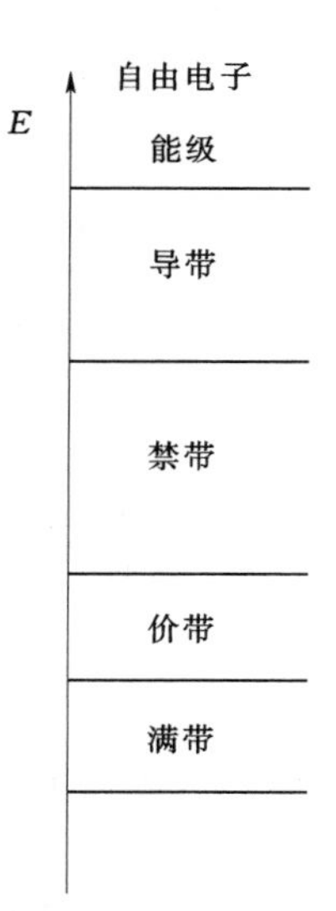

图 2-11　半导体的能带

根据量子理论，电子和空穴无论怎样运动，在未受到外来能量的作用时，都保持稳定的运动状态。这些运动状态一般用能量表示，即用“能级”表示各种不同的运动状态。处于低能级的电子获取能量后可跃迁到高能级，处于高能级的电子返回低能级会释放能量。由于电子数量众多且最高能级和最低能级之差不大，这些能级在事实上组成了一个在能量上可认为是连续的带，称为“能带”。电子只能在各能带内运动，在能带之间的区域没有电子态，这个区域称为“禁带”。完全被电子填满的能带称为“满带”，电子通常填满能量较低的能带使之变为满带，再占据能量更高端外面一层的能带。处于原子中最外层能带的电子称价电子，与价电子能级相对应的能带称为“价带”。价带以上未被电子填满的能带称为“导带”。导带底与价带顶的能量间隔就是“禁带宽度”，半导体的能带如图 2-11 所示。

半导体温度升高后，价带中的电子获得能量，跃迁至导带，这样价带就产生了空穴。导带的电子与价带的空穴同时发生，形成电子空穴对，电子和空穴这两种载流子在某种作用下产生定向流动便构成了半导体材料中的导电过程。

2.4.2.2　光生伏特效应

当半导体表面受到太阳光照射时，如果其中有些光子的能量大于等于半导体的禁带宽度，就能使电子摆脱原子核的束缚，在半导体中产生大量的电子空穴对，这种现象称为内光电效应，半导体材料就是依靠内光电效应把光能转化为电能的。

光子能量大于半导体材料的禁带宽度，即：

$$h\nu \geqslant E_g \tag{2-26}$$

式中　h——普朗克常数；

ν——光波频率；

$h\nu$——光子能量；

E_g——半导体材料的禁带宽度。

又因为：

$$C=\nu\lambda$$

式中　C——光速；

λ——光波波长。

式（2-26）可改写为：

$$\lambda \leqslant \frac{hC}{E_g} \tag{2-27}$$

满足了上式要求的光子波长称为截止波长，截止波长才能产生电子空穴对，波长大于截止波长的光子不能产生载流子。

将纯净的半导体硅中掺入少量杂质，可以提高导电能力。如果半导体中占支配地位的载流子是电子，这种类型的半导体主要依靠电子导电，称为电子型半导体，也叫 N 型半导体。如果全部载流子中，绝大多数是空穴，这种半导体叫空穴半导体，也叫 P 型半导体。纯净的晶体中掺入的杂质不同，两种类型半导体中的多数载流子和少数载流子也就不同，N 型半导体和 P 型半导体中能够出现多数载流子是掺杂的结果。如果把 P 型半导体和 N 型半导体紧密地“结合”起来，在两者的交界处会形成 PN 结。在其交界处，N型区域的电子向P型区域扩散而带正电，P型区域空穴向N型区域扩散而带负电，于是便形成了一个内电场，电场方向由正电荷指向负电荷，PN结电场如图2-12所示。

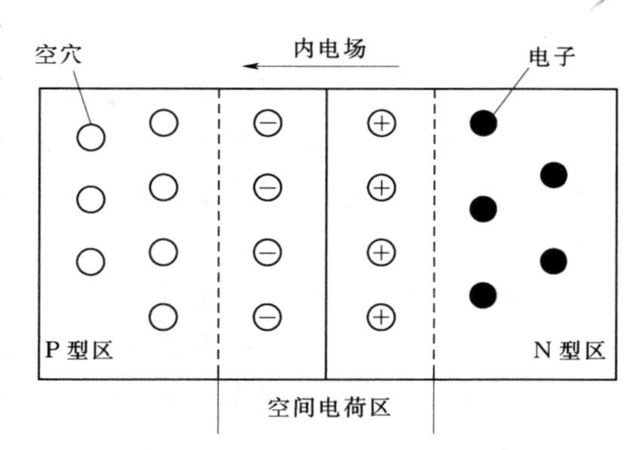

图2-12　PN结电场

太阳能电池是一块大面积的PN结，阳光照射时，PN结的N区、空间电荷区和P区吸收一定能量的光子后，产生电子空穴对，称为“光生载流子”。两者的电极性相反，电子带负电，空穴带正电。电极性相反的光生载流子在半导体PN结的内电场作用下被分离开，在P区聚集光生空穴，在N区聚集光生电子，使P区带正电，N区带负电，在PN结两边产生电动势。光生电子和空穴分别向太阳能电池的正、负极聚集，当太阳能电池的两端接上负载，就可以获得电功率输出。

不同半导体材料的禁带宽度不同，所需激发电子空穴对的光子能量也不同。超过禁带宽度的光子被吸收后转化为电能，而能量小于禁带宽度的光子被半导体吸收，产生热能。对于太阳能电池而言，禁带宽度越大，可供利用的太阳能就越少。目前的太阳能电池可以将所接受光照能量的10%～20%转变为电能，所以光线越强，发出的电能就越多。

2.4.2.3　光伏发电系统与光伏发电站

光伏发电系统是利用太阳能电池组及其他辅助设备将太阳能转换成电能的系统。以光伏发电系统为主，包含各类建（构）筑物及检修、维护、生活等辅助设施在内的发电站称为光伏发电站。

光伏发电系统有离网系统、并网系统和混合系统之分。离网光伏发电系统通过太阳能电池组将光能转换成电能，直接供给负载，多余电量储存于蓄电池中。并网光伏发电系统则将转换成的直流电升压、逆变，向电网输出交流电。混合光伏发电系统主要是市电互补光伏发电系统和风光互补发电系统。

（1）光伏发电系统主要构成。光伏发电系统主要由太阳能电池、蓄电池、控制器、逆变器、附属设施等组成。

太阳能电池是能量转换的器件。单一太阳能电池的发电量十分有限，实用中通常将单一太阳能电池片经串、并联组成电池系统，称为电池组件。当发电容量较大时，需要用多块电池组件串、并联后形成太阳能电池方阵。

蓄电池是存储电能的设备。其作用是存储太阳能电池受光照时发出的电能，并可随时向负载供电。由于太阳能光伏发电系统的输入能量极不稳定，所以一般需要配置蓄电池才能使负载正常工作。蓄电池需具备自放电率低、使用寿命长、充电效率高、深放电

能力强等特点。

控制器是防止蓄电池过充电和过放电的设备。控制器对蓄电池的充、放电进行控制，并按负载电源需求控制太阳能电池组件和蓄电池对负载输出电能。由于蓄电池循环放电次数及放电深度在很大程度上决定蓄电池的使用寿命，因此控制器对于蓄电池来说必不可少。

逆变器是将直流电转换成交流电的设备。当负载是交流负载时，需要依靠逆变器将太阳能电池产生的直流电转换为交流电。逆变器按运行方式可分为独立运行逆变器和并网逆变器。独立运行逆变器用于独立运行的太阳能光伏发电系统，为独立负载供电；并网逆变器用于并网运行的太阳能发电系统。

(2) 离网光伏发电系统。离网发电系统又叫独立发电系统，离网光伏发电系统如图 2－13 所示，太阳能电池将太阳辐射能转换为电能，通过控制器把电能存储于蓄电池中。当负载用电时，蓄电池中的电能通过控制器合理地分配到各个负载上。太阳能电池产生的直流电可直接应用于直流负载，也可经逆变器转换成交流电供交流负载使用。

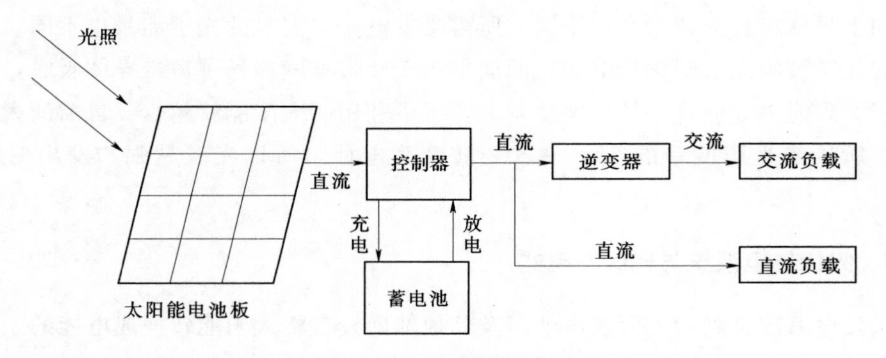

图 2－13　离网光伏发电系统

(3) 并网光伏发电系统。并网光伏发电系统如图 2－14 所示，一般没有蓄电池，太阳能电池组将太阳辐射能转换成电能，经直流配电箱进入并网逆变器。经逆变器输出的交流电供负载使用，多余的电能通过电力变压器等设备馈入公共电网。

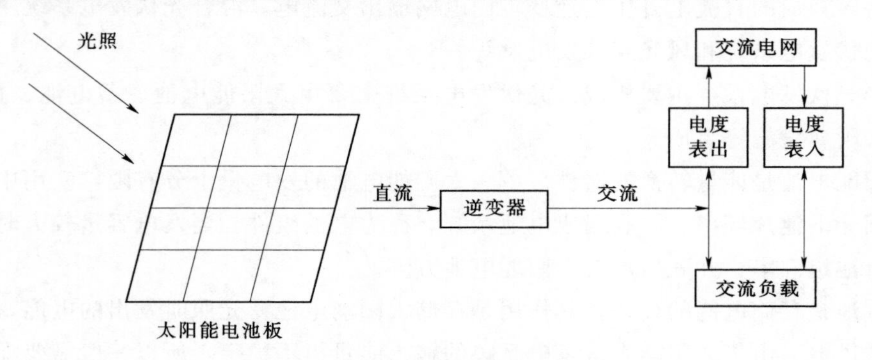

图 2－14　并网光伏发电系统

并网光伏发电系统有集中式大型并网光伏系统和分散式小型并网光伏系统。

集中式大型并网光伏电站一般是将太阳能电池所发的电能直接送入电网，由电网统一调配向用户供电；分散式小型并网光伏系统将所发的电能直接分配到住宅的用电负载上，电能多余或不足则通过电网调节。

2.5 风力发电出力特性

风力发电出力特性分析的研究对象包括风力发电机组、风电场以及风电场群，针对不同时间尺度下风力发电的出力特点进行统计和总结，从而为风力发电功率预测研究以及风力发电并网提供参考。

2.5.1 日变化特征

近地层风速的日变化是天气系统与局部地形、热力条件共同作用的结果，受其影响，风力发电的出力也存在显著的日变化特征。日变化特征分析中可包括典型日分析和平均日变化特征分析。依据预测范围的不同，可将日变化特征分析的对象分别设置为风力发电机组、风电场或风电场群。

依据日变化特征的统计，可进一步分析某一地区的风电出力与电力系统峰谷差调节能力的关系，从而为风电功率预测的评价与深化提供更为客观的分析依据。

2.5.1.1 典型日分析

典型日的概念被不同学科广泛采用，因而其定义也存在多种解释。例如，区域风能分布研究中采用天气类型甄别及各天气类型5%随机样本抽取的方式来确定典型日。本节涉及的典型日选取采用与负荷特性分析类似的方法，按照当地电网长期统计规律来确定。

典型日分析主要针对某年度典型日出力曲线变化特征进行分析，重点关注风力发电出力与电网负荷相反，即可能影响电网安全稳定运行的情况。

（1）风力发电机组出力的典型日分析。风力发电机组是将风能转化为电能的装置，以空气为工作介质，通过空气动能的捕获实现电能输出。在不考虑变桨、偏航等主控操作的情况下，风力发电机组的出力主要受轮毂高度处的风速、温度、湿度等气象要素影响。由于风力发电机组惯性能力弱，随气象要素变化而呈现出较为显著的波动性。

以1.5MW变速恒频机组为例。相较于风电场、风电集群，风力发电机组的出力序列具有湍流特性强、日变化与变幅显著的特点，日变化区间涵盖零负载至满负载全区间。受气象要素的变化特性影响，当轮毂高度处风速处于机组切入风速至额定风速区间时，风力发电机组出力常难以维持稳定出力，风力发电机组出力的典例日变化特征如图2-15所示。

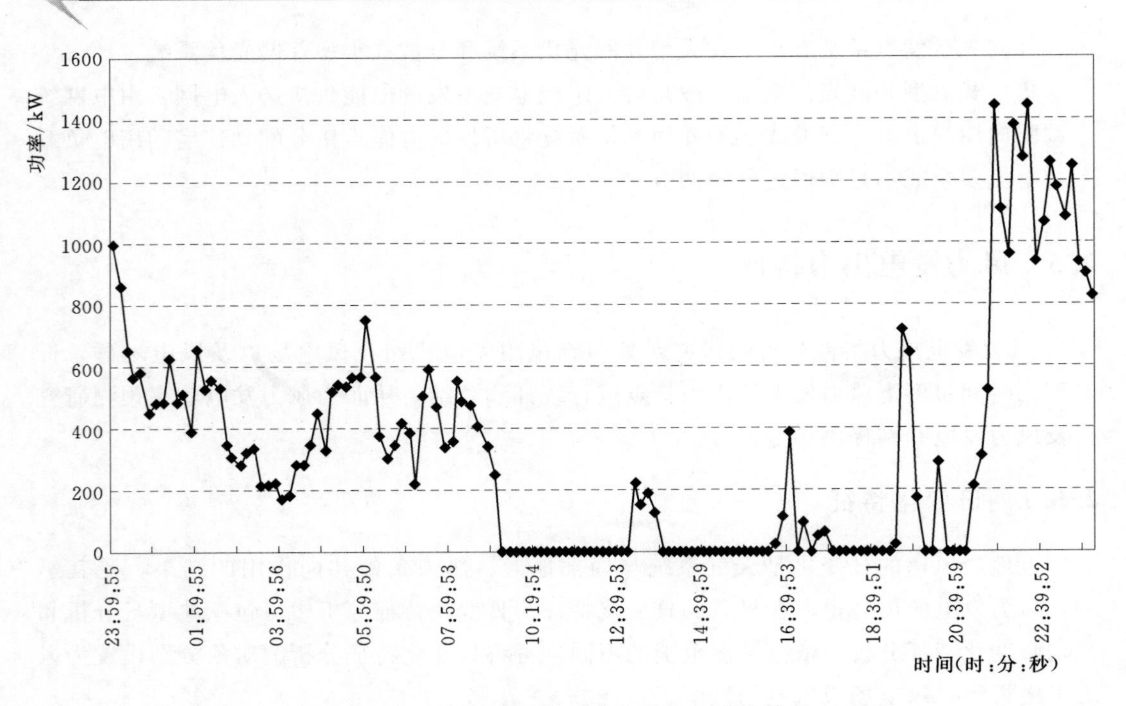

图2-15 风力发电机组出力的典型日变化特征

(2) 风电场出力的典型日分析。与欧洲和北美不同，我国的风能资源开发具有大规模、集中式的特点，并从国家战略层面规划了九个千万千瓦级风电基地。对于风能资源开发较为密集的省份和地区，装机容量大于200MW的大型风电场是比较常见的。

相比于风力发电机组的出力日变化，大型风电场的波动性较弱，典型日的出力变化分析显示出较为明显的峰谷特性。以华东某大型风电场为例，如图2-16所示，其典型日分析呈现“双峰一谷”型。峰时主要出现在3—7时、20—23时，低谷时段大致集中于日间，呈显著的“反调峰”特点。与风力发电机组相比，风电场的出力特性由于空间效应而体现出显著的平滑趋势，瞬时变化的幅度明显减弱。

由于大型风电场的占地面积往往超过测风塔“可视”半径，风电场内的风能资源存在空间分布不均匀的特性，而风能资源同时受地形、天气系统等因素影响，风电场的整体出力特性难以用测风塔的实际风能资源测量进行解释。因而，由风力发电预测角度，风电场的出力特性问题远比风力发电机组复杂。

(3) 风电场群出力的典型日分析。在风电场群出力的典型日分析中，主要包括风电场群出力的“基荷”特性分析，以及峰谷特征（峰现时间、持续时长、峰谷差）等。风电场群一般是电网统调区域全体风电场集合或基于同一并网点的若干风电场集合，风电场群出力的典型日分析、出力变化趋势与额定装机容量间的对比关系、区域风电出力空间特性等结论对大规模风电集群控制也将起到一定积极作用。

以2011年中国某沿海省份风电场群（部分）为例。据统计，2011年度该省并网装

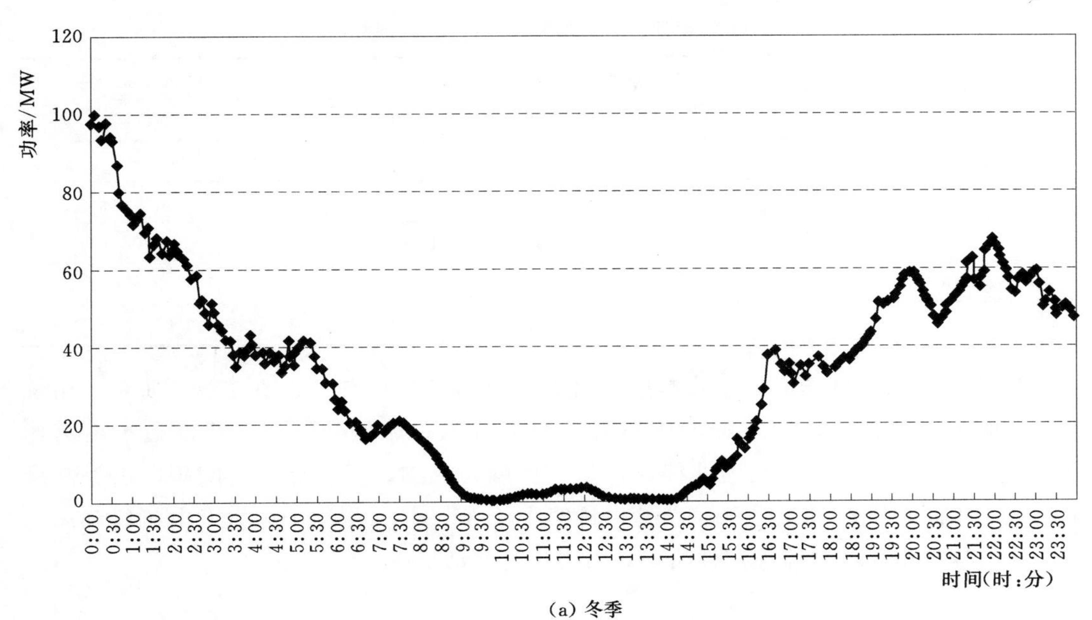

(a) 冬季

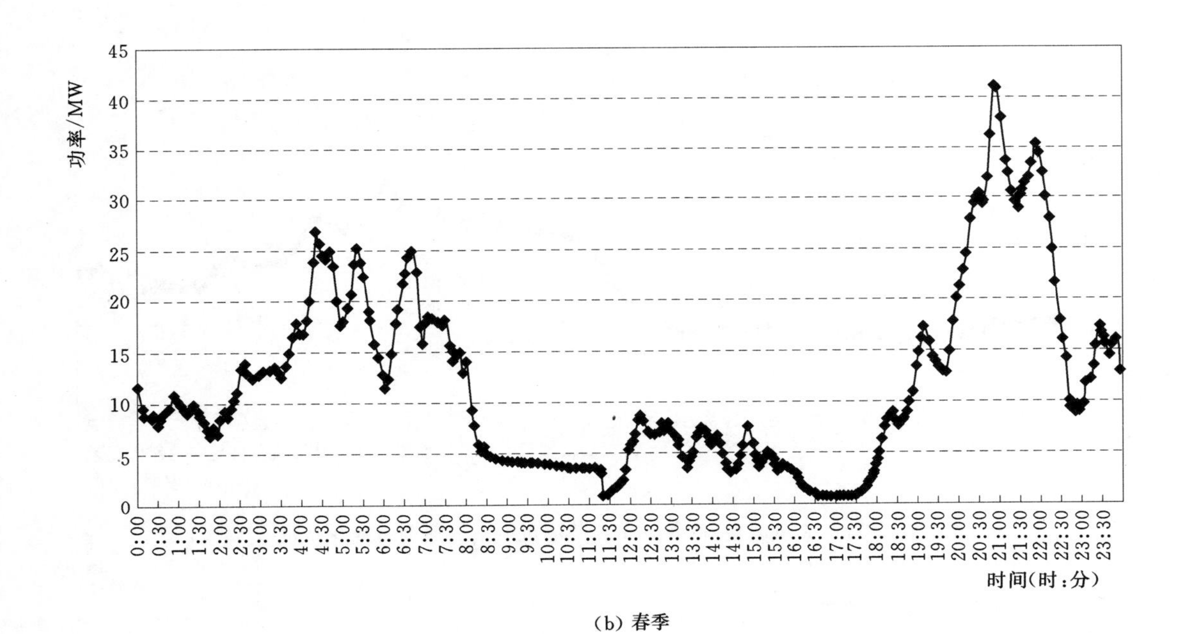

(b) 春季

图 2-16　某大型风电场 2012 年的风电出力典型日变化特性

机容量达到 30MW 以上的风电场为 11 座，总装机容量超过 62 万 kW（如表 2-7 所示）。该风电场群沿海岸线自北向南离散分布，大部分位于近海或沿海滩涂、岛屿，下垫面的均一性较差。

表 2－7　　2011 年度某省级电网并网风电概况（部分）

风电场编号	装机容量/MW	风电场编号	装机容量/MW
1	100	7	54
2	38	8	54
3	54	9	48
4	48.45	10	102
5	42	11	49.5
6	38		

2011 年度该风电场群的春季典型日出力表现出以下特点。如图 2－17 所示，由统计时段的季节特性，该区域春季典型出力的负荷率总体偏低，当日场群最小出力约 70MW，负荷率约 11%；出力曲线整体呈“单峰”形态，低谷持续时间短，出力高峰期出现于午间，维持时长约 7h，负荷率持续大于 32.2%；相比于风力发电机组和风电场，风电集群出力的整体稳定性略强，出力瞬时波动平缓。

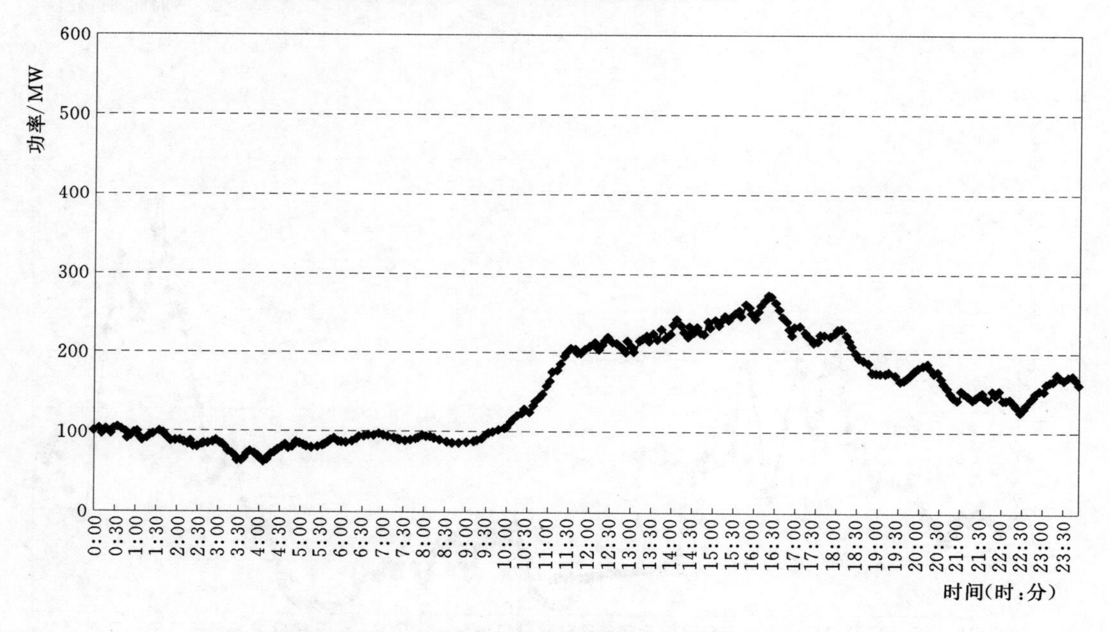

图 2－17　某风电集群 2011 年春季的风电出力典型日变化特征

2.5.1.2　平均日变化分析

平均日变化特性的分析需要基于较为长期的历史数据，因而在分析的过程中需重点考虑以下几类因素。

1. 地理环境差异

中国风电开发的地域特点是风电场分布广泛，横跨中高纬度内陆省份和东南沿海（含部分内陆低风速区域）。各风电发达省份的风电出力平均日变化的差异性既包括纬

度、海拔、地貌等自然环境特征因素，也受到区域装机规模、装机类型与运维管理水平等方面的影响。

2. 气候背景

受全球大气环流、东亚季风环流影响，中国气候总体上呈现夏季高温多雨、冬季低温干旱的特点，中高纬度区域的风电场发电功率的“丰枯”分界大致相近。但受风力发电开发区域地理环境以及纬度影响，不同区域的实际季节分界存在差异性，因而风能资源的季节变化不可一概而论。另外，中尺度天气系统的生成与活动规律不同，风力发电平均日变化的趋势性也呈现各自独立特点。

3. 人为因素

平均日变化分析的数据需求明确，历史出力数据时间序列的连续性、准确性是统计结果客观可信的基本保证。

（1）风电场出力的平均日变化分析。平均日变化的分析受资料选取时段影响，并隐含不同季节天气系统活动对风力发电的制约机制。我国的气候具有典型的季风特点，绝大多数地区的风向在一年中呈季节性交替。由于夏季风和西太平洋副热带高压势力旺盛，东亚大陆普遍存在气压梯度减弱的现象，导致风电出力的显著降低，即“枯风期”。

以夏季江苏某大型风电场为例。该风电场位于江苏省沿海滩涂，轮毂高度处年平均风速推算约为6.7m/s，盛行风为北风。受西太平洋副高压控制，江苏夏季常出现强烈的下沉逆温，形成晴空、闷热的稳定天气，风能资源呈现间歇性枯竭。据统计，该风电场8月平均风速、风功率密度均为年统计负距平，风电场出力的平均日变化的主要特征是峰谷差小，平均负荷率低于17.5%，多数风力发电机组常处于待机状态，江苏近海风电场的夏季风电出力平均日变化特征如图2-18所示。

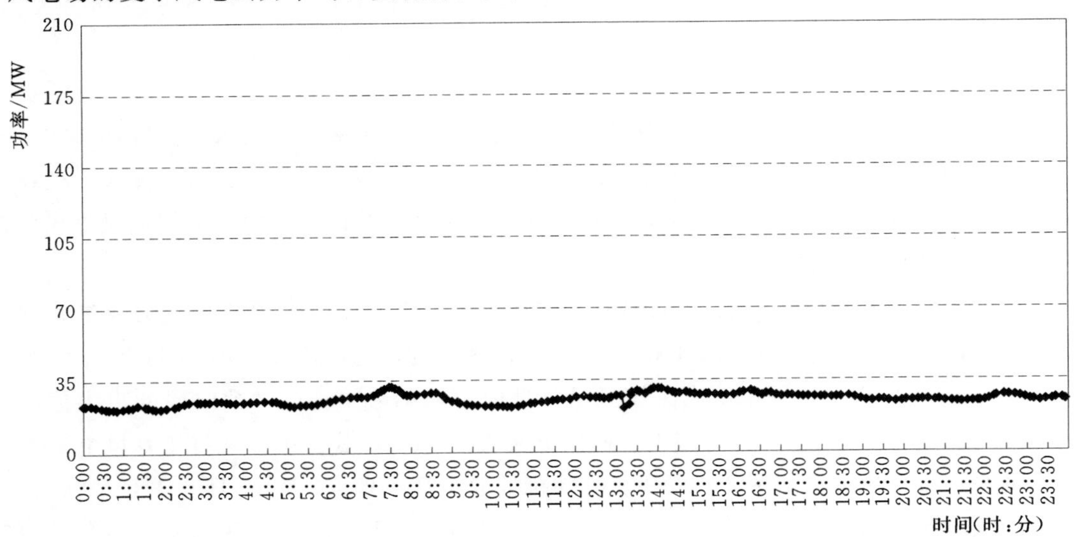

图2-18　江苏近海风电场的夏季风电出力平均日变化特征

冬半年受蒙古-西伯利亚高压影响，冷空气频繁南侵，进而促使区域风能资源的年变化序列倾向于优势正距平。因而，“三北”至华中、华南一线，风电场的冬季平均日出力普遍表现为持续的高出力水平。

以张北地区某大型风电场为例，其平均日变化出力表现出峰谷差低、出力稳定的特点，风电场负荷率稳定于34%～55%之间，张北某风电场2010年11月出力平均日变化特征如图2-19所示。从风电消纳角度分析，0～15h平均日变化出力处于稳定的高负荷率水平，16h后平均出力水平显著降低，上述特点有利于电网负荷平衡与风电消纳。

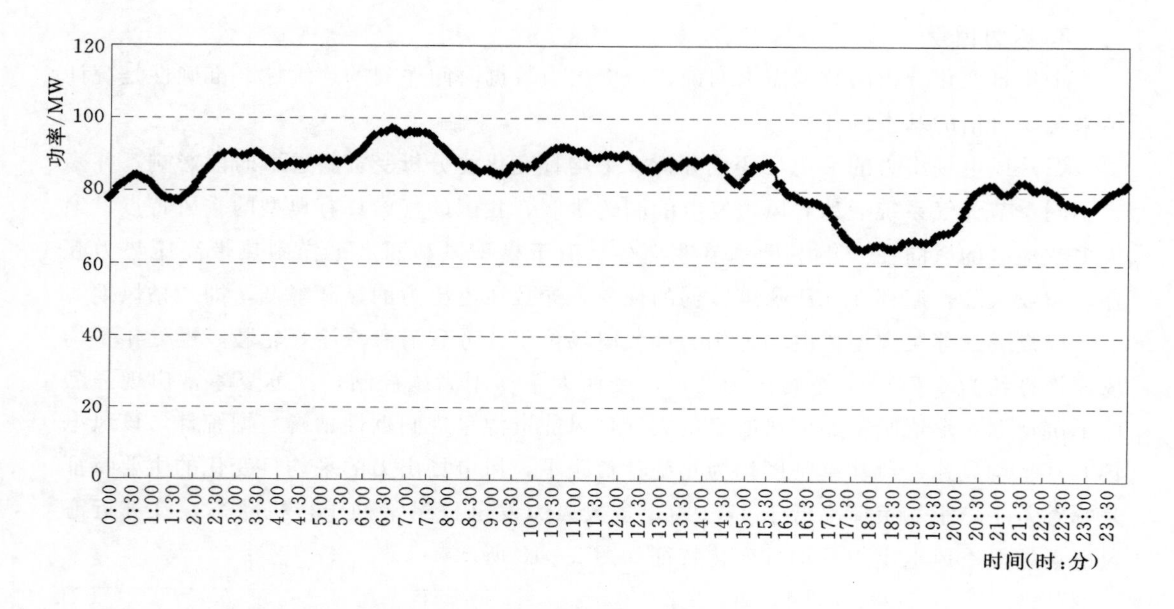

图2-19　张北某风电场2010年11月出力平均日变化特征

(2) 风电场群出力的平均日变化分析。风电场群受季节和大尺度天气系统的影响十分显著。由我国千万千瓦级风电基地的地理分布特点可以发现，风电富集区域大多处在冬季风（包括寒潮等）的影响范围，因此，寒潮等天气系统的活动对于大规模风电场群的出力至关重要。

以我国东部某省份的风电集群为例。分析采用2011年1月风电集群出力能量管理系统（Energy Management System，EMS）监测数据，数据采样的时间分辨率为5min，单位为MW。日平均变化曲线显示，日内波动趋势平稳，多数时段的出力值高于350MW，即出力均值达到或接近全网风电装机的60%，我国东部某省1月风电集群出力的平均日变化特征如图2-20所示。随机抽取1月1日、1月15日和1月20日日变化曲线对比显示，日出力普遍高于350MW。可通过风电场群出力区间概率估算，为备用决策提供参考基准值和信度区间。

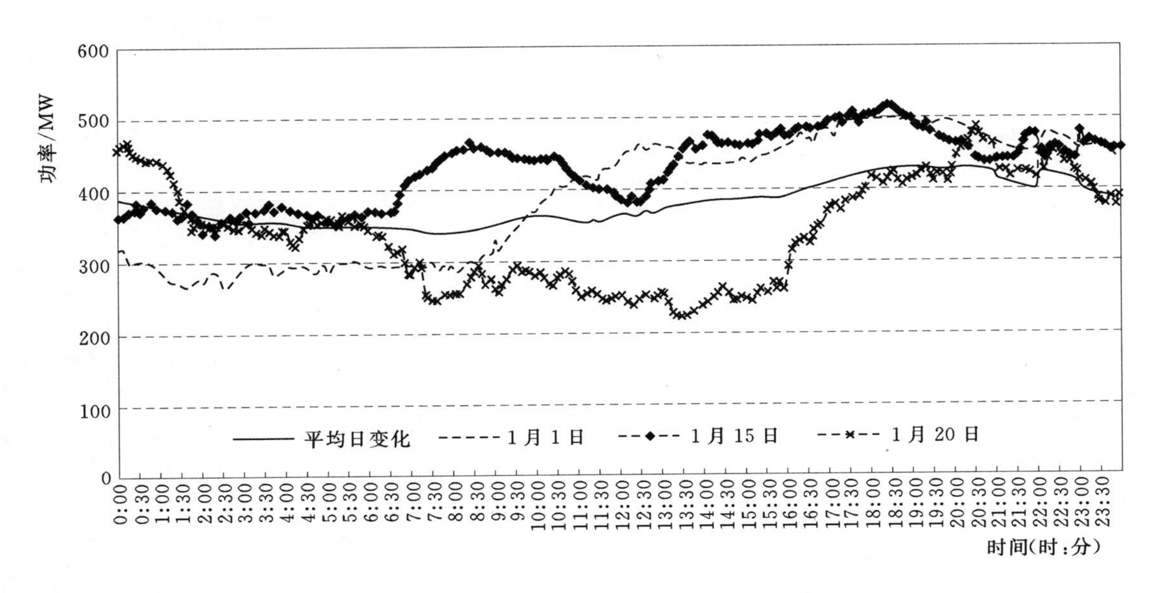

图 2-20 我国东部某省 1 月风电集群出力的平均日变化特征

2.5.2 变化率特征

风电场在微观选址方面通常以最大风能捕获为技术前提，但由于风能资源的空间分布差异，各台机组出力的同时率往往随着风电场装机规模的增大而呈现出降低的趋势，由此产生“平滑效应”，导致风电场的风机变化率明显低于单个风机。在风电场群方面，因受区域地形、风能资源、风电机组类型等因素影响，各风电场之间的出力除“平滑效应”外，部分时段内可能存在较强的互补性，因而出力变化率的概率分布将进一步平缓。研究表明，出力波动的分钟级振幅与风电集群规模扩大显著相关，其本质在于影响近地层风能资源的天气系统的空间尺度存在局限，风力发电机组类型、海拔高度以及天气条件等方面的差异将显著降低风力发电机组间、风电场间的出力同时率。

采用甘肃某风电场 2011 年 6 月 4 日至 2011 年 8 月 26 日的 EMS 数据资料为例。如图 2-21，风电场出力和风电机组的逐 5min 出力变化基本呈正态分布，风电机组出力的离散性更强、归一化变化率更显著，而风电场的出力变化率则较为稳定。

为了更为清晰地阐述风电装机规模对出力变化率的影响，下面采用某 49.5MW 风电场 SCADA 系统提供的风电机组发电功率数据进行说明。如图 2-22 所示，此算例中横坐标为风电机组数量，纵坐标为归一化标准差随装机容量的变化。可见，随着风电机组数量的线性增长，不同装机容量下的出力变化率总体呈减小趋势。当统计对象为 33 台机组的出力总和时，变化率已远小于单台风电机组。

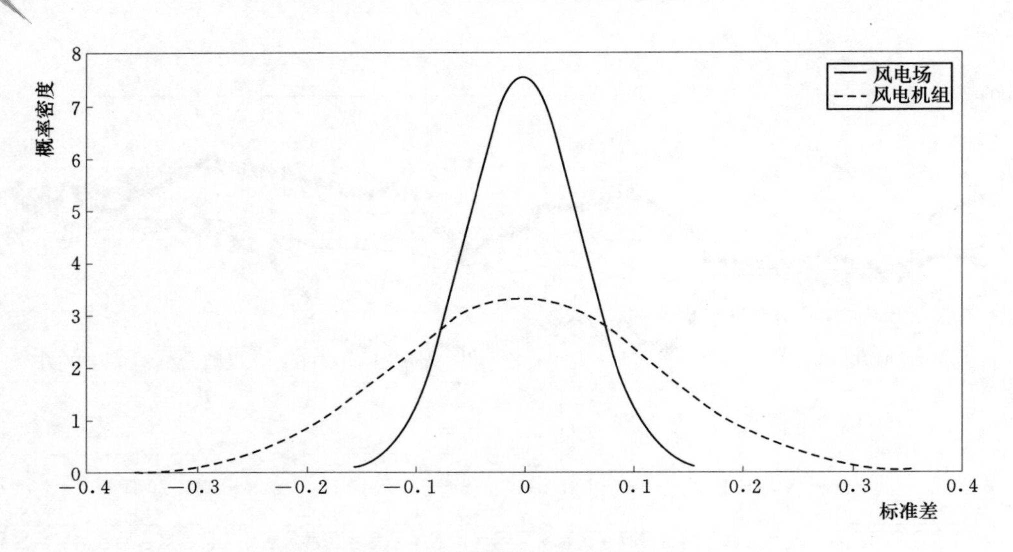

图 2-21　风电出力变化率分布特征

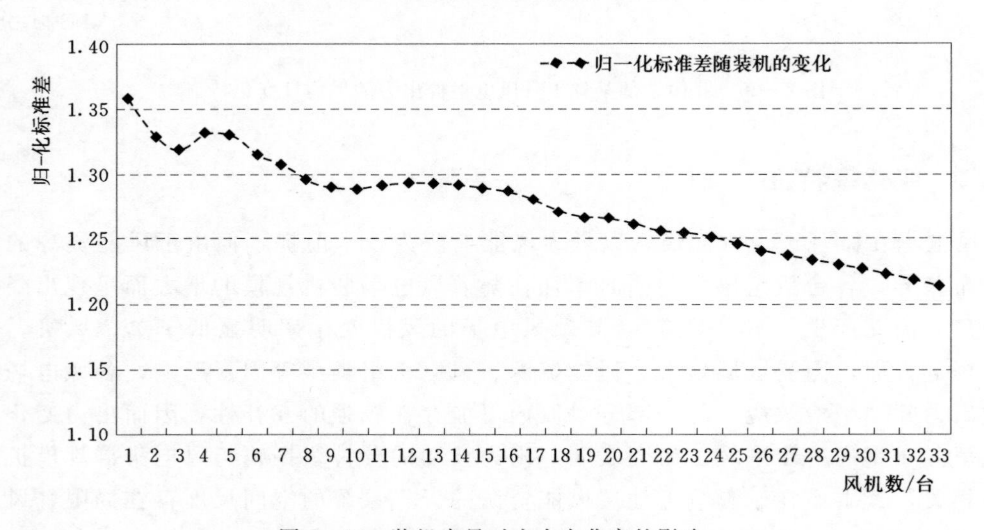

图 2-22　装机容量对出力变化率的影响

2.6　光伏发电出力特性

光伏发电的出力特性分析主要分为晴空条件和非晴空条件。其中，晴空条件下，光伏发电的出力表现出较强的规律性，且主要随太阳高度角的变化而变化；而在非晴空条件下，光伏发电的出力特性则相对复杂，天气现象的交替可导致较强的出力随机性。本节通过实际案例的分析，对以上特征进行逐一分析。

2.6.1　晴空出力特征

光伏发电出力具有非常典型的晴空出力特征，其日变化的特点主要由光伏电站所在

纬度的太阳高度角的日内变化所决定。

1. 组件温度的影响

根据《光伏器件第1部分：光伏电流—电压特性的测量》（GB/T 6495.1—2006）和《地面用薄膜光伏组件设计鉴定和定型》（GB/T 18911—2002/IEC 61646：2008）测试标准，太阳能电池转化效率的测试条件一般特指1000W/m²、AM1.5、25℃条件下的电池输出能力。

自然条件下，照射太阳能电池板的入射短波辐射始终存在变化，电池板的组件温度也由于所处地域的自然条件而发生变化，由此衍生出晴空出力的"双峰"等特殊的出力形态。

晴空条件下，临近午间时刻地表入射短波辐射稳步增加，出力增大。同时，地表环境温度升高，可造成光伏组件温度显著高于实验室的标定值，进而导致光伏电站输出在光照条件充沛时无法达到额定满发值，甚至低于较低辐射通量条件下的输出值。

如图2-23所示为温度对光伏发电典型出力的影响。当日11：30至16：00间，电站出力呈现"鞍"形特点，其原因即在于午间环境温度和太阳短波辐射的增强，使得光伏组件温度显著偏高，造成太阳辐射能的利用效率降低。此外，当大气层结稳定时，上述现象则可能由于近地面层温度等气象要素的变化速率缓慢而持续较长时间。

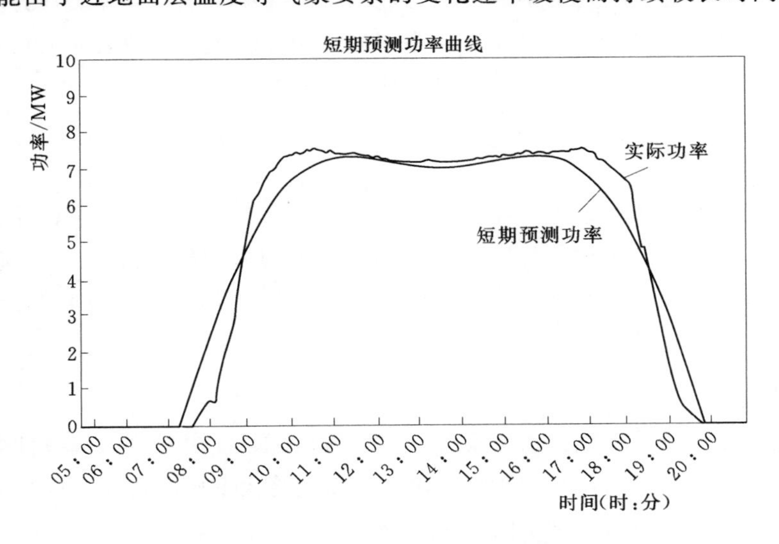

图2-23 温度对光伏发电典型出力的影响

2. 出力特征

目前，主流光伏电池的吸收波长介于400～1100nm范围内，大致与太阳短波辐射的可见光波段相符。晴空条件下的出力日变化的峰值受纬度、高度角、方位角等因素影响。

在光伏电站运行状态及组件温度无显著波动的前提下，光伏发电的晴空出力形态呈现相对平滑的抛物形，晴空条件下光伏发电出力变化如图2-24所示。

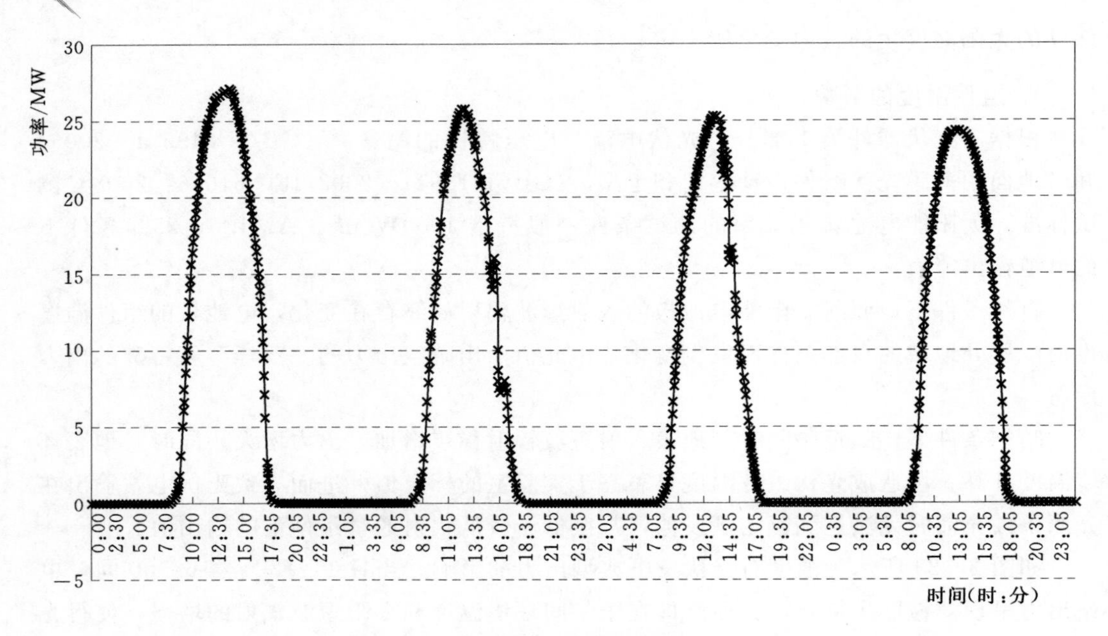

图 2-24　晴空条件下光伏发电出力变化

此外，光伏发电也受日照时数、日照强度的季节变化影响，具体表现为电站出力的起止时间和峰值的季节性变化。其中，冬半年的日照时间较短，地表入射短波辐射较夏季低，因此晴空条件下的光伏出力曲线呈整体减弱的态势。

2.6.2　非晴空出力特征

在光伏发电预测技术研究中，非晴空条件一般指降水、轻雾、沙尘、降雪以及多云等复杂天气条件。由大气辐射原理可知，可见光波段的太阳辐射能由大气成分、云层、水汽等因素的影响。复杂天气现象将影响地表太阳辐射的波动特征、间歇特征，因而导致光伏发电特性变得复杂。

1. 影响因素

(1) 大气成分的显著变化。通常情况下，大风扬尘、沙尘暴等天气事件会显著影响区域大气透明度的时空分布，其中折射、漫散射效应将大幅削减地表入射短波辐射，造成光伏电站的出力特性显著区别于晴空条件。

(2) 多云及降雨过程。当光伏电站所处区域的天空云量增加时，云层厚度、云底高度和云类的变化将导致大气折射、吸收、散射效应趋于复杂，进而导致光伏发电出力快速波动等情况。

(3) 降雪过程。降雪过程与其他天气现象的差异之处在于，组件表面的遮蔽物可长时间停留，使得光照情况良好的情况下光伏电站的出力接近零值。

2. 出力特征

大气中各类天气现象的持续时间不同，其对太阳辐射的影响可粗略地由可见光衡量。一般情况下，可观光越弱，视距越短，则太阳总辐射值越低。不同天气现象对太阳辐射的衰减效应不同，因而直接导致了非晴空条件下光伏发电出力特性的复杂性。对于光伏发电功率预测而言，这类情况则是影响预测模型鲁棒性的主要因素。

对于多云及降雨过程，则受天气现象持续时间、直接辐射遮挡等因素影响，光伏发电出力的变化特性呈现出多元化的趋势。某光伏电站（30MWp）2012 年 2 月 7 日至 10 日历史功率如图 2－25 所示，光伏发电的出力日变化呈现出随机特征，其演变特征的预测具有极大难度。

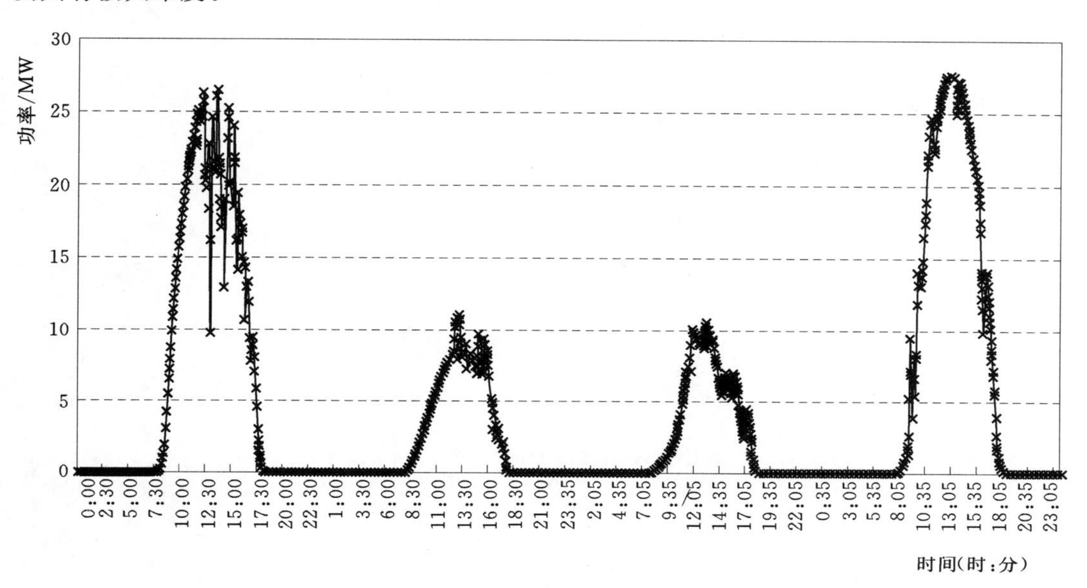

图 2－25　某光伏电站（30MWp）2012 年 2 月 7—10 日历史功率

参　考　文　献

［1］ Sathyajith Mathew. 风能原理、风资源分析及风电场经济性［M］. 北京：机械工业出版社，2011.

［2］ 陈欣，宋丽莉，黄浩辉，等．中国典型地区风能资源特性研究［J］. 太阳能学报，2011，32（3）：331－337.

［3］ 张秀芝，徐经纬．中国近海风能资源分布［C］. 中国电机工程学会可再生能源发电专业委员会 2009—2010 年会暨风电技术交流会，2010.

［4］ 廖顺宝，刘凯，李泽辉．中国风能资源空间分布的估算［J］. 地球信息科学，2008，10：551－556.

［5］ 孙川永，陶树旺，罗勇，等．海陵岛区域风速廓线特性及利用模式进行沿海风能评估过程中风速廓线的作用［J］. 太阳能学报，2009，30（10）：1396－1400.

［6］ 申华羽，吴息，谢今范，等．近地层风能参数随高度分布的推算方法研究［J］. 气象，2009，35（7）：54－60.

［7］ 黄汉云．太阳能光伏发电应用原理［M］. 北京：化学工业出版社，2013.

［8］ 黄磊．太阳能光伏发电并网电站设计与研究［J］. 建筑电气，2007，26（2）：19－22.

[9] 于静，车俊铁，张吉月．太阳能发电技术综述［J］．世界科技研究与发展，2008，30（1）：56－59．

[10] 田茹．风电出力特性研究及其应用［D］．北京：华北电力大学，2013．

[11] 霍成军．电力系统负荷特性分析研究［D］．天津：天津大学，2007．

[12] 肖创英，汪宁渤，陟晶，等．甘肃酒泉风电出力特性分析［J］．电力系统自动化，2010，34（17）：64－67．

[13] 张宁，周天睿，段长刚，等．大规模风电场接入对电力系统调峰的影响［J］．电网技术，2010，34（1）：152－158．

第3章 气象监测技术

新能源电站气象数据的实时采集、存储和分析在风力发电和光伏发电功率预测中具有重要作用，它不仅是超短期功率预测模型的关键输入，也是短期功率预测中数值天气预报数据验证、校正的重要依据。气象要素实时监测系统不仅为新能源开发利用、电网发展规划提供重要数据，而且在监测数据上与气象部门形成良性互补。

本章对风力发电、光伏发电的相关气象监测体系进行了系统地介绍，主要内容包括气象要素采集、监测站选址、监测系统设计和监测系统运行维护等。

3.1 气象要素采集

3.1.1 气象要素类别

气象要素特指表征大气物理现象、物理变化过程的物理量，例如气温、气压、湿度、风、云、降水量、能见度、日照、太阳辐射等。随着风能、太阳能资源在能源气象领域关注度的不断提高，风速、太阳辐射等气象要素的监测越来越受到重视。作为气候资源的重要组成部分，风能、太阳能资源受到各种气象要素的影响，具有因时而变、因地而异的特点。

风是既有大小又有方向的向量，风速和风向是描述风的两个重要参数。计算风能的方法如下：

$$W=1/2\rho Av^3 \tag{3-1}$$

式中 ρ——空气密度；

A——气流流过的截面积；

v——气流速度。

由风能公式可以看出，风能的大小与气流速度的立方成正比。因此，在风能计算中，风速是最重要的因素，风速值的正确与否决定了风能计算的准确性。另外，空气密度也是直接影响风能的关键因子，可通过由气压、气温和相对湿度组成的经验函数计算得到。所以风电场的测风系统，需要对风速、风向、气压、气温和相对湿度等气象要素进行监测。

光伏发电是利用光电效应，将太阳辐射能直接转化成电能。在充分考虑组件安装面积、组件转换效率及温度修正、组件安装倾角修正、逆变器和线损修正等多种因素后，得到功率计算方法如下：

$$P=EA\eta\eta_t\eta_n\eta_l \tag{3-2}$$

式中 E——倾斜面太阳辐射强度；

A——组件安装面积；

η——组件转换效率；

η_t——组件转换效率温度修正系数；

η_n——逆变器效率系数；

η_l——线路损失修正系数。

在光伏阵列安装位置、逆变器选型确定后，光伏电站输出功率主要受到太阳辐射强度和温度的影响。光伏电站输出功率与太阳辐射强度呈高度正相关，太阳辐射强度越大，电池组件输出功率就越大。对于一个具体的电站，太阳辐射强度主要取决于天气状况、太阳高度角等因素。在晴朗的天气条件下，云量很小，大气透明度高，到达地面的太阳辐射就强，光伏电站输出功率就大；天空中云、气溶胶多时，大气透明度低，到达地面的太阳辐射就弱，光伏电站输出功率就小。另外，电池组件对温度非常敏感，温度的升高会降低硅材料的禁带宽度，进而影响组件的电性能参数，导致组件的开路电压降低，短路电流微增，输出功率减小。

综上所述，风速、风向、气温、相对湿度、气压、辐照度、云等要素是影响新能源发电的主要气象因素。

3.1.2　数据采集方式

随着气象要素值的变化，气象传感器输出信号发生变化，这种变化量被数据采集器实时采集，经过线性化和定量化处理，实现工程量到要素量的转换，再对数据进行筛选，得到各个气象要素值。

为了获得准确可靠的气象要素值，气象传感器性能指标必须满足一定的要求。具体气象要素监测技术指标见表 3-1。

表 3-1　　气象要素监测技术指标

气象要素	测量范围	分辨力	最大容许误差
气温	－50～50℃	0.1℃	±0.2℃
相对湿度	0～100%RH	1%RH	±4%RH（≤80%RH）；±8%RH（>80%RH）
气压	500～1100hPa	0.1hPa	±0.3hPa
风向	0°～360°	3°	±5°
风速	0～60m/s	0.1m/s	±（0.5+0.03v）m/s，其中 v 为实际风速
总辐射	0～2000W/m^2	1W/m^2	±5%
直接辐射	0～2000W/m^2	1W/m^2	±2%
散射辐射	0～2000W/m^2	1W/m^2	±5%

除了气象传感器性能指标，气象要素的采样与算法对数据的准确性也有重要影响。下面将分别介绍预测系统所用到的气象要素的采样和算法。

由于大气的流体特性，对于某一空间位置的风来说，其方向和速度都是随时变化

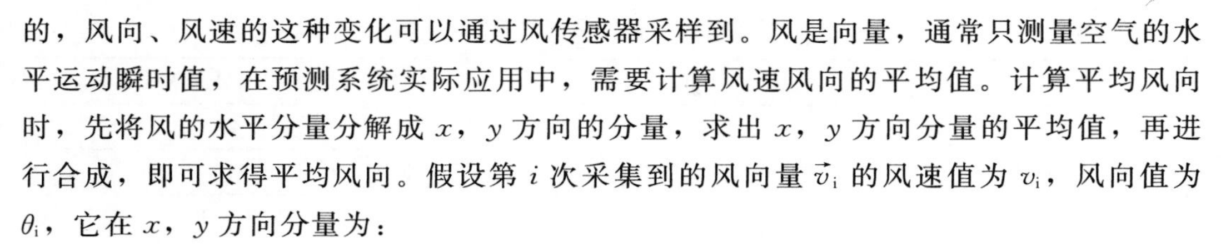

的，风向、风速的这种变化可以通过风传感器采样到。风是向量，通常只测量空气的水平运动瞬时值，在预测系统实际应用中，需要计算风速风向的平均值。计算平均风向时，先将风的水平分量分解成 x，y 方向的分量，求出 x，y 方向分量的平均值，再进行合成，即可求得平均风向。假设第 i 次采集到的风向量 $\vec{v}_i$ 的风速值为 v_i，风向值为 θ_i，它在 x，y 方向分量为：

$$\begin{cases} x_i = v_i \sin\theta_i \\ y_i = v_i \cos\theta_i \end{cases} \tag{3-3}$$

假设在观测时段内采样次数为 n，则有 n 个风向量的样本，它们在 x，y 方向分量的平均值相应为：$\overline{X} = \sum_{i=1}^{n} x_i / n, \overline{Y} = \sum_{i=1}^{n} y_i / n$ 。

将$\overline{X}$，$\overline{Y}$合成后的风向为：$\theta = \arctan\overline{X}/\overline{Y}$。由于风向在 0°～360°变化，因此风向需依据$\overline{X}$，$\overline{Y}$分量进行判断。规定南北分量气流向北为正值，向南为负值；东西分量气流向东为正值，向西为负值，判断方法如下：

(1) $\overline{X}=0$，$\overline{Y}>0$；则 $\theta=0°$ (N)。

(2) $\overline{X}>0$，$\overline{Y}=0$；则 $\theta=90°$ (E)。

(3) $\overline{X}=0$，$\overline{Y}<0$；则 $\theta=180°$ (S)。

(4) $\overline{X}<0$，$\overline{Y}=0$；则 $\theta=270°$ (W)。

(5) $\overline{X}>0$，$\overline{Y}>0$；则 θ 不变。

(6) $\overline{X}>0$，$\overline{Y}<0$，或 $\overline{X}<0$，$\overline{Y}>0$；则 $\theta=180°+\theta$。

(7) $\overline{X}<0$，$\overline{Y}<0$；则 $\theta=360°+\theta$。

计算平均风速时，采用算术平均方法，公式如下：

$$\overline{Y} = \frac{\sum_{i=1}^{N} y_i}{m} \tag{3-4}$$

式中 $\overline{Y}$——观测时段内风速的平均值；

y_i——观测时段内风速的第 i 个样本，其中，异常样本（异常值的判断见表 3-2）应剔除，不参与计算；

N——观测时段内的样本总数，由“采样频率”和“平均值时间区间”决定；

m——观测时段内的正确样本数（$m \leqslant N$）。

对于气温、相对湿度、气压、总辐射、直接辐射、散射辐射的采样，均为每 10s 采样 1 次，在每分钟采样的 6 个样本中去掉异常值、1 个最大值和 1 个最小值，余下样本的算术平均为该分钟的瞬时值。若余下样本数为 0，则本次瞬时值缺测。以瞬时值为样本，自动计算和记录每 5min 的算术平均值，计算方法参照公式（3-4）。

数据采集器在每次求平均值时，需检验每个采样值的合理性，剔除异常数据。气象要素采样值的合理性指标见表 3-2，所有不满足此表合理性要求的采样值视为异常值。

表 3-2　　气象要素采样值合理性指标

气象要素	传感器测量范围	时间相邻样本最大变化值
气温	依照传感器性能指标确定	2℃
相对湿度		5%
气压		0.3hPa
风向		360°
风速		20m/s
总辐射		800W/m²
直接辐射		800W/m²
散射辐射		800W/m²

3.2 监测站选址技术

3.2.1 测风塔选址技术

3.2.1.1 测风塔监测系统

近年来，风力发电行业迅速发展，风力发电开发商在风资源丰富地区积极投资建立测风塔，采集不同高层的风速、风向、气温、湿度、气压等气象数据，为风电场的建设开发获取实测气象资料。在风电场前期开发中，测风塔主要用于风能资源评估和风机微观选址，风电场投运后，测风塔主要用于气象信息实时监测和风力发电功率预测。

风电场内安装的测风塔一般为桁架式结构和圆筒式结构如图 3-1 所示，采用钢绞线斜拉加固方式，高度一般为 10～150m。测风塔塔架上搭载的自动气象监测设备主要包括气象传感器、数据采集模块、通信模块、电源等，能够测量风电场区域内不同高度的风速、风向、气温、湿度、气压等气象数据。根据不同用途，测风塔的气象数据传输方式一般分为定期传输和实时传输。

3.2.1.2 不同地表特征对风况的影响

风电场的微观选址取决于测风数据的准确性和代表性，要获得准确性高、代表性好的测风数据，就必须选择合适的测风塔安装位置。近地面层中，风的分布在空间上分散，在时间上不连续，使得在风能资源的评估中需考虑气流在不同地表特征下的运动机理。

（1）地形对风况的影响。风电场所处区域的地形大致可分为平坦地形和复杂地形。平坦地形是指在风电场区及周围 5km 半径范围内其地形高度差小于 50m，同时地形最大坡度角小于 3°的地形。复杂地形指平坦地形以外的各种地形，可分为隆升地形（山脊、山丘）和低凹地形（山凹）。

平坦地形情况下，在场址范围内同一高度层上风速分布较为均匀，风廓线与地面粗

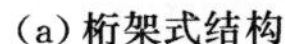
(a)桁架式结构

(b)圆筒式结构

图 3-1 测风塔

糙度最为相关。地面粗糙度一致的平坦地形，近地层风速随高度的增加而增大；地面粗糙度发生变化时风廓线的形状分为上下两部分，分别对应上、下游地表的风廓线形状，在其中间衔接带上风速会发生剧烈变化。

遇到隆升地形，盛行风向与山脊脊线垂直时，加速作用最大，在脊峰处气流速度达到最大；脊线平行于盛行风向时，加速作用最小。盛行风向吹向山脊的凹面时，会产生狭管效应使气流增速，反之凸面朝向盛行风向，气流绕行，加速作用减少。气流在山脊的两肩部或迎风坡半山腰以上，加速作用明显，山脊顶部的气流加速最大。气流在顶部平坦的山脊上往往存在着切变区，山脊的背风侧常会形成湍流区。遇到低凹的地形，盛行风向与山谷轴线一致时，气流具有加速效应；在山谷轴线与盛行风向垂直时气流受到地形的阻碍，风速减弱，可能会出现强的风切变或湍流。

(2) 地面粗糙度及障碍物对风况的影响。大气边界层是大气的最底层，靠近地球表面，受地面摩擦阻力影响，并随气象条件、地形、地面粗糙度的变化而变化。大气边界层分为两个区域，地表面至 100m 的区域称为下部摩擦层，其上方称为上部摩擦层，大气边界层如图 3-2 所示。下部摩擦层受地球表面摩擦阻力影响很大，可以忽略地球自转产生的科里奥利力。

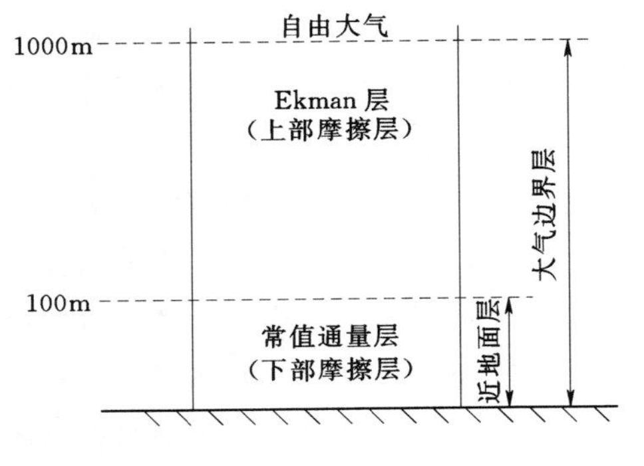

图 3-2 大气边界层

在近地面层中，风速受到地面粗糙度的影响，并随高度的增加而增大，常用指数公式表示高度和风速的关系：

$$v=v_1\left(\frac{h}{h_1}\right)^{\alpha} \tag{3-5}$$

式中 v——距离地表高度 h 处的风速，m/s；

v_1——高度为 h_1 处的风速；

α——地表摩擦系数，通常取0.12、0.16、0.2。

气流经过粗糙的地表及障碍物时，会受到干扰，形成湍流区域，造成风速和风向迅速变化。湍流区域在障碍物前可扩展到2倍障碍物高度区域，在障碍物后侧，可影响到障碍物10～20倍高度区域。如果是宽大的障碍物（宽度超过高度的4倍）位于顺风方向，气流不是沿着水平方向流动，而是大部分从障碍物的上部流过，导致下风向的湍流区域变长。如果是狭窄的障碍物，风沿着水平方向扩展，下风向的湍流区域变短。在垂直方向上，2～3倍障碍物高度处湍流的影响仍非常显著（见本书第2章的图2-3）。

3.2.1.3　测风塔选址分析

测风塔宜位于风电场主风向的上风方向位置，其附近应无高大建筑物、树木、输电杆塔等障碍物，与障碍物的距离宜保持在障碍物最大高度的10倍以上。测风塔位置还应避开土质松软、地下水位较高的地段，以防止在施工中发生塌方、出水等安全事故。

测风塔数量视风电场规模和地形复杂程度而定。通常每套风电场功率预测系统应至少配置1个测风塔，对装机规模较大或地形复杂的风电场，应适当增加测风塔的数量。对于风电场群和大型风电基地，应统一规划测风塔位置和数量。

（1）用于资源评估的测风塔微观选址。风电场前期开发过程中，测风塔主要用于风电场的风能资源评估和风机微观选址。建设风电场最基本的条件是要有能量丰富、风向稳定的风能资源，在风电场选址过程中，需要根据有关标准在场址中立塔测风。

测风塔必须准确反映将来风电场的风资源情况，其周围环境要与风机位置的环境基本一致，两者之间要遵循一定的相似准则。相似准则主要考虑大气环境和地理特性：①大气环境相似，则整体的区域风况、风的驱动力、大气稳定情况等相似；②地形相似，则地形复杂度、海拔、周边环境、地面粗糙度等相似。

以上两个方面的相似准则是风电场前期测风塔选址的基本依据。通常，风电场规划面积都在几十平方公里范围内，属于中小尺度大气结构范畴，大气稳定情况基本一致，主要考虑测风塔位置与风机位置的地形特征、地表植被的相似性，即测风塔与风机位置的气候条件、地形、高程和地面粗糙度等方面应尽可能相似，避免受到气流畸变的影响。

在区域地形图上，根据风电场场区边界的拐点坐标，确定风电场在地形图上的具体位置，并扩展到外沿5km的半径范围。根据等高线的疏密、弯曲程度及高程，对风电场的地形地貌进行分析，确定风电场区域内的高差和坡度，找出影响风力变化的地形特征。通过计算流体力学模型（Computational Fluid Dynamics Model，CFD），对流体进行定向模拟，进而了解风流的相关属性。影响风况的风流参数主要有风加速因数、湍流强度、水平偏差和入流角，风流参数分布图如图3-3所示，这些风流参数都受地形影响，其中风加速因数和湍流强度还受到地面粗糙度影响。测风塔选址时，需要考虑风电场盛行风向上的风流参数分布情况，测风塔位置的湍流强度、水平偏差、入流角要尽可能小，而风加速因数要能代表风电场区域的平均水平。

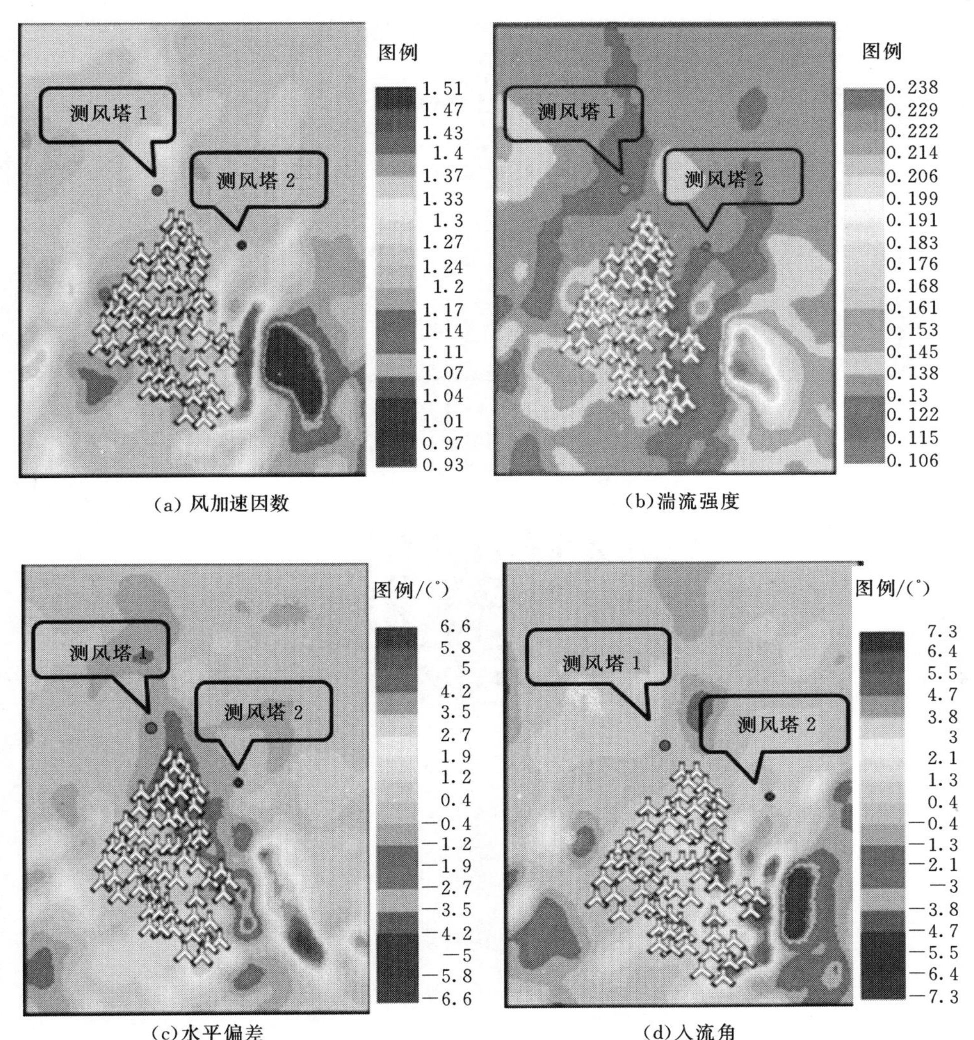

(a) 风加速因数　　(b)湍流强度

(c)水平偏差　　(d)入流角

图 3-3　风流参数分布图

(2) 用于功率预测的测风塔微观选址。与风电场前期风资源评估的测风塔选址不同，用于功率预测的测风塔，应考虑测风位置是否受到风机尾流的干扰。对于已经建设完成的风电场，应用历史测风数据进行统计分析，可以得出风电场微气象区域每个风向扇区的风频、风速分布，测风数据统计如图 3-4 所示。

基于实测数据得出每个风向扇区的风速、风频，在一定的大气稳定度假设下，通过高分辨率 CFD 模型计算风电场区域风资源状况。区域的平均风速计算结果采用较为直观的填色图形式进行展示，多塔综合的 70m 高度全场平均风速分布图如图 3-5 所示。整个风电场区域的风能等值分布特征、风能极值特征以及风能资源梯度变化趋势特征都能够清晰地得到。综合考虑距离、海拔等因素，选择图中资源代表性强、海拔梯度变化微弱的区域作为测风塔的初选位置。

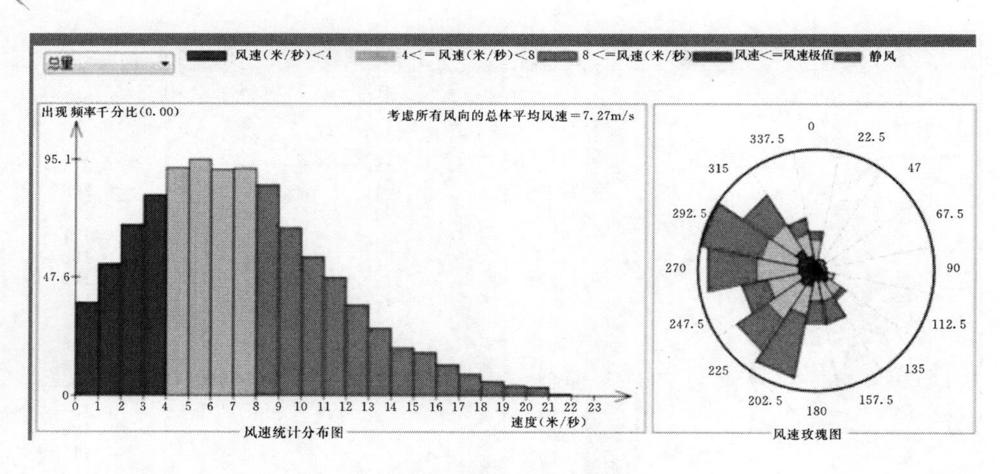

图 3-4　测风数据统计

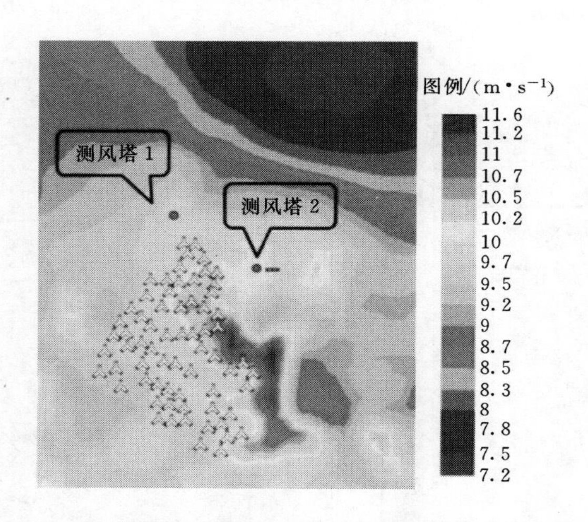

图 3-5　多塔综合的 70m 高度全场平均风速分布图

由于风机的尾流效应影响测风塔的测风效果，因此，测风塔位置需要做进一步评估，选择受尾流效应影响最小的位置，考虑尾流效应的测风塔平均风速计算见表 3-3，2 号测风塔比 1 号测风塔受风机尾流效应影响大，因此 1 号测风塔的位置更为合适。

表 3-3　　考虑尾流效应的测风塔平均风速计算

编号	海拔/m	高度/m	平均风速/($m \cdot s^{-1}$)	考虑尾流效应的平均风速/($m \cdot s^{-1}$)	尾流效应导致的平均折减率/%
测风塔 1	1373	70	9.6	9.6	0
测风塔 2	1490	70	10.16	9.29	9.2

3.2.2　测光站选址技术

测光站的选址，首先应从宏观上分析区域辐射资源的时空分布特征，为典型气象片

区划分提供依据，然后结合实际应用需求和建站环境进行微观选址。

3.2.2.1 测光站宏观选址

通过分析总辐射年总量的平均分布和气象观测站总辐射的时间序列，可以了解区域总辐射分布的平均特征以及站点的辐射资源变化状况。区域的气候变量场由许多观测站点构成，EOF分解可将原变量场分解、降维，构成维数很少的典型模态来描述原变量场，这些典型模态能最大程度涵盖原变量场的信息。

如本书2.3.3节所述，通过EOF分析，可以将目标区域的气象要素监测原始矩阵进行时间场和空间场的分离，为典型变化区域的选取做准备。EOF展开得到的前几个特征向量，可以最大限度地表征气候变量场整个区域的变率结构，但分离出的空间分布结构不能清晰地表示不同地理区域的特征。在进行EOF展开时，所取区域范围不同，得到的特征向量空间分布也不同。计算EOF时，取样大小不同，对反映真实分布结构的相似度也会不同。这些局限性可以通过运用旋转经验正交函数（Rotated Empirical Orthogonal Function，REOF）克服。

REOF得到的空间模态是旋转因子载荷向量，因此，每个向量代表的是空间相关性分布结构。旋转后，高载荷集中在某一较小区域上，其余大片区域的载荷接近0。如果某一向量的各分量符号一致，代表这一区域的气候变量变化一致，高载荷地区为分布中心。如果某一向量在某一区域分量符号为正，在另一区域的分量符号为负，高载荷集中在正区域或负区域，表明这两区域变化趋势相反。通过空间分布结构，不仅可以分析气候变量场的区域结构，还能通过各向量的高载荷地区对气候变量场进行区域和类型的划分。

通过旋转特征向量对应的时间系数，可以分析相关性分布结构随时间的演变特征，时间系数的绝对值越大，这一时刻对应的分布结构越典型。

在对甘肃地区辐射观测资料标准化后进行EOF和REOF分解，前两个旋转载荷向量的累积方差贡献为32.7%，总辐射年总量前五个分量旋转前和旋转后的方差贡献见表3-4，可选取载荷绝对值不小于0.6作为区划标准进行分区，由此得到辐射资源的两个主要分区，第一旋转载荷向量空间分布和时间系数如图3-6（a）、图3-6（b）所示。

表3-4 总辐射年总量前五个主分量旋转前和旋转后的方差贡献

序号	EOF		REOF	
	贡献率	累计贡献率	贡献率	累计贡献率
1	0.288	0.288	0.222	0.222
2	0.167	0.455	0.105	0.327
3	0.117	0.572	0.150	0.477
4	0.069	0.641	0.111	0.588
5	0.060	0.701	0.112	0.700

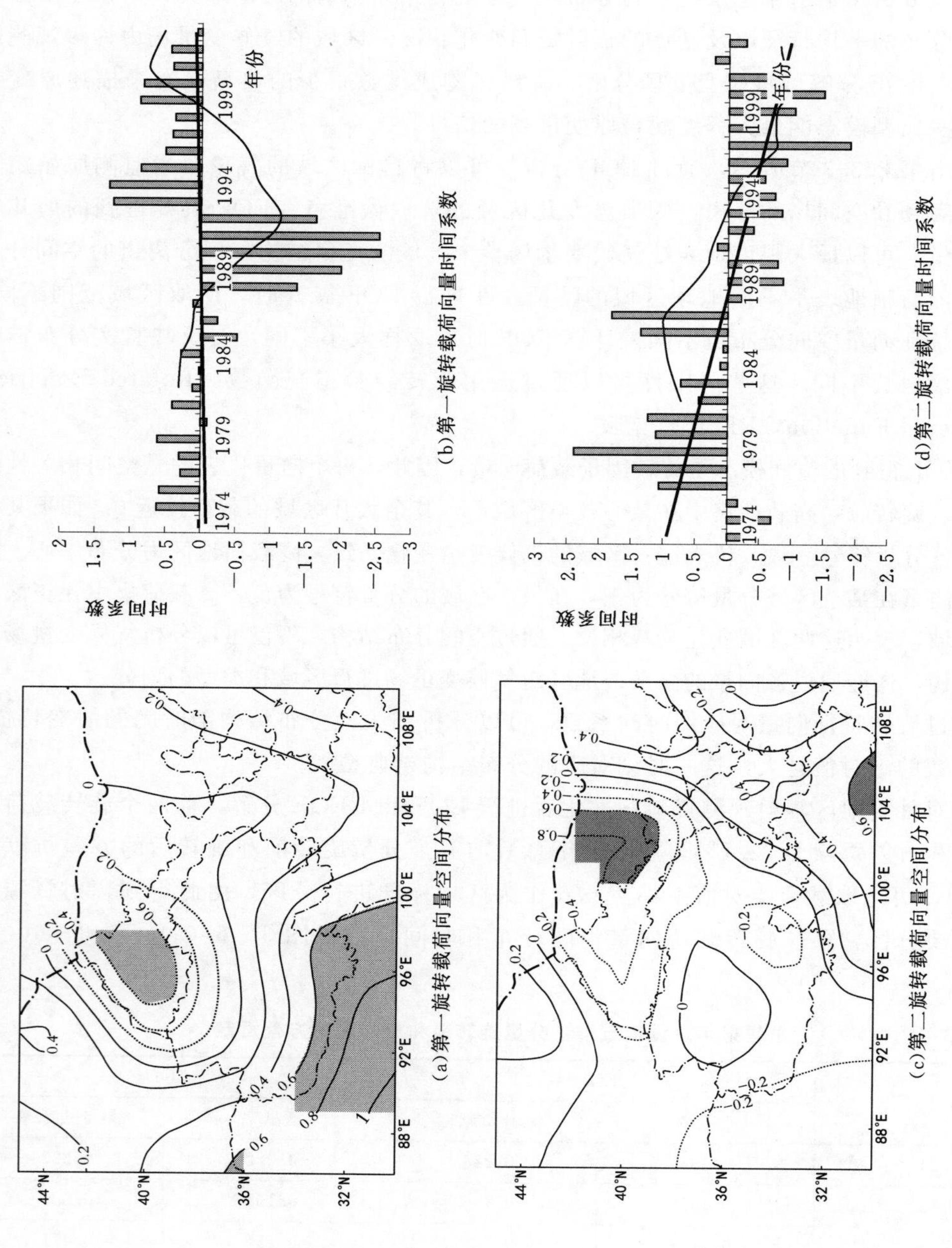

(a)第一旋转载荷向量空间分布

(b)第一旋转载荷向量时间系数

(c)第二旋转载荷向量空间分布

(d)第二旋转载荷向量时间系数

图3-6 总辐射年总量旋转载荷向量的空间分布和时间系数

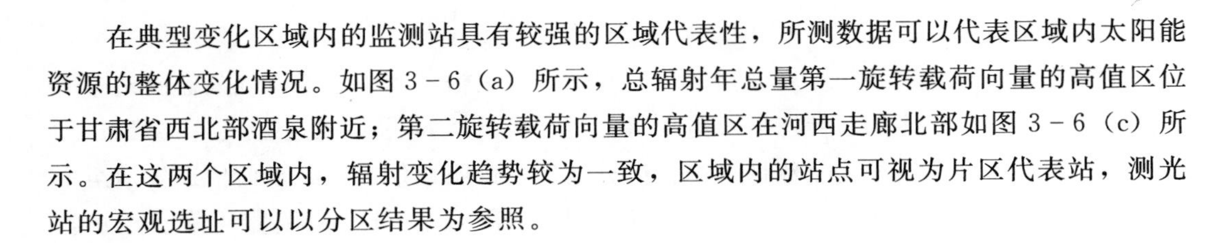

在典型变化区域内的监测站具有较强的区域代表性，所测数据可以代表区域内太阳能资源的整体变化情况。如图 3 - 6（a）所示，总辐射年总量第一旋转载荷向量的高值区位于甘肃省西北部酒泉附近；第二旋转载荷向量的高值区在河西走廊北部如图 3 - 6（c）所示。在这两个区域内，辐射变化趋势较为一致，区域内的站点可视为片区代表站，测光站的宏观选址可以以分区结果为参照。

3.2.2.2 测光站微观选址

在 REOF 划分的太阳能资源变化特征一致的区域内进行测光站微观选址时，重点考虑风向、地形等地理气象因素和测光站可维护性，下面以甘肃地区测光站微观选址为例简要说明。

借助 global mapper 软件，下载 90m 分辨率的河西走廊地形等值线图，如图 3 - 7 所示，建议的海拔标值间隔为 100m。

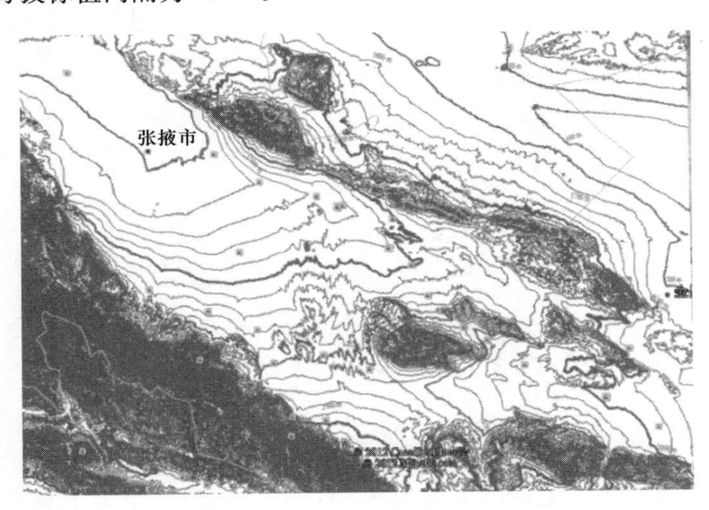

图 3 - 7　河西走廊地形等值线图

根据地形等值线图，测光站微观选址时应重点观察海拔差异和地形走势，所选位置应地形平坦，与光伏电站处于相近海拔高度。测光站周边植被、水体等特征与其所代表的区域保持一致。

3.3 监测系统设计

3.3.1 系统整体设计

随着新能源在我国的大规模开发和利用，气象要素实时监测系统在场站功率预测、场区微观选址、发电能力评估等方面所起的作用越来越大。尤其对于千万千瓦级大型新能源发电基地，更需建立由多个气象监测站组成的测风、测光网络，实现对大区域风光资源的实时监测。

气象要素实时监测系统主要包括气象监测站、通信信道和中心站。气象监测站一般由数据采集器、通信终端、传感器及电源等组成，通过实时采集风速、风向、辐照度、气温、相对湿度、气压等气象数据，进行运算处理，按照通信规约经通信信道发送至中心站。为适应野外应用环境，在数据传输上，选择GPRS、VHF等稳定可靠、经济实用的远程通信方式。中心站主要负责实时接收各监测站的上传数据，并对数据进行整理、存储。气象要素实时监测系统整体设计如图3-8所示。

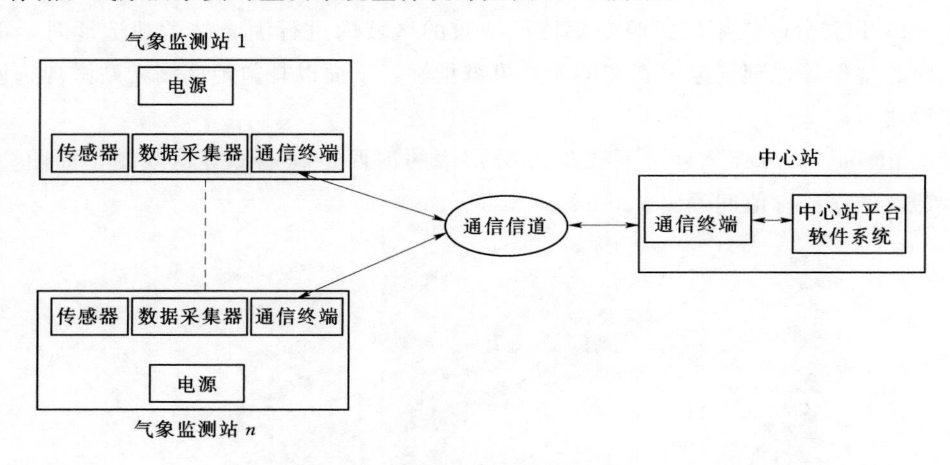

图3-8 气象要素实时监测系统整体设计框图

目前，气象监测站和中心站均有较为成熟的产品和解决方案，而通信方式与场站所处环境息息相关，通信信道的设计与组网需重点考虑。

3.3.2 通信与组网

气象监测站在通信方式上可以采用光纤、GPRS、VHF、北斗卫星、PSTN等多种方式，每种方式都有各自的优缺点，具体采用哪种方式将依据现场的具体情况而定。

3.3.2.1 通信方式

（1）光纤（Optical Fiber）。以光纤作为传输媒质具有传输频带宽、通信容量大、传输距离远、抗干扰性高和信号衰减小等优点，但光纤也有质地脆、机械强度差、供电困难等问题。

（2）通用分组无线服务（General Packet Radio Service，GPRS）。GPRS是GSM移动电话用户可用的一种移动数据业务。GPRS通信速度快、质量稳定、投资小，适合实时性强、频繁少量数据传输且安全性适中的应用场合。

（3）甚高频（Very High Frequency，VHF）。VHF是一种地面可视通信，其传播特性依赖于工作频率、距离、地形及气象等因素。主要适用平原丘陵地带。VHF具有建设周期短、易于实现和投资小等优点，但也有传输距离短，需专业人员维护等缺点。

(4) 北斗卫星导航通信系统 (Beidou Satellite Navigation Communication System)。北斗卫星导航通信系统的波束覆盖全中国大陆地区及周边沿海、近海地区。该通信方式具有传输可靠性高、时效快和数据量大等特点，特别适用于公众通信网络无法覆盖的地区，但相对于其他通信方式，它的运行费用较高。

(5) 公共交换电话网 (Public Switched Telephone Network，PSTN)。公共交换电话网络具有适用范围广、传输质量较高、设备简单、费用低且便于使用的特点，但野外使用时设备易受雷击损坏。该通信方式适合于公用电话网发达且网络稳定性较高的地区。

3.3.2.2 通信组网

大型新能源发电基地地处偏远、占地面积广，在气象要素实时监测系统的通信组网设计时，需综合考虑信道可靠性、运行经济性、维护便利性等因素。当气象监测站距离中心站较近时，可以采用光纤、PSTN 等进行有线传输，也可以采用 VHF、GPRS 等进行无线传输，在满足同等通信畅通率条件下，优先选用运维经济的通信方式；当气象监测站距离中心站较远，且监测站所处安装现场没有 GPRS 信号时，采用北斗卫星信道。集合了多种通信方式的气象要素实时监测系统组网拓扑如图 3－9 所示。

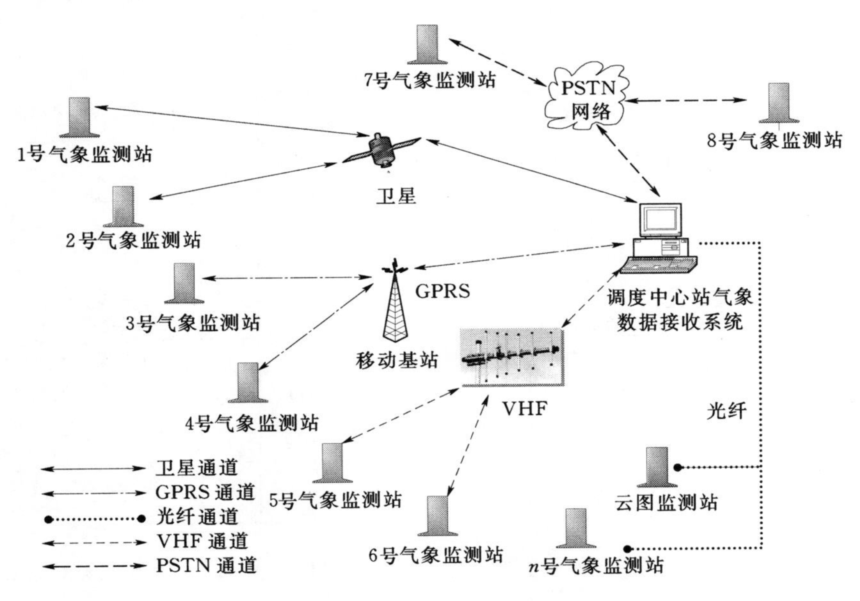

图 3－9　气象要素实时监测系统组网拓扑图

3.3.3 典型设计案例

3.3.3.1 风电场气象要素实时监测系统

我国福建省东北部某海岛，海拔 4～52m，常年盛行东北风，风能资源丰富，正在大力开发风电。此岛属沿海风积平原，主要为台田和沿海防风林带，地形平缓，零星分布一些残丘。某风电场的测风塔（标记为1号塔）位处海岛上，该塔距离风电场直线距离约3km。

福建省东南部某海岛，海拔5～87.9m，常年盛行东南风，沿海风电场建设初具规模。风电场主要位于防风林带中，部分为旱地、残丘，地貌属滨海风积砂平原，出露部分岬角残丘，地形变化较大。在小尖山礁孤岛上建设了一座测风塔（标记为2号塔），该塔距离风电场直线距离约5km。

以上两座测风塔的气象监测数据实时发送到气象监测中心站。1号测风塔塔高40m，安装4层测风装置，分别位于10m、20m、30m、40m高度；2层测温湿度装置，分别位于10m、40m高度；1层测大气压装置，位于10m高度。1号测风塔传感器分布示意图如图3-10所示。

2号测风塔塔高80m，安装4层测风装置，分别位于10m、30m、50m、70m高度；2层测温湿度装置，分别位于10m、70m高度；1层测大气压装置，位于10m高度。2号测风塔传感器分布示意图如图3-11所示。

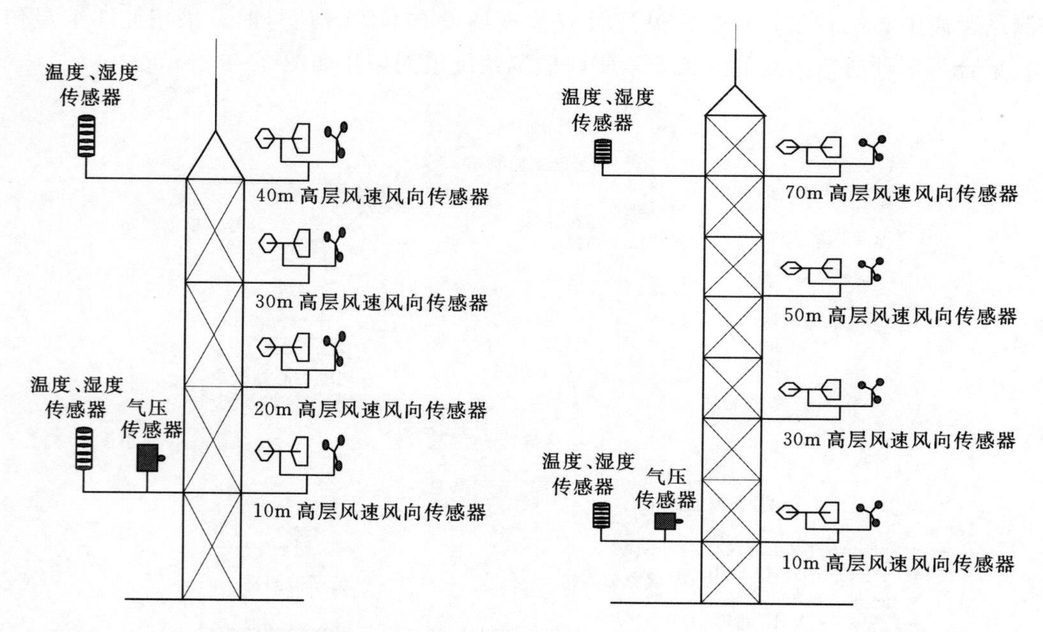

图3-10 1号测风塔传感器分布示意图

图3-11 2号测风塔传感器分布示意图

无论是1号测风塔，还是2号测风塔，均处于四面环水的孤岛上，综合考虑现场环境、通信费用、可靠性等因素，设计通信组网方式如图3-12所示。测风塔监测设备的数据通过VHF通道进行远程无线传输，在风电场架设安装VHF转DMIS网的通信中转设备，测风塔上的实测数据经由电力数据DMIS专网接入中心站系统。

该组网方式的优点是：中心站无需增添硬件设备，只需将中心计算机接入网络即可接收各个站点的实时数据。通过此组网通信方式，系统具有健壮的通道载体DMIS专

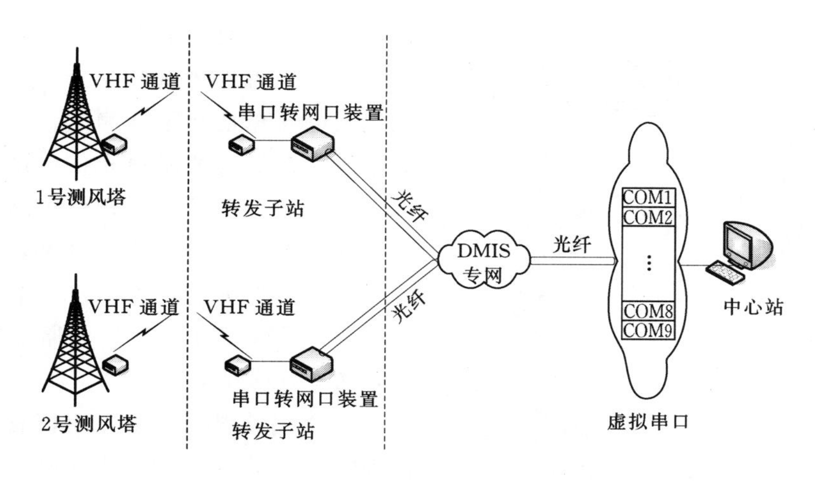

图 3-12 测风塔通信组网设计示意图

网，保障了通道的透明性和可靠性，极大地简化了设备的维护和检测，数据畅通率非常高，为中心站的风电功率预测系统提供了实时气象数据。

3.3.3.2 光伏电站气象要素实时监测系统

南京某屋顶光伏电站，系统总容量规划为 131.995kW，该电站气象要素实时监测系统由数据采集器、气象传感器、通信终端设备、太阳能电池板、蓄电池、设备机箱、安装塔架等组成。系统配置了各类气象传感器，可以监测的气象要素有总辐射、直接辐射、散射辐射、紫外辐射、反射辐射、气温、相对湿度、风速、风向、气压等，并配有全天空成像设备，实现对云的监测，光伏电站气象监测系统现场图如图 3-13 所示。

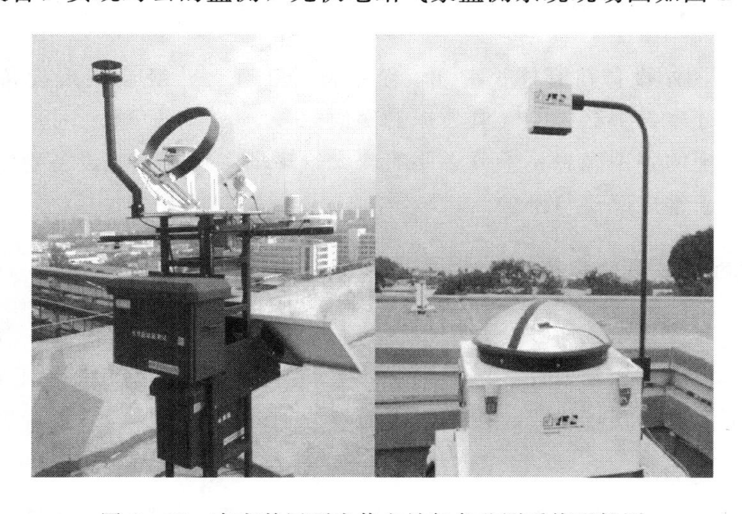

图 3-13 南京某屋顶光伏电站气象监测系统现场图

目前，基于地基云图的光伏发电超短期功率预测方法是根据云图推测云层运动情况，对未来几小时内的云矢量进行预测，通过云辐射强迫分析得到地面辐照度的预测

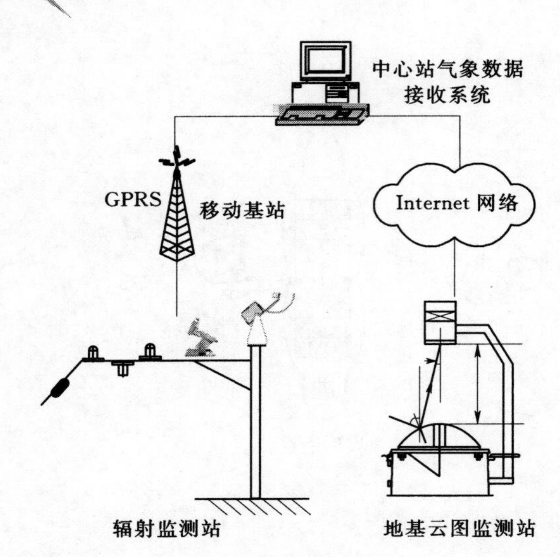

图 3 - 14　光伏电站气象要素实时监测系统通信组网设计示意图

值，以辐照度预测值作为光电转换效率模型的输入，得到光伏功率预测值。云图是光伏发电超短期功率预测的一个重要输入数据源，在南京某屋顶光伏电站建有地基云图监测站，它可以对光伏电站所处位置的天空云况进行自动连续观测，提供实时云量并显示白天的天空状态，捕获的图像为标准的 JPEG 文件，并可通过 RS232 或互联网实时远程监测。

综合考虑现场环境、通信费用、可靠性等因素，屋顶光伏电站气象要素实时监测系统通信组网设计方式如图 3 - 14 所示。气象数据通过 GPRS 通道进行远程无线传输到中心站，该传输方式方便、经济、维护量小；由于云图数据量偏大，不适宜用 GPRS 通道，考虑到地基云图监测设备到中心站机房距离较远，不适合采用 RS232 方式传输，所以选择通过互联网方式接入到中心站。

3.4　监测系统运行维护

3.4.1　采集设备常规维护

由于气象监测站设备在野外长时间、全天候地工作，难免会出现设备工作异常情况，如果不及时处理，势必影响气象数据的实时采集。做好采集设备的常规维护工作，及时处理可能出现的各种隐患是十分必要的。大量现场实践证明，设备稳定可靠运行在很大程度上取决于常规巡检与维护。

3.4.1.1　传感器的定期检查维护

气象要素实时监测系统所涉及到的传感器主要包括温度计、湿度计、气压计、风速风向计、总辐射计、直接辐射计、散射辐射计等。所有传感器应按照我国气象局自动气象站校准方法定期进行现场检查、校准，下面将分别对各传感器的常规维护作以说明。

1. 温度计、湿度计

（1）定期对百叶箱内灰尘进行清扫，及时清洁传感器的护罩，可用软毛刷轻轻刷其表面，不要用手接触。

（2）清洁百叶箱和温湿度计时，温湿度计不得移出箱外。

（3）定期检查温湿度计与数据采集器传输线的连接，发现松动或生锈现象要及时

处理。

2. 气压计

气压计一般安装在采集器机箱内，因此在日常维护中，并不需要进行特别的维护，只需定期检查通气孔内有没有异物或被灰尘、杂物堵住，保持通气顺畅即可。

3. 风速风向计

(1) 由于风速风向计安装位置较高，一般情况下不对其进行清洁维护，只是进行目测检查风向标尾翼等是否完整及其他外观检查，观察风杯、风向标转动是否灵活。

(2) 发现异常时，立即换用备份传感器，将换下的传感器进行清洗检查。

(3) 定期检查、校准风向标指北方位。

4. 总辐射计、直接辐射计、散射辐射计

(1) 检查辐射表是否水平，感应面与玻璃罩是否完好。

(2) 检查辐射表是否清洁，玻璃罩如有尘土、霜、雾、雪和雨滴时，应用专用擦布及时清除干净，且不应划伤或磨损玻璃。

(3) 检查直接辐射计光筒跟踪太阳是否准确。

(4) 检查散射辐射计遮光环阴影是否完全遮住仪器的感应面与玻璃罩。

3.4.1.2 数据采集器的定期检查维护

数据采集器是气象监测站的核心部分，一般情况下无需日常维护，可定期用毛刷清理采集器的灰尘，保持采集器的清洁，上面无覆盖物。如遇灾害性天气，应及时检查采集器，随时了解运行状态以便维修。在接插各种接线端子、撤换或安装传感器时应杜绝带电操作，定期检查采集器的电源接头、通信口的通信线接头和各传感器的接入接头是否有松动现象，并及时处理。若数据采集器安装在野外，采集器机箱的防水性能就非常重要，应该定期检查采集器箱的防水状况，出现问题及时解决。

3.4.1.3 通信设备的定期检查维护

通信设备一般很少发生故障，但随着设备运行时间的增长，有可能出现通信故障，导致数据传输畅通率无法保证，该故障一般与电源、设备电性能和通信网络质量有关，应予以重点检查，出现问题及时修复。

3.4.1.4 电源的定期检查维护

由于采集器依赖于外接电源，所以外接电源的稳定，直接影响着设备的正常运行。气象自动监测站电源含两部分：一部分为太阳能电池板，在长期野外使用过程中，电池板会积满灰尘，这将严重影响太阳能板的正常工作，必须定期对太阳能板进行清洁、除尘操作，并定期检查太阳能电池的输出电压是否正常；另一部分为蓄电池，打开采集器机箱，测量蓄电池接线柱上的导电点，检查两点间电压是否正常，如果电压过低则需更换电池。

3.4.1.5 系统防雷定期检查维护

气象监测站设备为弱电设备，且地处野外开阔地带，因此必须做好雷电的防护措施。每年雷雨季前应对监测现场进行防雷、防静电电阻测试，大于4Ω或接地腐蚀严重的，应对地网进行改造，以满足防雷要求。同时，对电源避雷器、信号避雷器进行检查检验，若不能满足要求的应及时更换。防雷防静电接地一旦做好基本不会出现问题，出现问题较多的一般是接地线连接松动情况，检查时应注意，如发现有虚接或脱落应及时做好连接。

3.4.2 常见故障排除措施和方法

气象要素实时监测系统具有连续不间断运行的工作特性，这就要求维护人员在系统一旦发生故障的情况下，须及时排除，使之尽快恢复正常运行。

3.4.2.1 故障排除方法

维护人员要准确及时地判断和处理气象要素实时监测系统工作异常问题，就需要对系统的组成结构、工作原理和工作状态有深入的了解，在处理设备异常时，可以采用排除法、替换法等方法来分析、判断和处理系统的故障。

1. 排除法

气象要素实时监测系统涉及采集器、通信、传感器、电源、中心站计算机等设备。当系统发生故障时，应根据具体的故障现象，根据各个设备在系统中所承担的作用和它们之间的联接点分别分析，通过排除法尽可能地缩小故障范围，快速准确地判断出故障原因和故障设备，也可以逐级测量各测试点是否正常，逐级排查，寻找故障点。

2. 替换法

气象要素实时监测系统的实时性强，发生故障应尽快恢复。遥测站一般采用模块化结构，应配备一定数量的备品备件，以备急用。在遥测站现场检修时，可以初步判断出故障模块并及时替换。

3.4.2.2 故障判断与维修

由于气象监测站与中心站一般都有较远的距离，且设备又安装在野外，有的站点地处偏僻，工作条件和环境较差，因此，维护人员去现场检修前，要做好各方面的准备工作：首先，要根据故障现象的分析和判断，针对性地准备充足的备品和材料；其次全部备品和材料应在出发前经过调试和测试，以确保现场设备更换的顺利进行。

1. 蓄电池损坏

持续阴雨、大雪等天气原因容易造成蓄电池无法正常充电，导致遥测站工作异常，

通常表现为中心站接收不到数据，但天气好转又能恢复数据接收。为了彻底解决这种情况，应及时更换新的大容量蓄电池。

2. 温湿度测量数据异常

若温湿度测量数据明显比历史极值或附近监测站测出来的值偏大或偏小时，则应从以下几个方面进行检查：首先是检查周围的环境是否对温湿度计产生干扰，然后检查温湿度计是否正常，用万用表测量温湿度的电阻值，判断是否符合当前温湿度；通过更换温湿度计进行比对测试，判断采样值是否正确；检查温湿度计与数据采集器的连接线是否松动、锈蚀，通过替换法，更换数据采集器，查看温湿度值是否正常。

若温度或湿度数据没有变化，要检查以下几个方面：信号线路连接是否正确，温湿度计的数据线是否内部破损，接线端子接触是否良好；测量温湿度计输出信号，若输出值明显不对，则温湿度计需要更换。

3. 风测量数据异常

当实际工作中发现采集到的风速、风向数据异常时，一般存在两种故障现象：一种是一直保持某一数据长期不变，这种情况很可能是因为风速风向计与数据采集器的连接出现了问题，需要检查风速风向计是否空接或者连接线是否破损；另一种是采集到的数据与周边实际的情况差别很大，这种现象除了以上检查外，还需要对风向计的指北方向进行核实，查看风速风向计供电是否正常、外形是否受损，必要时更换风速风向计以解决问题。如果这些都正常，就必须检查数据采集器，通过更换采集器，再查看风速风向值是否正常。

4. 辐照度数据异常

若辐照度数据偏大或偏小时，应检查辐射表安装是否水平，玻璃面是否清洁，对于直接辐射，应检查光筒跟踪太阳是否准确；对于散射辐射，应检查散射辐射计的遮光环阴影是否完全遮住仪器的感应面与玻璃罩。

5. 太阳能电池电压输出异常

用万用表检测太阳能电池的电压输出，如果没有输出值或者电压值偏低（太阳能正常情况下输出电压应参照其电性能参数），说明太阳能电池损坏。另外，还要检查太阳能电源线是否有破损或断开。

若电压输出正常，外部天气状况良好，但测量太阳能电池的输出电流很小或者没有，说明太阳能接线盒里内的二极管可能损坏，或者电池板损坏。

6. 通信中断

气象监测站通信中断的原因较为复杂，不仅要考虑数据采集器、通信终端、天线、蓄电池和太阳能电池板等重要部件，还要考虑到信号馈线、接插件、电源连接线、蓄电池连接螺栓等，其中只要有一个部分出问题，就可能导致通信中断。

3.4.3 数据质量控制

在气象数据采集、传输过程中，因受电源、通信条件和观测环境等诸多因素的影响，监测数据可能会出现缺测、漏报、异常等情况，为此需要对采集到的原始数据进行数据质量控制，使气象数据具有良好的连续性和准确性。

中心站接收到数据后，对其进行预处理，并对数据进行极值检查、时间一致性检查、内部一致性检查和空间一致性检查等质量控制，数据正常则进行入库处理。

目前，极值检查包括气候界限值检查和台站极值检查，极值检查关键是合理选择极值上、下界值。当前采用的方法是从台站历史资料中挑选各月最大值和最小值，再加减 n 倍标准差作为极值的上、下界限值，n 值应根据地区不同采用不同的值，该方法还需要动态更新台站历史极值表。

针对时间一致性检查，可以根据气象要素的时间变化规律性，检验数据是否合理，有 5min 时变检查、1h 时变检查等方法。

内部一致性检查是判断气象要素之间是否符合一定的规律，主要有同一时刻不同要素之间的一致性检查和同一时刻相同要素不同地点之间的一致性检查。

空间一致性检查是气象要素在空间上的相关性检查，主要方法有空间插值法回归检验、Madsen-Allerup 方法、气候统计比较法等。

数据质量控制流程如图 3-15 所示。具体操作方式参照《地面气象观测规范》。

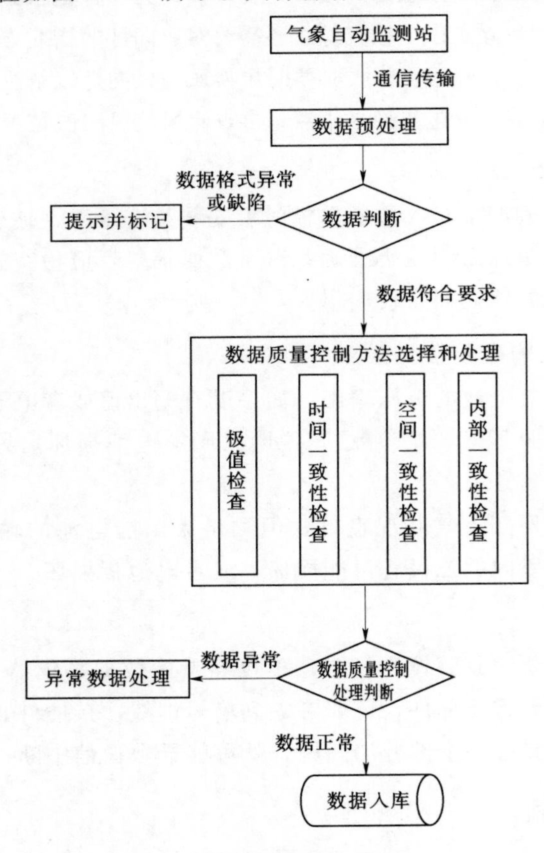

图 3-15 数据质量控制流程图

参 考 文 献

[1] 中国气象局．地面气象观测规范 [M]. 北京：气象出版社，2003.
[2] Q/GDW1996—2013，光伏发电功率预测气象要素监测技术规范 [S]. 北京：中国电力出版社.
[3] 吕明华，闫江雨，姚仁太，等．风向的统计方法研究 [J]. 气象与环境学报，2012，28 (3)：83－89.
[4] Sathyajith Mathew，许锋飞．风能原理、风资源分析及风电场经济性 [M]. 北京：机械工业出版社，2011.
[5] 魏凤英．现代气候统计诊断与预测技术 [M]. 北京：气象出版社，2007.
[6] 胡学敏．测风塔选址及数据采集对风电场产能评估的影响 [J]. 农业工程技术（新能源产业），2011，2：21－24.
[7] 包小庆，张国栋．风电场测风塔选址方法 [J]. 论文集萃，2008，6 (24)：55－56.
[8] 钱维宏．天气学 [M]. 北京：北京大学出版社，2004.
[9] 周强，丁宇宇，程序，等．WT 软件在风电场测风塔选址及风能资源评估中的应用 [J]. 风能，2012，30 (8)：72－75.
[10] 程序．光伏电站实时气象数据采集系统设计 [J]. 物联网技术，2011，02：73－75.
[11] 张世昌，等．气象装备技术保障手册——自动气象站 [R]. 中国气象局综合观测司，2011.
[12] 张骏．浅谈水情自动测报系统的日常管理和维护 [J]. 中国水运，2008，8 (8)：85－86.
[13] 韩海涛，李仲龙．地面实时气象数据质量控制方法研究进展 [J]. 干旱气象，2012，30 (2)：261－265.

第4章　数值天气预报技术

数值天气预报指通过大型计算机求解描写大气运动的控制方程组，预测未来一定时段的大气运动状态和天气现象的方法。早在1904年，挪威学者Bjerknes就在世界上首次提出用流体力学方法进行天气预报的构思，而后直至1921年英国科学家Richardson才提出了他所用的方法、过程和结果。1950年，Charney等科学家用电子计算机给出第一张真正意义上的数值天气预报图，4年后瑞典在世界上率先开始了业务（实时）数值天气预报。1965年，Smagorinsky等提出的9层大气环流模式，成为现代数值天气预报模式研究与应用的里程碑。我国作为气象数值预报起步较早的国家之一，早在20世纪50—60年代初，第一代数值预报专家就开始了数值预报模式及相关计算方法的研究，并建立了试验预报系统。1980年，我国气象数值预报进入业务实用阶段。

NWP作为气象学、大气物理学等相关学科的研究热点，得到了全球科研工作者的广泛关注与重视。作为客观预报的主要依据，NWP的发展使得未来天气的预测不再局限于传统的、基于经验的定性分析，极大地推动了气象预报在各行各业中的应用。

在风力发电和光伏发电功率预测中，NWP通过大气运动的物理机制，准确求解大范围风能、太阳能资源分布及未来一段时间内的变化趋势，有效地克服了统计方法在气象要素短期预测中的局限性。本章介绍了NWP的基本原理和方法，阐述了面向风能、太阳能资源的中尺度数值模拟关键技术，并结合风力发电和光伏发电功率预测中对风速、风向、辐射等气象要素的预报需求，介绍了风能、太阳能数值天气预报业务系统的典型设计。

4.1　数值天气预报基础

数值天气预报模式从诞生至今已取得了长足的发展，模式时空分辨率和预报准确性得到了大幅提高。几乎所有发达国家的天气预报都越来越依靠数值预报的结果，数值预报方法已经成为未来天气预报的重点发展方向。数值天气预报的基本思路是选用大气运动基本方程组，在给定初始条件和边界条件下，采用数值计算方法来求解大气运动基本方程组，由已知初始时刻的大气运动状态来预报未来的大气运动状态。

4.1.1　大气运动基本方程组

大气运动遵循许多定律，其中包括牛顿第二定律、质量守恒定律、热力学能量守恒定律、气体实验定律和水汽守恒定律，它们的数学表达式分别为运动方程、连续方程、热力学方程、状态方程和水汽方程，构建数值天气预报的方程组要根据大气运动所遵循

的基本物理规律。

在现有中尺度数值天气预报模式中，Weather Research and Forecast（WRF）模式是使用较多的模式之一。WRF模式是由美国的国家大气研究中心、国家环境预报中心等联合一些大学和研究机构共同开发的新一代区域中尺度天气模式，其主要是针对水平分辨率为1～10km的大气科学研究和高分辨率数值预报业务。WRF模式不仅具有先进的数值方法和资料同化技术，不断更新改进的物理过程方案，而且具有多重嵌套、易于定位的能力，广泛应用于科学研究和预报业务。在这里将给出WRF中使用的σ坐标系及对应的大气运动方程组。

σ坐标系是一种与气压P相联系的（x，y，σ，t）坐标系。由于σ坐标系的下边界条件极为简单，便于引入地形的动力作用，所以在数值天气预报（如WRF模式）中多采用σ坐标系下的大气基本方程组。

σ坐标系下的大气基本方程组如下：

$$
\begin{aligned}
&\text{水平运动方程：} && \left(\frac{\mathrm{d}\boldsymbol{v}_{\mathrm{h}}}{\mathrm{d}t}\right)_{\sigma}=-\nabla_{\sigma}\Phi-\sigma\alpha\nabla p^{*}-f\boldsymbol{k}\times\boldsymbol{v}_{\mathrm{h}}+\boldsymbol{F}_{\mathrm{h}}\\
&\text{垂直运动方程：} && p^{*}\dot{\sigma}=-\int_{0}^{\sigma}\nabla_{\sigma}(p^{*}\boldsymbol{v}_{\mathrm{h}})\mathrm{d}\sigma-\sigma\frac{\partial p^{*}}{\partial t}\\
&\text{静力学方程：} && \frac{\partial\Phi}{\partial\sigma}=-p^{*}\alpha\\
&\text{连续方程：} && \frac{\partial p^{*}}{\partial t}+\nabla_{\sigma}(p^{*}\boldsymbol{v}_{\mathrm{h}})+\frac{\partial p^{*}\dot{\sigma}}{\partial\sigma}=0\\
&\text{热力学方程：} && C_{\mathrm{P}}\left(\frac{\mathrm{d}T}{\mathrm{d}t}\right)_{\sigma}-\alpha\left(\sigma\frac{\mathrm{d}p^{*}}{\mathrm{d}t}+p^{*}\dot{\sigma}\right)=Q\\
&\text{状态方程：} && \alpha=\frac{RT}{\sigma p^{*}+p_{\mathrm{T}}}
\end{aligned}
\tag{4-1}
$$

其中，在σ坐标系中垂直坐标定义为$\sigma=\dfrac{p-p_{\mathrm{T}}}{p_{\mathrm{s}}-p_{\mathrm{T}}}$。

式中 $\boldsymbol{v}_{\mathrm{h}}$——水平风速；

t——时间；

∇_{σ}——σ坐标系中的二维微分算子；

p^{*}——地表气压p_{s}与大气上界气压p_{T}的差；

f——科氏参数；

$\boldsymbol{F}_{\mathrm{h}}$——水平方向上的摩擦力；

$\dot{\sigma}$——σ坐标系中的垂直速度，$\dot{\sigma}=\dfrac{\mathrm{d}\sigma}{\mathrm{d}t}$；

Φ——重力位势，$\Phi=gz$；

C_{P}——定压比热容，对于干空气一般为1.005，J/(g·K)；

Q——外界对空气团的加热率。

将静力学方程代入水平运动方程中，可将水平气压梯度力项改写为：

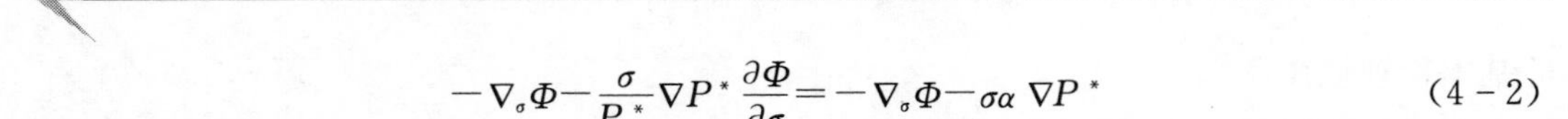

$$-\nabla_{\sigma}\Phi-\frac{\sigma}{P^{*}}\nabla P^{*}\frac{\partial\Phi}{\partial\sigma}=-\nabla_{\sigma}\Phi-\sigma\alpha\nabla P^{*} \tag{4-2}$$

这样则使得水平气压梯度力将难以计算的、复杂的下边界条件转化为水平气压梯度力的计算精度问题，并可在数值天气预报中插值求解。通过 σ 坐标系边界特性垂直积分连续方程可得气压倾向方程：

$$\frac{\partial P^{*}}{\partial t}=-\int_{0}^{1}\nabla_{\sigma}\cdot(P^{*}\boldsymbol{v}_{\mathrm{h}})\mathrm{d}\sigma \tag{4-3}$$

该方程表明地表面某一地点气压的局地变化率 $\left(\frac{\partial P^{*}}{\partial t}\right)$ 等于该点之上单位时间整个单位截面积气柱内空气质量的辐散辐合 $\left[-\int_{0}^{1}\nabla_{\sigma}\cdot(P^{*}\boldsymbol{v}_{\mathrm{h}})\mathrm{d}\sigma\right]$。

垂直运动方程表明某 σ 面上的垂直速度 $\dot{\sigma}$ 由从 0 到 σ 气层单位时间、单位截面积气柱内空气质量的辐散辐合以及地面的气压倾向这两个因子所决定。

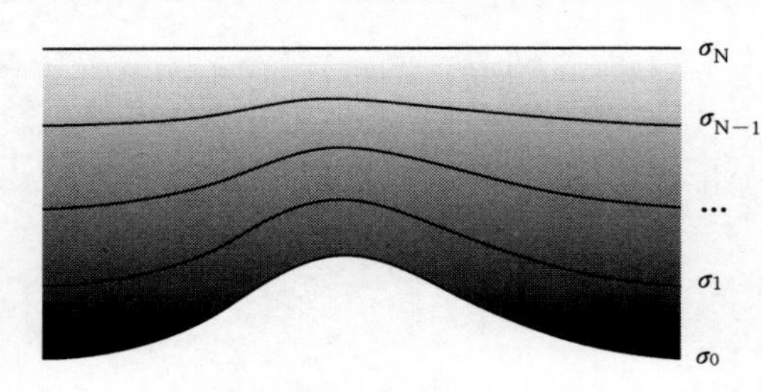

图 4－1　σ 坐标系示意图

σ 坐标系如图 4－1 所示，它的优点是下边界面是 $\sigma=1$ 的坐标面，下边界条件极为简单，便于在数值天气预报中引入地形的动力作用。缺点是水平运动方程复杂，气压梯度力难以精确计算，不过随着数值天气预报理论研究的进展和计算技术的进步，这个问题正在逐步得到解决。因此，当今国内外大多数都使用 σ 坐标系基本方程组进行数值天气预报。

4.1.2　地图投影方式

地球表面是个曲面，而地图通常是二维平面，在数值天气预报中能够使用的是平面化的地图形式，因此需要考虑把曲面转化成平面，这个转化的过程称之为地图投影。

地图投影是利用数学方法把地球表面的经线、纬线转换到平面或转换到圆锥面、圆柱面上，再展开成平面的方法，各种天气图、气候图的底图就是按此方法投影的。不同的投影形式具有各不相同的变形特征，气象上常用的投影方法有极射赤面投影、兰勃特投影和麦卡托投影。

4.1.2.1　极射赤面投影

极射赤面投影的投影光源在南极，其映像面是一个与地球表面北纬 60°相割的平面，标准纬度为 60°N。这种投影方式主要用来表示线、面的方位、相互间的角距关系及其运动轨迹，把物体三维空间的几何要素（线、面）反映在投影平面上进行处理。它是一种简便、直观的计算方法，又是一种形象、综合的定量图解。

用极射赤面投影方法制成的地图，其经线是一组由北极点向赤道辐射的直线，纬线是一组以北极点为圆心的同心圆。由于这种投影在高纬度地区的变形比较小，所以它多用作极地天气图或北半球天气图的底图。

4.1.2.2 兰勃特投影

兰勃特投影是一种正形圆锥投影，由其形成的投影图多用于气象上，在中尺度数值预报中常用这种投影方式。该投影方式有两种形式。

1. 等角圆锥投影

设想用一个正圆锥切于或割于球面，应用等角条件将地球面投影到圆锥面上，然后沿一母线展开成平面。投影后纬线为同心圆圆弧，经线为同心圆半径，没有角度变形，经线长度比和纬线长度比相等，适用于制作沿纬线分布的中纬度地区中、小比例尺地图，国际上常用此投影编制 1∶100 万地形图和航空图。

2. 等积方位投影

设想球面与平面切于一点，按等积条件将经纬线投影于平面而成。按投影面与地球面的相对位置，分为正轴、横轴和斜轴三种。在正轴投影中，纬线为同心圆，其间隔由投影中心向外逐渐缩小，经线为同心圆半径。在横轴投影中，中央经线和赤道为相互垂直的直线，其他经线和纬线分别为对称于中央经线和赤道的曲线。在斜轴投影中，中央经线为直线，其他经线为对称于中央经线的曲线。该投影无面积变形，角度和长度变形由投影中心向周围增大。横轴投影和斜轴投影较常应用，东西半球图和分洲图多用此投影。

4.1.2.3 麦卡托投影

投影光源在地球球心，其映像面是一个与地球表面南北纬 22.5°相割的圆柱面，标准纬度等于南北纬 22.5°。用这种方法制成的地图，其经线是间距相等、相互平行的直线，而纬线是与经线相垂直的直线。由于这种投影图在低纬度地区的变形比较小，所以它适合于制作低纬度地区天气图的底图。

在这种投影方式中，线性比例尺在图中任意一点周围都保持不变，从而可以保持大陆轮廓投影后的角度和形状不变（即等角）；但麦卡托投影会使面积产生变形，高纬度地区南北向的纬线会放大许多，极点的比例甚至达到了无穷大，面积失真较大。

4.1.3 数值计算方法

前面介绍的大气运动方程组是数值天气预报的理论基础，这些方程组是非线性的，需要通过数值计算方法来求其近似解。差分法、谱方法是常用的数值计算方法，在研究中小尺度天气时多采用粗细网格相套的差分法，在全球尺度的数值天气预报中谱方法更为适用。

4.1.3.1 差分法

差分法是使用最多也最成熟的方法，在全球模式和有限区域模式中都有应用。基于差分法的数值天气预报模式称为格点模式，这种模式的运算量和存储量较少，便于在计算机上进行大规模并行运算。此外，对于空间分布不连续的物理量，以及有限区域的边界条件，也比较容易处理。对于非线性方程组的求解，差分法的计算稳定性不强，为此可将差分方程保留原微分方程所具有的部分属性，在时间积分过程中预报量保持有界，这样可以提高计算的稳定性。

在制作中小尺度的数值预报中，运用粗细网格相套的差分法能够得到较好的预报效果，它是在计算域中设置多重网格嵌套，这种方法可以提高局部地区的分辨率，从而提高预报的准确率。

4.1.3.2　谱方法

谱方法是利用适当的基函数或球谐函数，把解展开成有限项的线性组合，将对一个变量预测的问题转化为预报展开系数的问题，通常应用于全球数值模式。基于谱方法的数值天气预报模式称为谱模式，它对于空间微商的精确计算有利于减小位相误差，并且不易产生非线性不稳定性，同时能自动滤去短波。这种方法所需计算量和存储量均较大，对分布不太连续的物理量容易发生跳跃现象，在处理有限区域谱模式的侧边界条件方面较为复杂。由于全球数值模式中可以不考虑侧边界条件问题，因此，全球数值模式常用谱方法。

4.1.4　初始条件与边界条件

数值天气预报是在一定的初始、边界值条件下求解差分方程的数值解。初始条件为预报方程组在初始时刻的值，无论全球模式还是中尺度模式都需要初始条件；边界条件是局部地区边界预报方程组应该满足的条件。在全球模式中，由于研究的是围绕着地球的整个大气圈内的运动，因而没有边界条件。而中尺度模式研究的是一个局部地区的大气运动，所以需要给定边界条件。中尺度模式需要给定合适的初始、边界条件，初值给定的好坏，直接影响预报的质量。

4.1.4.1　初始条件与初始化

对于一个数值天气预报模式，初始条件的确定是至关主要的，也是非常复杂的。在数值天气预报模式中利用未经初始化的客观分析场作为初始场时会出现明显的带有惯性重力波特征的剧烈震荡，以至掩盖天气尺度运动的信号，引入不必要的误差。造成此类误差的原因是观测资料无法真实反映大气的实际状态，有的状态变量观测精度参差不齐，这样使得初始场各个变量之间出现不一致和不平衡。为解决上述问题，必须对初始条件进行处理，把初始条件中的不平衡部分滤掉，使得虚假重力波不会被激发，这个过程称为初始条件的初始化。初始化已有静处理、动处理和变分处理等多种初值处理方法。

静处理是指用一些已知的风压场平衡关系，或用运动方程求得的诊断方程来处理初值，使风场和气压场平衡或近似平衡的方法。这样可以避免产生大振幅的重力惯性波，造成不稳定。常用的平衡关系有地转风关系以及平衡方程关系等，相应得到地转风初值和平衡初值。静力初始化方法最为简单，计算量也小，但用于原始方程模式的预报效果

相对较差。

动处理是借助于原始方程模式本身所具有的动力特性，通过滤去一些重力惯性波阻尼，而得到近似平衡的初值。该方法能够通过预报方程本身的特性，调整风场达到近似的平衡，以至不含有明显虚假的重力惯性波。动处理初始化方法计算相对复杂，计算时间可长可短，但有一定的局限性。

变分处理是通过变分原理，使得初始资料在一定动力约束下调整，达到各种初始场之间相对一致的方法。变分方法物理意义清楚，可以保证所要求的守恒性，能够较好地滤去重力惯性波。这种方法应用的优劣取决于约束关系的优劣，对于简单的约束关系，求解方便，数学问题较少，计算时间也较少；对于较复杂的约束关系，数学问题较多，计算时间也较长。

4.1.4.2 边界条件

数值天气预报模式要得到确定的数值解，需要给定边界条件。边界条件的提供不仅是模式积分的需要，而且对于模式守恒格式的构造设计有着非常重要的作用。边界条件一般指两种：垂直边界条件和水平侧边界条件。

对于垂直边界条件，采用σ坐标系使得模式的下边界变得非常简单，不用解决地形处理难的问题。对于水平侧边界条件，在中小尺度数值天气预报模式中，必须在边界上取得相应的数值，而在全球预报模式中，并不一定需要具备这种条件。在实际的业务和科研工作当中，要求所给的边界条件尽量和大气实况相接近，所给边界条件与模式方程的结合能反映原来方程在全球范围内的重要物理特性。

4.1.5 资料同化

随着数值天气预报不断发展、观测技术不断提升、全球观测系统不断完善，模式的初始条件和边界条件的估计有了很大改善。将观测资料和背景场预报结果进行统计结合产生初始条件的方法简称为资料同化，一般的资料同化方法都需要经过质量控制、同化插值、初始化和新背景场生成四个基本环节，如图 4-2 所示。

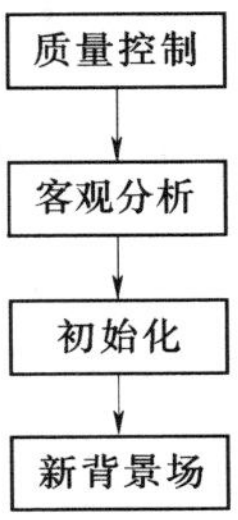

质量控制 → 客观分析 → 初始化 → 新背景场

图 4-2 资料同化流程

资料同化方法的发展经历了许多方法的演变，通过各发展阶段的成熟方法能够更好理解资料同化方法。下面将按照资料同化方法发展的先后顺序，简要介绍客观分析方法、局地多项式拟合方法、逐步订正法、最优插值法（OI 法）以及变分方法。

客观分析方法是根据空间分布不规则测点上的观测结果给出规则网格点上的分析场，可以视为一个插值问题。插值方法的基本原理就是用某类函数拟合观测。

局地多项式拟合方法是找一个由多项式表示的曲面，来逼近网格点周围区域各观测点实测的气象要素值，例如位势场和风场。这种方法的缺点是函数曲面简单则难以描绘复杂的天气系统，函数曲面复杂则计算量太大且难以收敛。

逐步订正法则可以克服局地多项式拟合方法的缺点。它首先给出背景场，然后将格点上的背景场插值到观测站，计算测站的观测值与背景场的偏差，即观测增量，然后以某格点影响半径范围内各个测站上观测增量的加权平均值作为该格点的分析增量，最后再用格点上的分析增量对背景场进行订正。不断缩小影响半径，逐次订正，每次订正后的分析场用作下一次订正的背景场，直到观测增量小于某一确定值。逐步订正法具有计算量小、易于实现等优点，已得到广泛应用。

最优插值法的问世，使得资料同化有了统计估计理论的基础。OI 法考虑了背景场和观测误差的统计特征，它是一种均方差最小的线性插值方法，选取的权重使分析误差最小。最优插值实际上是线性回归技术，利用它所得到的分析场会过于平滑，这就有可能抑制中小尺度过程，不太适用于中尺度数值模式。

变分方法能够充分利用观测资料，它适用于求一个系统的极大或极小值，在资料同化中运用广泛。它具有直接同化非常规资料的能力，分为三维变分（3D-Var）和四维变分（4D-Var）。三维变分同化方法是求解一个分析变量，使得一个测量分析变量与背景场和观测场距离的代价函数达到最小值。3D-Var 避免了 OI 法在不同的区域之间，由于选取不同的观测而出现跳跃的现象，同时可以很好地处理观测量和模式变量之间的非线性关系。但 3D-Var 无法用后面时刻的资料来订正前面的结果，造成同化结果在时间上不连续，而 4D-Var 考虑了观测资料的时间维，即在时间维上做了拓展，它的基本思路是调整初始场，使由此产生的预报在一定时间区间内与观测场误差最小。4D-Var 对于复杂模式仍然比较困难，计算量比 3D-Var 大。

在实际应用的过程中，采用何种同化方法主要取决于所采用的模型和观测资料的质量、可用的计算资源，以及所要估计的模型场和参数。目前，3D－Var 在业务中得到了广泛的应用和推广，随着研究的深入，计算机水平的不断提高，4D－Var 将成为资料同化方法的主流。

4.1.6 次网格过程参数化

大气包含着各种不同尺度的大气运动，这些运动的空间尺度从几十米至上万米。在目前的数值天气模式中，气候模式的水平分辨率为百公里级，全球天气预报模式分辨率为 50～100km，区域中尺度模式分辨率为 10～50km，风暴模式分辨率为 1～10km。垂直方向的分辨率一般在 10～50 坐标面之间，范围一般从地面至平流层。即使分辨率达到 1km 的级别，大气中仍然有很多重要的过程和运动尺度（如微观尺度的物理过程等）是模式无法解析的，这时需要把这些物理过程用模式格点的可知变量表示出来，这种方法叫做参数化处理。

一般将所有不能被模式网格显示分辨的过程称为次网格尺度过程。这些次网格尺度过程既依赖于大尺度背景，又极大地影响着数值模式能显式分辨的天气尺度大气过程，次网格物理过程及其相互作用如图 4－3 所示。这些次网格尺度过程是不可忽略的，它们影响着预报的准确率。大气边界层的湍流混合过程、导致水汽成云致雨的微物理过程、大气对辐射的传输和吸收过程，以及次网格尺度积云的生消过程等都需要尽可能精确的参数化描述。从应用角度看，尽管这些过程的尺度很小，但它们对大尺度的天气现象有着举足轻重的影响。

为了模拟网格和次网格过程的相互作用，解决次网格物理过程无法在模式中解析的问题，就要将这些过程对大气运动的影响通过参数化的方式进行计算，即将次网格过程用可分辨尺度场的值来表示。

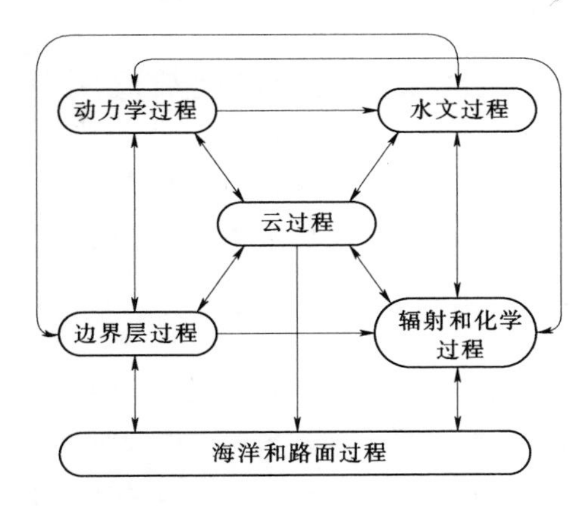

图 4-3 次网格物理过程及其相互作用示意图

在 WRF 模式中，次网格物理过程的参数化分为六个类别，分别为微物理过程参数化、积云参数化、近地层参数化、地气相互作用参数化、边界层参数化以及辐射传输模型参数化。每一类物理过程都有多种参数化方案可供选择，例如 WRF 模式微物理过程有 Kessler、PurdueLin、WSM3、Thompson、Goddard 等参数化方案，不同的方案中变量个数有区别，对冰相过程、混合相过程的解析程度也有不同。表 4-1 列出了 WRF 各微物理过程参数化方案的比较。

表 4-1　　WRF 模式微物理过程参数化方案比较

参数化方案	变量个数	有无冰相过程	有无混合相过程
Kessler	3	无	无
PurdueLin	6	有	有
WSM3	3	有	无
WSM5	5	有	无
WSM6	6	有	有
EtaGCP	2	有	有
Thompson	7	有	有
Goddard	6	有	有
Morrison2-Moment	10	有	有

参数化的选取与模式的分辨率有关，应根据模式网格设计情况选取相适应的参数化方案。如在高分辨率情况下，对流已不再完全是次网格尺度现象，这时应考虑选择合理的纯显式云物理方案。对于格距间距较小的情况，一般建议不采用积云参数化方案。由于各种参数化方案在设计原理、复杂程度、计算时长和成熟程度等方面存在差异，研究者应根据研究目的和计算条件等情况来综合判断、对比选择。如对中尺度系统，积云参数化需包括湿下沉气流、中上层的云卷出和非降水性浅对流，显式云物理方案则需同时加入含有水相和冰相的预报方程，以计入水负荷、凝结蒸发、冻结融化和凝华升华的影响。同样在目前的中尺度模式中，都设置了多种参数方案可供选择。这意味着不同模式使用的积云参数化方案不同，同一模式使用不同的参数化方案对同一过程的模拟结果也不相同，所以在选取参数化方案时要根据实际情况加以选择。

4.2　风能太阳能中尺度数值模拟

中尺度数值天气预报能为风力发电、光伏发电功率预测提供风速、风向、直接辐射、散射辐射等关键的数据源，它的预报精度直接影响到发电功率预测的准确度。

4.2.1　中尺度数值模拟

空间尺度在2～2000km之间的天气系统称之为中尺度天气系统，它反映的是局地天气现象和过程。具体来说，中尺度系统又分为三种不同尺度的系统，分别称为α系统、β系统以及γ系统。表4-2为这三种系统对应的时空尺度以及典型天气现象。其中α中尺度系统的尺度最大，为200～2000km，对应的天气现象包括高空急流、小型台风以及弱反气旋等。β中尺度系统的空间尺度在20～200km之间，这个尺度的天气现象能够解析受地形影响的局地风场，如山谷风、海陆风等，以及中尺度对流复合体、强雷暴等对风能、太阳能造成明显影响的天气现象。γ系统的空间尺度最小，为2～20km，在这个尺度下，更小的天气系统得以解析，例如雷暴、大型积云、超强龙卷风等。

表4-2　　中尺度系统的分类

名　称	空间尺度	时间尺度	典型天气现象
α中尺度系统	200～2000km	6h～2d	高空急流、小型台风、弱反气旋
β中尺度系统	20～200km	30min～6h	局地风场、山谷风、海陆风、中尺度对流复合体、强雷暴
γ中尺度系统	2～20km	3～30min	雷暴、大型积云、超强龙卷风

全球尺度数值模式的分辨率介于几十公里到几百公里，远大于风电场、光伏电站的占地面积，而小尺度数值模式尽管空间分辨率能够达到100m，但所需计算资源巨大。中尺度数值天气预报的空间分辨率一般可达1～10km，计算时间较短，满足风电场、光伏电站发电功率预测在空间和时间上对气象要素预报的需求。

WRF模式有许多软件上的优点，如它不仅应用了继承式软件设计、多级并行分解算法，还有选择式软件管理工具、中间软件包（链接信息交换、输入输出以及其他服务程序的外部软件包）结构。在数值模式中比较重要的数值计算技术和资料同化技术在WRF中都得到了优化和加强，加上优秀的多重移动套网格性能及不断发展的参数化方案，使得WRF能描述更加真实的天气物理过程。目前，常用WRF模式进行风能太阳能中尺度数值模拟和预报。

4.2.2　资料同化技术

数值天气预报的大气模型误差越小，初始和边界条件越准确，预报质量越好。大气初始状态信息是来自各种气象要素的实际观测和模式本身的预报结果。资料同化的过程就是利用各种气象信息，融合观测资料和模式预报结果，得到最优化的大气初始状态

信息。

随着数值天气预报的日趋精细化，资料同化的重要性也越来越突出。目前，资料同化方法在全球天气预报系统和有限区域的中尺度预报系统中都得到了广泛的应用，其中全球预报系统中最为著名的是欧洲中期天气预报中心的 Integrated Forecasting System（IFS）和美国国家大气研究中心的 Global Forecast System（GFS）。面向风力发电、光伏发电功率预测的中尺度预报模式中应用最广泛的是集成了资料同化的 WRF 模式。

4.2.2.1 资料同化模块

WRF 资料同化（WRF Data Assimilation，WRFDA）模块是在 WRF 天气预报系统的基础上开发的一套工具集，提供了服务于资料同化的各种功能，包括观测数据预处理、模式背景场误差生成、同化算法的运行、同化后初始场和边界条件的生成等。由于 WRF 模式的开放性，目前 WRF 模式已经成为全球范围内应用最为广泛的中尺度天气预报模式，在科学研究和业务预报领域都得到了很高认可。

WRF 资料同化模块目前主要支持三维变分同化和四维变分同化算法，同时也对卡尔曼滤波、混合同化等算法有一定支持，用户可根据需要选择相应的编译参数，编译生成对应的可执行程序。

作为 WRF 模式系统的一个模块，WRFDA 的程序主框架与 WRF 模式保持一致，而且能够与 WRF 模式进行无缝衔接，为用户提供便捷有效的资料同化方案。WRFDA 资料同化模块如图 4-4 所示，包括 OBSPROC、gen _ be、UPDATE _ BC 以及 WRF-DA 等单元。WRFDA 的运行，首先要利用 OBSPROC 进行观测资料的处理，去除重复和无效的观测资料，并转换为 WRFDA 可识别的 ASCII 格式，然后利用 gen _ be 生成模式背景场误差数据；其次，由 WRFDA 读入处理后的观测数据 y^0、观测误差 R、由 WPS 和 real 程序生成的模式背景场 x^b，以及背景场误差 B_0，计算得到同化后的分析场 x^a；最后，运行 UPDATE _ BC 单元，更新模式边界条件，这样就完成了一次完整的 WRFDA 流程。

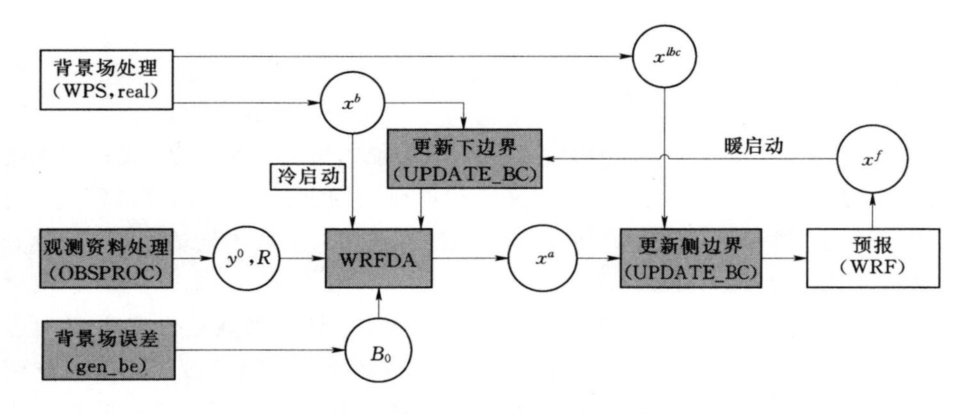

图 4-4 WRFDA 资料同化模块示意图

4.2.2.2　WRFDA 资料同化试验

采用 WRFDA 系统对 2013 年 6 月 26 日 12 时（UTC）的我国内陆地区进行数据同化试验。WRF 模式以及 WRFDA 同化系统的版本为 V3.5.1，初始场采用 GFS 模式的 00h 分析场，同化的观测场数据包括地面观测、高空气球、飞机航空报以及 GPS 水汽观测数据等 NCEP GDAS 观测数据，数据格式为 BUFR 格式。采用四维变分同化算法，背景场误差协方差矩阵选择 NCEP 模式背景协方差。同化系统所采用的观测资料的时间窗口为从 26 日 12 时至 15 时，模式水平分辨率为 27km×27km，模拟范围网格数为 200×171。模式的物理过程参数化方案采用以下配置：

```
mp_physics=3,
ra_lw_physics=1,
ra_sw_physics=1,
radt=30,
sf_sfclay_physics=1,
sf_surface_physics=2,
bl_pbl_physics=1,
cu_physics=1,
cudt=5,
num_soil_layers=4,
mp_zero_out=2,
co2tf=0
```

图 4-5 为未经 WRFDA 同化的风速场和经过 WRFDA 同化后的风速场对比，其中实线表示同化前与同化后风速差值为正的曲线，虚线表示同化前与同化后风速差值为负的曲线。可以看出，经过 WRFDA 同化后风速场有改变，这说明 WRFDA 对背景场的调整能够改变 WRF 模式运行结果。图中，北纬 33°～36°、东经 116°～122°区域风速有明显改变。

4.2.3　风能、太阳能的模拟与预测

在风力发电和光伏发电功率预测中，风能、太阳能的模拟和预测能力是决定发电功率预测精度的主要因素。而风能、太阳能又受到近地层风速、风向、太阳辐射、气温、湿度、气压等气象要素影响，因此，风能、太阳能的预测，其实质是对近地层风速、风向、太阳辐射、气温等气象要素的预测。

在数值天气预报模式中，影响近地面风速预报准确性的参数化方案主要为边界层方案和近地层参数化方案，另外辐射过程、微物理过程、积云参数化以及陆面过程等都会影响局地天气过程，从而影响近地面风速。有学者利用 WRF 模式，比较了不同参数化方案对近地面风速预报结果的影响，采用的三种 WRF 模拟的物理过

程参数化方案组合见表 4-3，用于对比的观测资料为风电场附近测风塔的 70m 高度风速观测，为保持与观测位置的一致，对 WRF 模式结果进行了水平和垂直方向的插值。对三种 WRF 模式方案进行模拟后，预报误差对比结果见表 4-4。结果表明，采用方案 A（即近地面参数化方案采用 MM5 相似理论，边界层参数化方案采用 Yonsei University 方案）的预报误差最小，而采用方案 B（即近地面参数化方案采用 Eta 相似理论，边界层参数化方案采用 Mellor-Yamada-Janjic 方案）的误差最大。由误差结果可见，不同的边界层与近地面参数化方案对近地面风速预报有一定的影响，但单一的参数化方案并不能始终保持较好的预报能力，一种参数化方案预报效果较差时，可能另一种方案预报效果则较好。

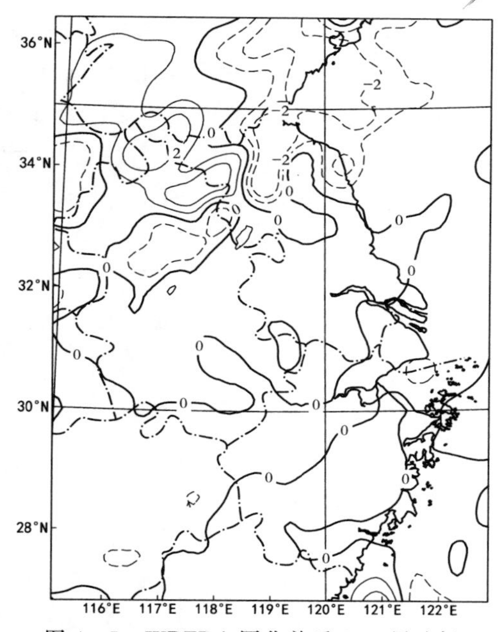

图 4-5　WRFDA 同化前后 10m 风速场变化图（单位：m/s）

表 4-3　　三种 WRF 模拟方案的物理过程参数化方案组合

物理过程	方案 A	方案 B	方案 C
辐射过程	RRTM/Dudhia	RRTM/Dudhia	RRTM/Dudhia
微物理过程	WSM6	WSM6	WSM6
积云对流参数化	Kain-Fritsch	Kain-Fritsch	Kain-Fritsch
近地层参数化	MM5 Similarity	Eta Similarity	RUC LSM
边界层参数化	Yonsei University	Mellor-Yamada-Janjic	NCEP GFS

表 4-4　　三种 WRF 参数化方案的预报误差对比结果

方案	平均相对误差	相对误差的均方差	相对误差大于 20%天数占总天数百分比
A	11.78%	9.93%	14.04%
B	14.66%	14.69%	25.73%
C	13.45%	13.11%	21.93%

在选择了合适的参数化方案后，即可运行数值天气预报模式进行风能、太阳能的预测。以下基于 WRF 中尺度模式，分别对近地面风速以及地面短波辐射的模拟进行案例分析。

选择我国甘肃省作为模拟区域进行太阳能资源预测。图 4-6 为甘肃地区 WRF 短波辐射预报模拟区域图，模式版本为 V3.4.1，选取两重单向嵌套区域：第一层嵌套区域（d01）的水平分辨率为 27km，图 4-6 所显示整个区域为 d01；第二层嵌套区域

(d02) 的水平分辨率为 9km，图 4－6 中黑框所包含区域为 d02。模式采用以下物理过程参数化方案：微物理过程采用 WSM 6－class 方案，边界层过程采用 Mellor-Yamada-Janjic 方案，近地面层过程采用 Eta 相似理论方案，陆面过程采用 Noah 参数化方案，积云参数化采用 Kain-Fritsch 方案，长波辐射、短波辐射均采用新 Goddard 参数化方案。预报时间为 2012 年 12 月 1 日 8 时至 2012 年 12 月 4 日 8 时。

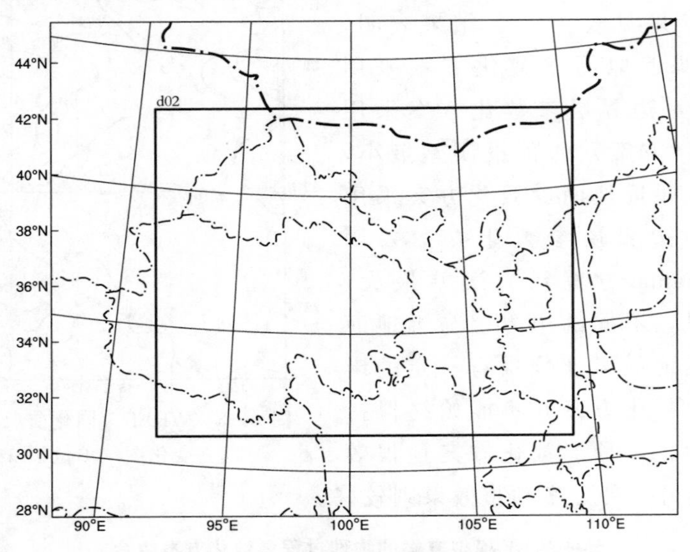

图 4－6　甘肃地区 WRF 短波辐射预报模拟区域

图 4－7 分别显示了 2015 年 1 月 25 日 12 时、14 时、16 时和 18 时 WRF 模式中第二层嵌套区域的地表入射总辐射模拟分布。可以看出，在一天中的不同时间段，甘肃地

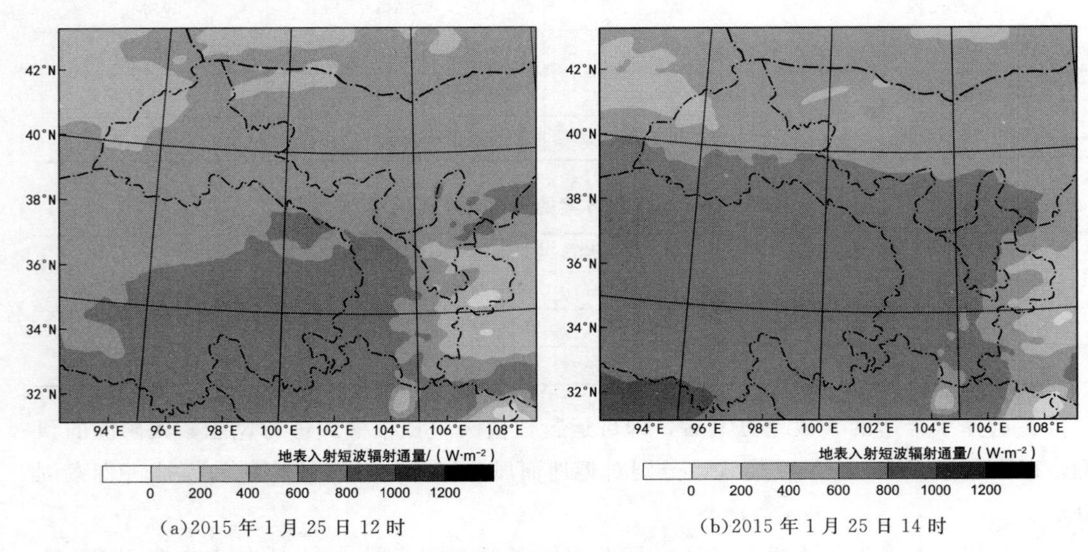

(a)2015 年 1 月 25 日 12 时　　(b)2015 年 1 月 25 日 14 时

图 4－7(一)　甘肃地区地表入射总辐射预报示例

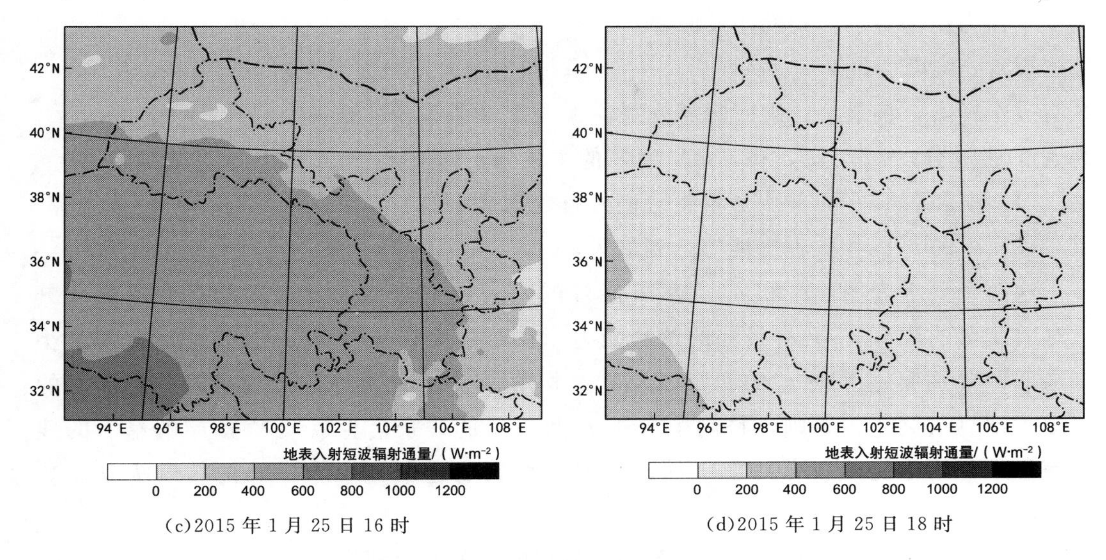

(c)2015 年 1 月 25 日 16 时

(d)2015 年 1 月 25 日 18 时

图 4-7(二) 甘肃地区地表入射总辐射预报示例

区的辐射分布呈现明显的非对称特征，这一现象说明，区域的太阳辐射变化不仅受太阳高度角影响，区域的天气现象、云层结构、大气成分等也会影响区域的太阳辐射变化。图中，WRF 模式对甘肃地区地表入射总辐射的模拟细节显示，12 时地表入射总辐射整体分布特征为南高北低，东部较西部略微偏高，东南部出现辐射低值区域，14 时地表入射总辐射较 12 时增大，16 时至 18 时地表入射总辐射明显减弱，逐渐由白天转为黑夜。

4.3 数值天气预报误差校正方法

作为风力发电和光伏发电短期功率预测的关键数据源，近地层气象要素的预测质量将极大地影响功率短期预测的精度。由于模式动力框架和参数化方案等局限性，数值天气预报产品不可避免地存在一定程度的偏差，需要利用历史观测数据对模式预报结果进行误差订正。数值天气模式的误差订正算法有很多，其中偏最小二乘法、卡尔曼滤波法应用较为广泛。

4.3.1 偏最小二乘法

预测误差影响因素众多，各因素间关系复杂，且误差模式随时间发生变化，采用传统的多元线性回归进行分析效果有限。偏最小二乘法（PLS）集主成分分析、典型相关分析和多元线性回归分析的优点于一身，是常用的误差校正方法之一。与传统多元线性回归模型相比，偏最小二乘回归的特点是可以在自变量存在多重相关性的条件下进行回归建模，并允许在样本点个数少于变量个数的条件下进行回归建模。

下面介绍偏最小二乘的建模原理。

设有 q 维因变量 $\boldsymbol{Y}=\{y_1, y_2, \cdots, y_q\}$ 和 p 维自变量 $\boldsymbol{X}=\{x_1, x_2, \cdots, x_p\}$，一共有 n 个样本。偏最小二乘回归需分别在 $\boldsymbol{X}$ 与 $\boldsymbol{Y}$ 中提取出主成分。设 $\{t_1, t_2, \cdots, t_r\}$ 为 $\boldsymbol{X}$ 的主成分，$(u_1, u_2, \cdots, u_r)$ 为 $\boldsymbol{Y}$ 的主成分，其中 $r=\min(p, q)$，需满足：

（1）t_1 和 t_2 应尽可能大地携带它们各自数据表中的变异信息。

（2）t_1 和 t_2 的相关程度能够达到最大。

这两个要求表明，t_1 和 u_1 应尽可能好的代表数据表 $\boldsymbol{X}$ 和 $\boldsymbol{Y}$，同时自变量的成分 t_1 对因变量的成分 u_1 又有最强的解释能力。在第一个成分 t_1 和 u_1 被提取后，偏最小二乘回归分别实施 $\boldsymbol{X}$ 对 t_1 的回归以及 $\boldsymbol{Y}$ 对 u_1 的回归。如果回归方程已经达到满意的精度，则算法终止；否则，将利用 $\boldsymbol{X}$ 被 t_1 解释后的残余信息以及 $\boldsymbol{Y}$ 被 t_1 解释后的残余信息进行第二轮的成分提取。如此往复，直到能达到一个较满意的精度为止。具体算法如下：

首先将数据做标准化处理。设 $\boldsymbol{X}$ 的标准化的观测值矩阵为

$$\boldsymbol{X}_0=\begin{pmatrix} x_{11} & x_{12} & \cdots & x_{1p} \\ x_{21} & x_{22} & \cdots & x_{2p} \\ \vdots & \vdots & & \vdots \\ x_{n1} & x_{n2} & \cdots & x_{np} \end{pmatrix} \tag{4-4}$$

设 $\boldsymbol{Y}$ 的标准化的观测值矩阵为

$$\boldsymbol{Y}_0=\begin{pmatrix} y_{11} & y_{12} & \cdots & y_{1q} \\ y_{21} & y_{22} & \cdots & y_{2q} \\ \vdots & \vdots & & \vdots \\ y_{n1} & y_{n2} & \cdots & y_{nq} \end{pmatrix} \tag{4-5}$$

假设 $t_1=\boldsymbol{X}_0\boldsymbol{w}_1$，$u_1=\boldsymbol{Y}_0\boldsymbol{c}_1$，$\boldsymbol{w}_1$ 与 $\boldsymbol{c}_1$ 需满足：

$$\begin{cases} \max\limits_{w_1, c_1}(\boldsymbol{X}_0\boldsymbol{w}_1, \boldsymbol{Y}_1\boldsymbol{c}_1) \\ \boldsymbol{w}_1'\boldsymbol{w}_1=1 \\ \boldsymbol{c}_1'\boldsymbol{c}_1=1 \end{cases} \tag{4-6}$$

因此，$\boldsymbol{w}_1$ 是对应于矩阵 $\boldsymbol{X}_0'\boldsymbol{Y}_0\boldsymbol{Y}_0'\boldsymbol{X}_0$ 最大特征值的特征向量，$\boldsymbol{c}_1$ 是对应于矩阵 $\boldsymbol{Y}_0'\boldsymbol{X}_0\boldsymbol{X}_0'\boldsymbol{Y}_0$ 最大特征值的特征向量。分别求 $\boldsymbol{X}_0$ 和 $\boldsymbol{Y}_0$ 对 t_1 的两个回归方程：

$$\boldsymbol{X}_0=t_1\boldsymbol{\alpha}_1'+\boldsymbol{E}_1 \tag{4-7}$$

$$\boldsymbol{Y}_0=t_1\boldsymbol{\beta}_1'+\boldsymbol{F}_1 \tag{4-8}$$

根据最小二乘估计的原理，则

$$\boldsymbol{\alpha}_1'=(t_1't_1)^{-1}t_1'X_0=\frac{X_0't_1}{t_1't_1} \tag{4-9}$$

$$\boldsymbol{\beta}_1=(t_1't_1)^{-1}t_1'\boldsymbol{Y}_0=\frac{\boldsymbol{Y}_0't_1}{t_1't_1} \tag{4-10}$$

若第一对主成分并未将相关的信息提取完，需要再重复上述工作，在残差矩阵 $\boldsymbol{E}_1$ 和 $\boldsymbol{F}_1$ 中再提取第二对主成分。如此循环，最终可得

$$\begin{cases}\boldsymbol{X}_0=t_1\boldsymbol{\alpha}_1'+t_2\boldsymbol{\alpha}_2'+\cdots+\boldsymbol{E}_r\\ \boldsymbol{Y}_0=t_1\boldsymbol{\beta}_1'+t_2\boldsymbol{\beta}_2'+\cdots+\boldsymbol{F}_r\end{cases} \tag{4-11}$$

由此建立 Y 与 X 的回归关系。

4.3.2 卡尔曼滤波法

卡尔曼滤波法是一个最优化自回归数据处理算法，其应用历史已经超过 30 年，在包括机器人导航、控制、传感器数据融合，甚至在军事方面的雷达系统、弹道追踪等方面均有广泛应用。近年来卡尔曼滤波法更是被广泛应用于计算机图像处理和数值计算中。

卡尔曼滤波法简单来说是一种有效的以最小均方误差来估计系统状态的计算方法，即通过将前一时刻预报误差反馈到原来的预报方程中，及时修正预报方程系数，以提高下一时刻的预报精度。在卡尔曼滤波算法中，描述系统的数学模型是状态方程和观测方程，分别为

$$\boldsymbol{x}_t=\boldsymbol{F}_t\boldsymbol{x}_{t-1}+\boldsymbol{w}_t \tag{4-12}$$

$$\boldsymbol{y}_t=\boldsymbol{H}_t\boldsymbol{x}_t+\boldsymbol{v}_t \tag{4-13}$$

式中 $\boldsymbol{x}_t$——未知过程在 t 时刻的状态向量；

$\boldsymbol{y}_t$——t 时刻的观测向量；

$\boldsymbol{F}_t$，$\boldsymbol{H}_t$——系统矩阵及观测矩阵，且必须在滤波器应用之前确定；

$\boldsymbol{w}_t$，$\boldsymbol{v}_t$——系统噪声和观测噪声，均假定为高斯白噪声且相互独立。$\boldsymbol{W}_t$，$\boldsymbol{V}_t$ 为与系统噪声和观测噪声相对应的协方差矩阵。

卡尔曼滤波算法提供了一种在观测向量更新为 $\boldsymbol{y}_t$ 的基础上，运用递归来估计未知状态的算法。

假定现有系统状态为 $\boldsymbol{x}_t$，则在上一状态 $\boldsymbol{x}_{t-1}$ 及其协方差矩阵 $\boldsymbol{P}_{t-1}$ 的基础上，可以得到 t 时刻的预报状态及其协方差矩阵的预报方程，即

$$\boldsymbol{x}_{t/(t-1)}=\boldsymbol{F}_t\boldsymbol{x}_{t-1} \tag{4-14}$$

$$\boldsymbol{P}_{t/(t-1)}=\boldsymbol{F}_t\boldsymbol{P}_{t-1}\boldsymbol{F}_t^{\mathrm{T}}+\boldsymbol{W}_t \tag{4-15}$$

当新的观测向量 y_t 更新后，就可以得到 t 时刻的状态向量 $\boldsymbol{x}_t$ 的最优估计，即

$$\boldsymbol{x}_t=\boldsymbol{x}_{t/(t-1)}+K_t[\boldsymbol{y}_t-\boldsymbol{H}_t\boldsymbol{x}_{t/(t-1)}] \tag{4-16}$$

式中 K_t——卡尔曼增益，为卡尔曼滤波算法的重要参数。

K_t 计算公式为：

$$K_t=\boldsymbol{P}_{t/(t-1)}\boldsymbol{H}_t^{\mathrm{T}}/[\boldsymbol{H}_t\boldsymbol{P}_{t/(t-1)}]\boldsymbol{H}_t^{\mathrm{T}}+\boldsymbol{V}_t \tag{4-17}$$

至此，可以更新未知状态 $\boldsymbol{x}_t$ 在 t 时刻的协方差矩阵，并作为算法递归运行的条

件，即

$$\boldsymbol{P}_t=(\boldsymbol{I}-\boldsymbol{K}_t\boldsymbol{H}_t)\boldsymbol{P}_{t/(t-1)} \qquad (4-18)$$

以上公式称为卡尔曼滤波器的更新方程，图4-8为卡尔曼滤波流程示意。

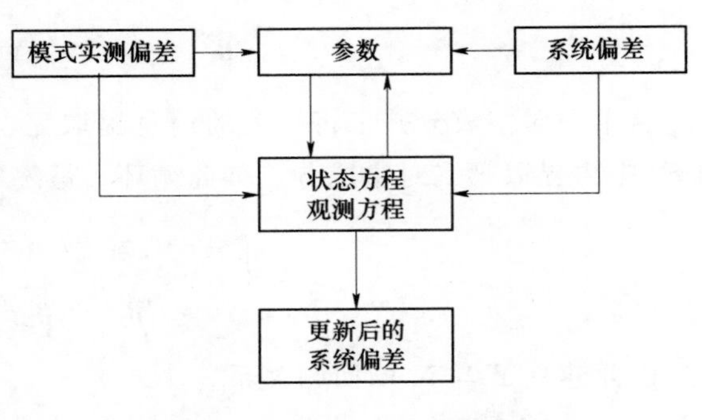

图4-8 卡尔曼滤波流程示意图

4.3.3 数值天气预报误差校正案例

为了验证模式误差订正算法的有效性，本书对数值天气预报的风速和地表总辐射分别采用卡尔曼滤波法和自适应偏最小二乘法进行模式误差订正，并进行了对比分析。

(1) 风速预测模式误差订正。选取华东沿海地区的一个风电场作为验证现场，对风速预报的模式误差进行订正，使用的数据为WRF模式70m高层风速预报结果和测风塔70m高层风速测量数据，时间为2012年10月1日至12月31日。选取总样本50%的数据进行模型训练，剩余数据用于模型验证。图4-9和图4-10显示了风速实测、原始预测以及偏最小二乘法和卡尔曼滤波订正的预测结果对比。

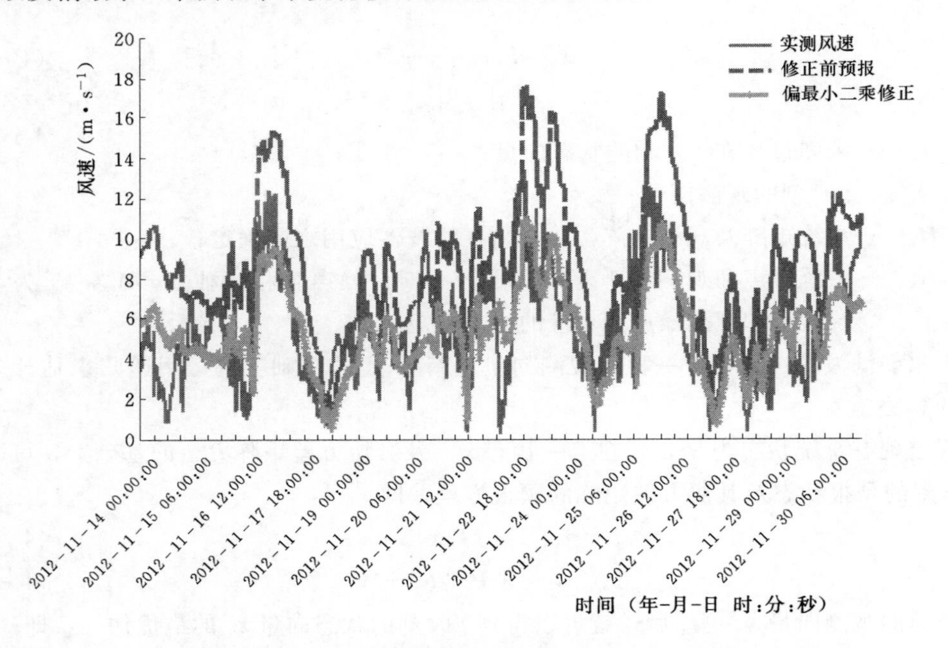

图4-9 风速实测、原始预测和偏最小二乘法订正结果对比

数据统计表明，原始预测均方根误差为3.91m/s，平均绝对误差为3.25m/s；采用自适应偏最小二乘法进行校正后的均方根误差为2.06m/s，平均绝对误差为1.67m/s；采用卡尔曼滤波法进行校正后的均方根误差为2.62m/s，平均绝对误差为2.08m/s。由图4-9和图4-10可见，原始风速预测结果整体偏大，特别在风速出现峰值的时段，

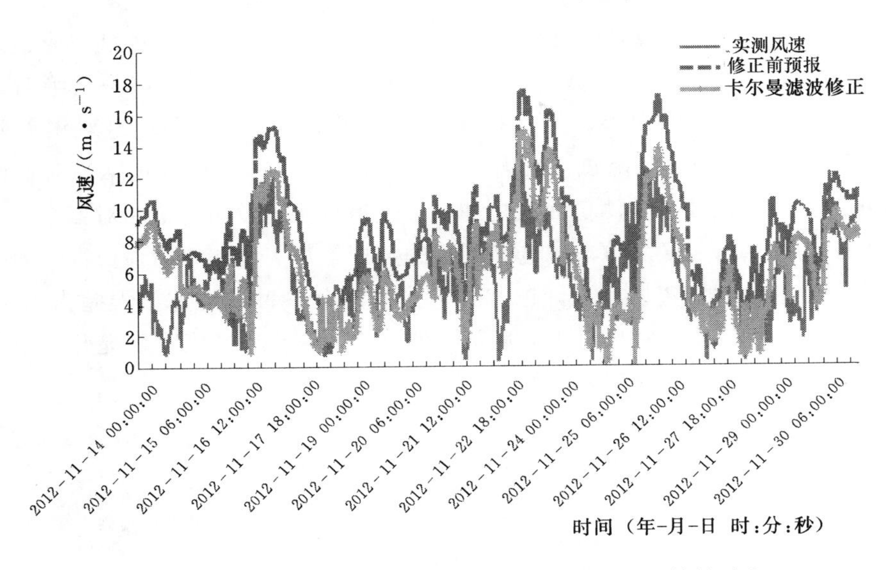

图 4-10 风速实测、原始预测和卡尔曼滤波订正结果对比

预测绝对误差可达到 5m/s。采用自适应偏最小二乘法和卡尔曼滤波法订正后，预测结果有了明显改善，其中自适应偏最小二乘法倾向于将整体风速订正到平均值附近，而卡尔曼滤波法在初始时误差较大，随着模型训练时间的增加，误差逐渐减小，显示了较好的跟随性，但在某些波动较大的时段订正效果较差。

(2) 地表总辐射预测模式误差订正。地表总辐射的模式误差订正，选取了甘肃省的一个辐射观测站 2012 年 11—12 月的数据进行分析，去除无效时段，训练数据和验证数据集选用 9：00—19：30 之间的时间段。

图 4-11 为采用自适应偏最小二乘法的订正结果与实测、原始预报结果的对比。其中，预报值与实测值间相关系数为 0.96，均方根误差为 88W/m^2，平均绝对误差为

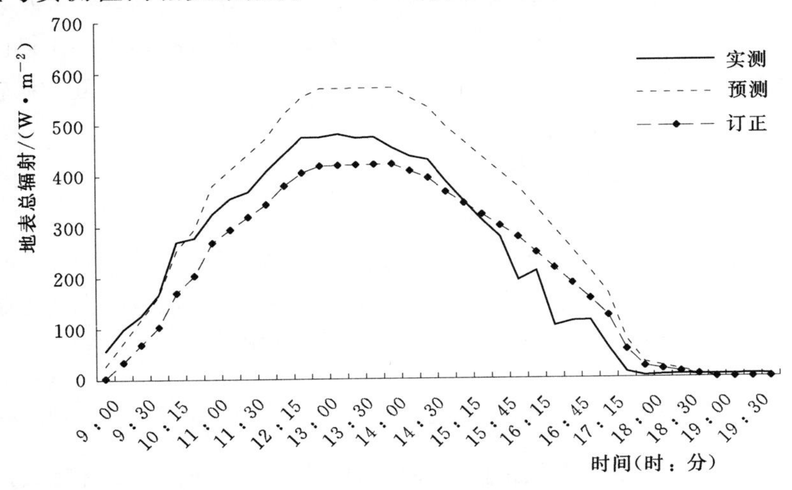

图 4-11 地表总辐射实测、原始预报和自适应偏最小二乘法订正结果对比

71W/m²。从预报与实测曲线对比可见，预报值普遍大于实测值。经过自适应偏最小二乘法订正以后，订正值的相关系数为 0.97，均方根误差为 52W/m²，平均绝对误差为 44W/m²。对比订正前后的误差，均方根误差降低了 36W/m²，平均绝对误差降低了 27W/m²，预测误差得到显著降低。结合 12 月 1 日实测、预测和订正结果对比图不难发现，订正后的预测曲线与实测值曲线更加吻合，但订正值较实测值相对偏小。

图 4 - 12 为采用卡尔曼滤波法，选择同样的数据集与实测和原始预报得到的结果对比。经过卡尔曼滤波法订正以后，订正值的相关系数为 0.99，均方根误差为 40W/m²，平均绝对误差为 29W/m²。对比订正前后预报值可知，订正后精度明显提升，均方根误差降低了 48W/m²，平均绝对误差降低了 42W/m²。

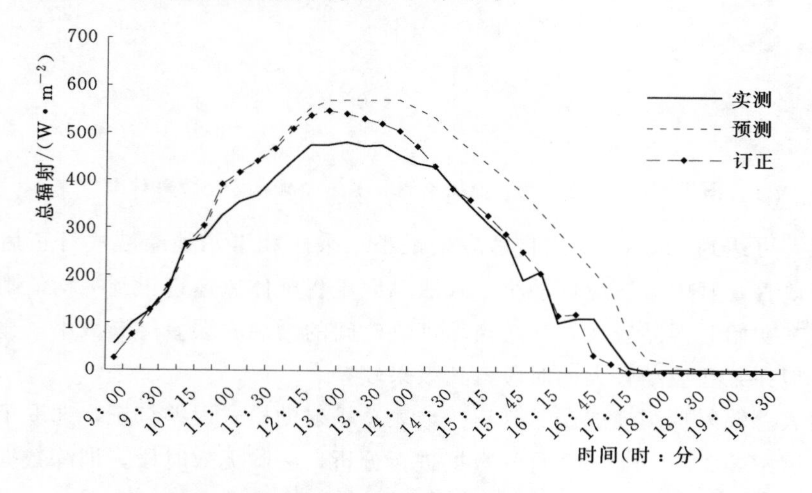

图 4 - 12　地表总辐射实测、原始预报和卡尔曼滤波订正结果对比

与自适应偏最小二乘法对比，卡尔曼滤波法在 11：00—14：00 之间存在正误差，之后的订正曲线就基本贴合实测辐射，而自适应偏最小二乘法从 9：00—15：00 之间呈现负误差，之后转为正误差，这说明卡尔曼滤波法能够逐步调整订正结果，使得误差达到最小，而自适应偏最小二乘法则是对预报结果进行整体订正，导致局部订正效果较弱。

4.4　数值天气预报业务系统

数值天气预报业务系统（以下简称业务系统）能够每天定时为风力发电、光伏发电功率预测提供可定制的气象要素预报产品。业务系统的主要功能包括自动控制模式的运行，短期气象要素预报产品的生产，以及预报产品的发布。

4.4.1　业务系统概述

目前，通用的中尺度数值天气预报，都是以权威机构发布的全球环流大尺度模式计算结果为背景场进行的精细化预报，表 4 - 5 是目前全球天气预报产品介绍。

表 4-5　　全球天气预报产品介绍

预报中心	发报频度	预报时长	网格大小
欧洲中期天气预报中心	日（高分辨率）/日（中分辨率）/6h	10 日/21 日/3 日	40km/80km/40km
美国国家环境预报中心	6h	12～16 日	0.5×0.5°/1×1°
德国气象局	12h（全球）/6h（区域）	174h/48h	60km/7km
英国气象局	12h	120～144h	0.56×0.83°
加拿大气象局	日（全球）/12h（区域）	10 日/48h	100km/15km

基于中尺度预报模式的数值天气预报业务系统通常具有规范的业务流程，如图 4-13 所示，其主要包括外部数据源接入、数据预处理、中尺度模式运行、模式后处理以及预报数据发布等过程。数值预报业务系统的外部数据源一般包括 GFS 等初始场格点数据、常规气象观测数据、卫星遥感数据、雷达监测数据以及地形数据等。选定数据源后，需进行数据预处理，以满足 WRF 模式的数据格式要求。经 WRF 模式运算的输出结果可根据发电功率预测系统的数据要求，运用 NCL、ARWpost、RIP4 等软件进行处理。

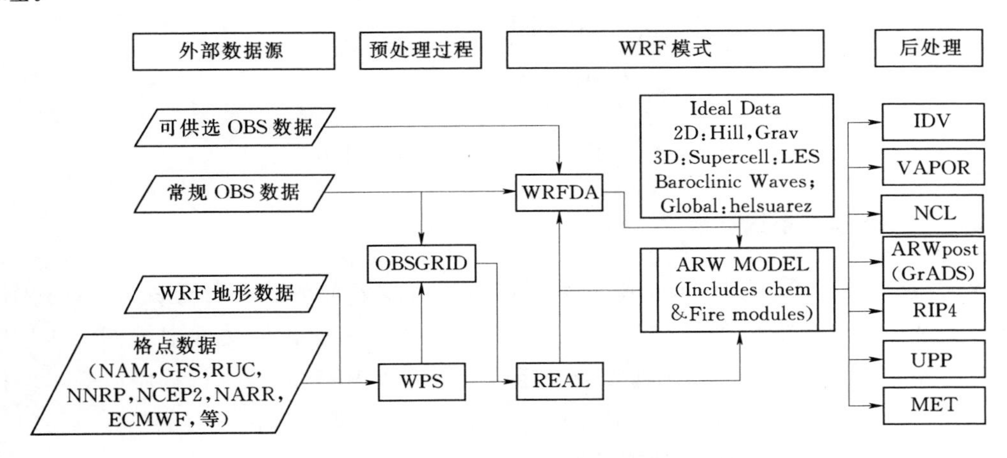

图 4-13　数值天气预报系统业务流程示意图

4.4.2 业务系统建设

通常建设一套数值气象预报业务系统需要开展以下几个方面的工作：

(1) 设计、配置高性能计算集群系统。

(2) 建立合适的数值天气预报模式。

(3) 选取适用的气象背景场数据。

(4) 开发气象模式自动运行业务程序。

(5) 解析输出模式运行的定制结果。

4.4.2.1 业务系统组成

典型的数值预报业务系统在逻辑上主要划分为五个组成部分，即业务平台、资料同化平台、科研服务平台、管理平台及存储单元。其中，业务平台和资料同化平台执行WRF模式预报业务，科研服务平台是根据预报业务的需求而开发的专业服务功能，管理平台主要负责业务系统的权限管理和系统维护，存储单元用于海量数据的存储和备份。数值天气预报业务系统拓扑示例如图4-14所示。

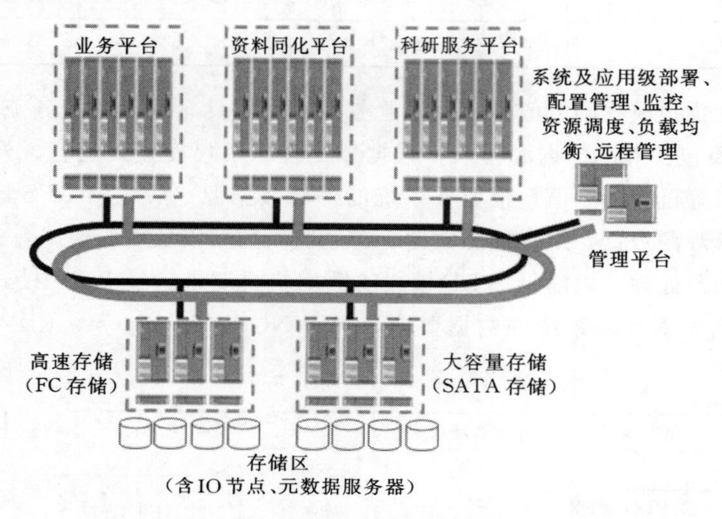

图4-14　数值天气预报业务系统拓扑示例

4.4.2.2 WRF模式系统安装

WRF模式主要采用Fortran和C编译语言进行编译与测试，在安装及编译WRF时必须安装Fortran及C编译软件。由于WRF模式生成的数据文件常用NetCDF格式，故应安装NetCDF库。在正确安装和运行WPS和WRF的可执行程序以后，可得到NetCDF格式的输出结果，将其输入到后处理模进行处理，提出需要的信息，一般可以使用NCL、GrADS、RIP等处理软件。

4.4.2.3 业务系统管理

具有优异计算能力的集群系统，当然也离不开高效的系统管理软件和管理方法。通常在管理集群系统时多采用两种方法进行远程登录管理。

(1) 命令行终端登录。Windows用户可以用SSH Secure Shell Client，PuTTY，SecureCRT等SSH客户端软件登录。通常使用SSH Secure Shell Client，它集成了SFTP文件上传下载功能，图4-15为该软件终端登录界面。

Linux用户可以直接在命令行终端中执行ssh命令进行登录：

$ ssh username@登录节点IP地址

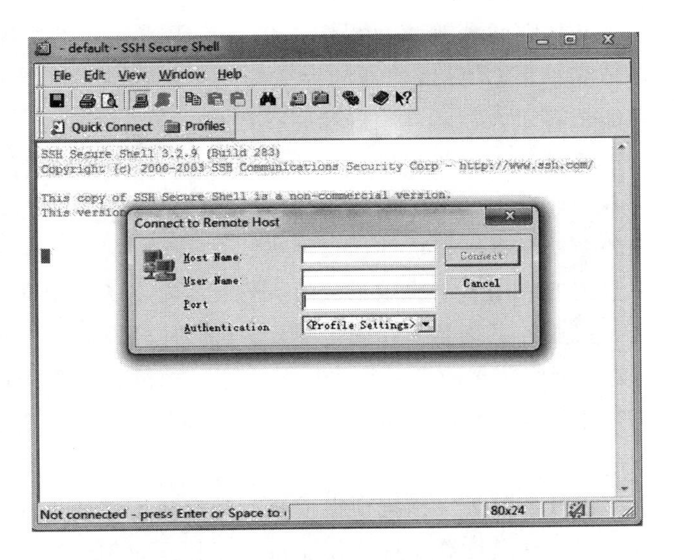

图 4-15 SSH Secure Shell Client 终端软件登录界面

（2）图形界面登录。远程图形界面登录推荐采用 VNC 方式。第一次使用 VNC 登录前，需要先以命令行终端方式登录到集群登录节点，执行 VNC/Server 命令，会提示用户输入 VNC 登录密码，输入后会得到一个 VNC 会话，一般是“主机名：VNC 会话号”格式，如“node32：4”。

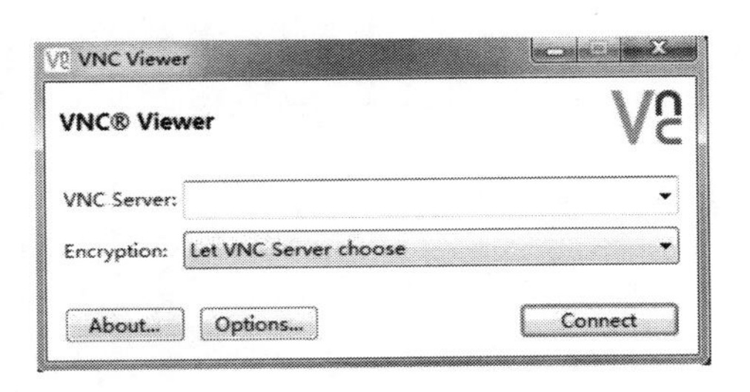

图 4-16 VNC 软件登录界面

Windows 用户推荐使用 RealVNC 软件进行 VNC 远程图形界面登录，登录时输入集群登录节点 IP 地址和 VNC 会话号即可，图 4-16 为该软件登录界面。

Linux 用户可以直接在命令行终端中执行 vncviewer 命令进行登录，如：

$ vncviewer [登录节点 IP 地址]：[session number]

4.4.3 业务系统特点

上节介绍了数值天气预报业务系统的软件环境，本节主要介绍支撑整套业务系统运行的高性能硬件设备。

4.4.3.1 硬件性能

针对中尺度气象模式业务系统的运算特点，可以总结出以下几个性能特性：

（1）计算量巨大。数值预报模式的计算量巨大，而业务系统时效性要求又非常高，这就要求模式必须在规定的时间内稳定、快速运行，输出预报结果。

随着人们对 NWP 分辨率、预报精度提出的要求越来越高，对计算资源的需求也变得越来越大。理论上 NWP 空间分辨率每提高一倍，其所需计算量将提高到原来的 16 倍。在上述情况下，依靠单个 CPU 或普通的计算机是无法完成模式计算任务的。数值天气预报业务系统都需依赖于大型运算集群和并行计算。

（2）通信密集。由于数值天气预报模式一般采用差分格点模式进行并行计算，所以运行 NWP 时计算机各个 CPU 之间的通信量很大，这对系统的通信性能提出了非常高的要求，这就要求业务系统具有高性能的通信网络。

（3）时效性强。数据的应用需求决定了数值天气预报业务系统必须具备很强的实效性。一般的数值天气预报业务系统每天在固定的 2～4 个时段内运行，单次时段运行不超过 4～6h。此外，数值天气预报业务系统也可能承担一部分试验作业的运行任务，这些作业与常规业务运行之间存在相同时刻运算资源共享的问题，对此需要设置、执行合理的业务逻辑。

（4）计算量集中。运行数值天气预报预报模式对计算机性能要求非常高，要求在数小时内运行完成海量数据处理及计算，这些作业每天在相同时刻运行，必须保证这些模式可以按时计算完毕。

因此，构建一个中尺度数值天气预报业务系统，在配置基础硬件环境时需要满足高性能计算能力、高性能网络环境、高 I/O 带宽和高系统稳定性等条件。

4.4.3.2　集群系统

所谓集群系统是一种由互相连接的计算机组成的并行或分布式系统，可以作为单独、统一的计算资源来使用。集群系统能利用高性能通信网络将一组计算机（节点）按某种结构连接起来，在并行化设计及可视化人机交互集成开发环境支持下，统一调度、协调处理，实现高效并行计算。

常见的集群类型包括科学集群、负载均衡集群和高可用性集群。科学集群通常设计为开发和运行高速并行计算应用程序，以解决复杂的科学问题。科学集群对外就像一个超级计算机，这种超级计算机内部由十至上万个独立处理器组成。它利用 NFS、NIS 等软件环境构建单一系统映像，并且在不同的计算节点间通过消息传递接口（Message Passing Interface，MPI）进行节点间通信和数据交换，以运行并行应用程序。其处理能力与真正的超级计算机相仿，但是硬件以及运行维护费用要比真正的超级计算机低很多，具有极高的性价比。

负载均衡集群使负载可以在计算机集群中尽可能平均地分摊处理。负载通常包括应用程序处理负载和网络流量负载。这样的系统非常适合向使用同一组应用程序的大量用户提供服务。每个节点都可以承担一定的处理负载，并且可以实现处理负载在节点之间的动态分配，以实现负载均衡。对于网络流量负载，当网络服务程序接受了高入网流量，以致无法迅速处理时，网络流量就会发送给在其他节点上运行的网络服务程序。同时，还可以根据每个节点上不同的可用资源或网络的特殊环境来进行优化。

高可用性集群能够增强计算硬件和软件的容错性，使集群的整体服务尽可能可用。

当集群中的一个系统发生故障时，集群软件迅速做出反应，将该系统的任务分配到集群中其他正在工作的系统上执行。如果高可用性集群中的主节点运行失败或者故障，它的替补者将在几秒钟或更短时间内接管它的职责。

4.4.4 典型示例

面向间歇性新能源的数值天气预报业务系统可依据风电场、光伏电站发电功率预测的实际需求提供精细化的数值预报产品。

以下是一种典型的数值天气预报业务系统解决方案，此案例的计算平台基于 X86 集群系统设计，集群系统框架示例如图 4-17 所示。

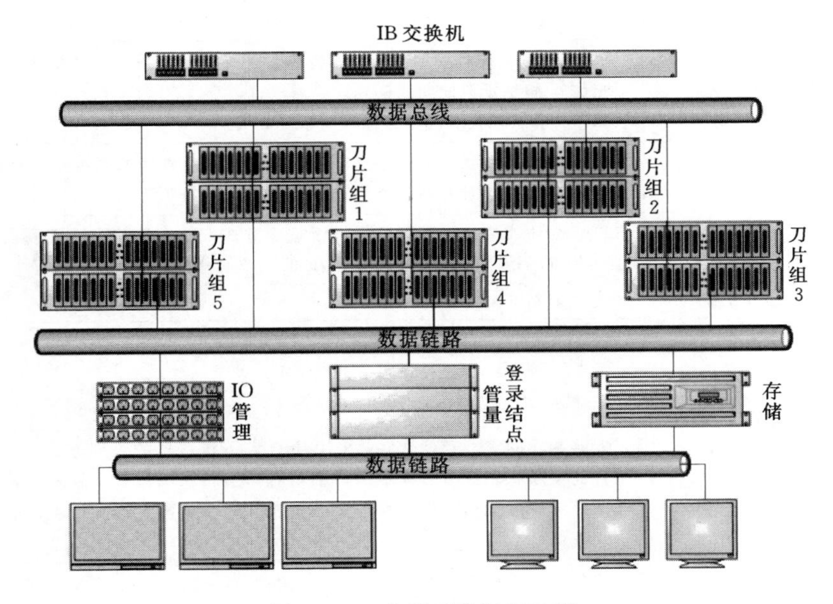

图 4-17 集群系统框架示例

集群系统框架展示了一个数值天气预报业务系统较为完整的硬件系统结构，系统使用刀片式服务器，刀片采用 7U/160PC/S 架构，刀片具有 2.0GHz 主频处理器，每颗 CPU 可实现 64GFlops 浮点计算能力。每个普通计算刀片能够实现 128GFlops 浮点计算能力，而每组计算刀片服务器节点实现 1280GFlops 浮点计算能力，且每组刀片服务器的运行功耗也相对较低。全系统采用高效能刀片服务器构建计算节点系统，并且系统采用先进的 InfiniBand 直连存储方式，非常好地消除了 IO 瓶颈、提升了 IO 性能。全系统具备两套互联网络，一个是 InfiniBand 高速计算存储的主干网络，它具有双向 80Gb/s InfiniBand，能够让系统的全部节点互联，以实现高效能科学计算、超大规模科学计算，全局共享的高速数据网络；另一个是千兆以太网的管理网络，能够实现计算刀片机箱、管理节点、存储节点千兆互联，用于实现系统管理、数据下载等。

完整的数值天气预报业务系统是由硬件系统和软件系统两部分构成。硬件系统是业务系统运行的基础，主要包括计算子系统、网络子系统、存储子系统、管理登录子系统、机柜子系统。软件系统主要负责组织集群系统的各硬件子系统高效运行，它主要包括操作系统、编译开发环境、集群管理软件、气象业务化运行系统等。数值天气预报业务系统的集群系统配置见表4-6。

表4-6　集群案例配置表

集群系统		配置和用途
硬件系统	计算子系统	1. 高密度刀片，负责完成前后处理、主模式计算； 2. 胖节点，作综合处理服务器，应对IO吞吐量大，适合单节点共享内存计算的任务； 3. 集群容错模块，提供模式的断点续算
	网络子系统	1. 计算网络采用高带宽、低延时的InfiniBand网络； 2. 管理网络采用冗余的以太管理网络，配置独立的IPMI以太网络
	存储子系统	1. 高容量、高性能的高端磁盘阵列，配置高性能并行文件系统，支持高IO吞吐量，满足资料处理和模式计算需求； 2. IO节点配置双机，保证存储系统高可用
	管理登录子系统	采用冗余管理登录节点作双机，保证集群登录管理的高可用，是整个HPC集群的入口，同时管理整个系统；兼做作业递交节点
	机柜子系统	配置封闭式机柜，采用机柜排级氟冷方式，能有效解决高密度设备散热瓶颈，节省场地空间，降低机房PUE值，节能降耗，降低用户TCO
软件系统	操作系统	安装最新64位商业版Linux系统
	编译开发环境	1. GNU/Intel/PGI编译器； 2. OpenMPI/Mvapich2并行计算环境； 3. Netcdf、HDF4/5、NCL等函数库
	集群管理软件	安装相应的集群管理软件，采用基于Web浏览器的管理方式，可提供所有组件的最新状态及图形标示的详细信息；实时状态监控、故障预警，动态优化调整资源配置和工作策略；多种错误、故障预警方式，日志、审计和报表可供查询
	气象业务化运行系统	安装气象业务化软件，支持前处理资料高速稳定自动下载、数值模式高性能计算和后处理产品的自动生成；通过流程监控模块，还可以对模式计算的进度和结果进行图形化显示

按以上配置方案建设的数值天气预报业务系统的计算刀片支持Intel/AMD高性能处理器，结合最新的InfiniBand高速计算网络，能充分满足精细化网格、大时间跨度的模式计算需求。系统能够支持硬件级别的计算容错功能和数值模式的断点续算，能够提高数值天气预报关键业务运行可靠性。海量并行文件系统的容量可扩展至PB级别，提供了高性能的IO读写带宽，满足数值模式在资料存储和处理、模式计算等过程中对存储系统的要求。目前，这套系统已经得到成功投运，为甘肃、新疆、宁夏、青海等地区的风电场、光伏电站发电功率预测系统提供了0～72h的短期气象预报产品服务。

参考文献

[1] 沈桐立. 数值天气预报[M]. 北京：气象出版社，2003.

［2］ 曾庆存．数值天气预报的数学物理基础［M］．北京：科学出版社，1979.

［3］ 张大林．各种非绝热物理过程在中尺度模式中的作用［J］．大气科学，1998，22（4）：548－561.

［4］ 徐枝芳，徐玉貌，葛文忠．雷达和卫星资料在中尺度模式中的初步应用［J］．气象科学，2002，22（2）：167－174.

［5］ 陈德辉，薛纪善．数值天气预报业务模式现状与展望［J］．气象学报，2004，62（5）：623－633.

［6］ 叶成志，欧阳里程，李象玉，等．GRAPES 中尺度模式对 2005 年长江流域重大灾害性降水天气过程预报性能的检验分析［J］．热带气象学报，2006，22（4）：393－399.

［7］ 邓崧，琚建华．低纬高原上中尺度模式的积云参数化方案研究［J］．高原气象，2002，21（4）：414－420.

［8］ 盛春岩，浦一芬，高守亭．多普勒天气雷达资料对中尺度模式短时预报的影响［J］．大气科学，2006，30（1）：93－107.

［9］ 刘奇俊，胡志晋．中尺度模式湿物理过程和物理初始化方法［J］．气象科技，2001，29（2）：1－10.

［10］ 闫敬华．广州中尺度模式局地要素预报性能分析［J］．应用气象学报，2001，12（1）：21－29.

［11］ 李泽椿．中国国家气象中心中期数值天气预报业务系统［J］．气象学报，1994，52（3）：297－307.

［12］ 张人禾，沈学顺．中国国家级新一代业务数值预报系统 GRAPES 的发展［J］．科学通报，2008，53（20）：2393－2395.

［13］ 陈德辉，薛纪善．数值天气预报业务模式现状与展望［J］．气象学报，2004，62（5）：623－633.

［14］ Bouttier F，Courtier P. Data assimilation concepts and methods. Meteorological Training Course Lecture Series，1999.

［15］ Lorenc A C. A global three-dimensional multivariate statistical analysis scheme. Mon. Wea. Rev.，1981，109：701－721.

［16］ Le Dimet F X，Talagrand O. Variational algorithm for analysis and assimilation of meteorological observations，theoretical aspects. Tellus，1986，38A（2）：97－110.

［17］ Courtier P，Andersson E，Heckley W，et al. The ECMWF implementation of three-dimensional variational assimilation（3D-Var）. Part 1：formulation. Quart . J. Roy. Meteor. Soc.，1998，124：1783－1807.

［18］ Parrish D F，Derber J C. The National Meteorological Center's spectral statistical interpolat ion analysis system. Mon. Wea. Rev.，1992，120：1747－1763.

［19］ Derber J C，Parrish D F，Lord S J. The new global operational analysis system at the National Met eorological Center. Wea. Forecasting，1991，6：538－547.

［20］ Rabier F，McNally A，Andersson E，et al. The ECMWF implementation of three-dimensional variational assimilation（3D-Var）. Ò：Structure function. Quart. J. Roy. Meteor. Soc.，1998，124：1809－1830.

［21］ 官元红，周广庆，陆维松，等．资料同化方法的理论发展及应用综述［J］．气象与减灾研究，2007，30（4）：1：8.

［22］ Andersson E，Haseler J，Unden P，et al. The ECMWF implementation of three-dimensional variational assimilation（3D-Var）. Ó：Experimental results. Quart. J. Roy. Meteor. Soc.，1998，124：1831－1860.

［23］ Kaplan A，Kushnir Y，Cane M A. Reduced space optimal interpolation of historical marine sea

level pressure：1854 - 1992 [J] . J Climate，2000，13 (16) ：2987 - 3002.
[24]　薛纪善 . 气象卫星资料同化的科学问题与前景 [J]. 气象学报，2009，67 (6)：903 - 911.
[25]　邹晓蕾 . 资料同化理论和应用 [M]. 北京：气象出版社，2009.
[26]　王澄海 . 大气数值模式及模拟 [M]. 北京：气象出版社，2011.

第5章 短期功率预测技术

我国风力发电和光伏发电进入了大规模开发的阶段，由于风能和太阳能的波动性、随机性、间歇性，使得风力发电和光伏发电并网对电网的运行安全带来风险，也影响电网调度计划的制订和电站的安全经济运行。有效的短期风力发电和光伏发电功率预测不仅可以为电力部门提供优化调度的决策支持，还便于电站合理安排机组维护与检修，增强间歇式新能源的竞争力，提高新能源发电的消纳水平。

本章结合短期功率预测技术的国内外发展现状，以及风力发电、光伏发电的原理和实践经验，对风光资源的短期变化影响因素、风力及光伏发电功率预测、区域短期功率预测、多模型组合预测及预测不确定性分析等方面进行了详细介绍。

5.1 短期功率预测技术发展

早在20世纪80年代初，国外就开展了风力发电功率预测技术研究，经过三十多年的发展，风力发电功率预测系统得到了广泛应用。在光伏发电功率预测技术方面，1981年国外就有科研人员利用模式输出统计的方法开展太阳能辐射预测研究，在此基础上的光伏短期功率预测技术得到了发展。随着我国风能、太阳能资源的大规模开发利用，功率预测的技术研发应用受到广泛关注，实用化水平得到了快速提升，自21世纪初，风力发电、光伏发电功率预测系统已在我国风光资源富集区域得到广泛应用。

5.1.1 风力发电功率预测技术

20世纪80年代，Notis等科学家最早提出了基于天气预报模式预测未来24h、时间分辨率为1h的风速预测方法。这一时期科学家的研究主要集中在改进风速预测模型上，先后提出了持续时间序列法、多元回归模型、马尔科夫模型、卡尔曼滤波以及ARMA模型等风速预测方法，同时也提出了将风向、气压、温度等加入风速预测中提高预测精度的设想。在风速预测的实地验证方面，科学家McCarthy在1985—1987年间，针对加利福尼亚若干风电场，基于地面观测、高空监测的气象数据，进行了未来24h的风速预测。

20世纪90年代，欧美地区风电装机容量不断增加，风电并网的波动性使得很多电网公司、风电场开发商对风电功率短期预测产生了极大的关注。在这一时期，科学家基于EC_JOULE框架，提出了一种基于高分辨率有限区域模式（High Resolution Limited Area Model，HIRLAM），该方法针对未来9h的风速和风向进行预报，并将地形、粗糙度以及障碍物等因素首次应用于风速预测中。同时，科学家们采用在线趋势分离方法，进行了预测未来6h、时间分辨率1h的风电场发电功率预测，以及预测未来2h、时间分辨率10min的机组发电功率预测。

随着技术研究的逐步深入，风力发电功率预测系统研发也得到了较快的发展，具有代表性的风力发电功率预测系统见表5-1。其中，丹麦Risø实验室于1994年开发了第一套风电场功率预测系统Prediktor。哥本哈根大学研发的（Wind Power Prediction Tool，WPPT）系统可以实现未来36h、逐小时分辨率的风力发电功率预测。美国TRUEWIND公司开发了EWind工具，用来预测风速和风向，此工具基于气象模式（ForeWind）采用统计方法和物理方法进行预测。德国的研究机构也开发了类似的预测系统，采用气象部门的数值天气预报数据作为输入，应用风-功率曲线进行风速到功率的转换，预测未来48h的发电功率。

表5-1　具有代表性的风力发电功率预测系统

名　称	开　发　商	技术特点
Prediktor	Risø	物理
WPPT	哥本哈根大学；IMM	统计
Zephyr、Prediktor和WPPT的组合	Risø；IMM	物理、统计
Previento	德国奥登堡大学	物理、统计
AWPPS	Amines/Ecole des Mines de	模糊-神经网络
SIPREóLICO	西班牙卡洛斯Ⅲ大学	统计
LocalPred-RegioPred	西班牙马德里CENER	物理
HIRPOM	科克大学，爱尔兰、丹麦气象院	物理
WPPS（AWPT）	德国ISET	统计（神经网络）
GH-FORECASTER	英国Garrad Hassan	统计（自适应回归）
ANEMOS	欧洲7个国家26个单位	物理、统计

进入21世纪，风力发电短期功率预测模型的在线更新和预测不确定性分析得到了深入研究。有学者对风速预测的线性模型和非线性模型进行了对比，研究表明非线性模型的预测效果整体要优于线性模型。在各种非线性模型中，神经网络模型预测效果最好。在预测不确定性分析研究方面，德国奥登堡大学在2003年Previento系统的研究中，发现风速短期预测的不确定性独立于预测风速的等级，功率预测的不确定性是风-功率曲线和相关风速预测误差的函数。Risø实验室研发的Prediktor在线系统的研究表明，采用优化的数值天气预报系统能够有效提高风电场的短期功率预测精度。

近年来，风力发电功率预测研究的重点已经转向适用于复杂地形、极端天气条件的预测技术。由欧盟RP5计划，在2002—2006年，开启了“下一代陆上与海上风电场风能预测系统开发”项目（“Development of a Next Generation Wind Resource Forecasting System for the Large-Scale Integration of Onshore and Offshore Wind Farms”），该

项目共有7个国家的23个机构参加。项目为期四年，其目的是开发适用于陆上和海上风电场短期功率预测工具。在2006—2011年期间，该计划将目标转向风力发电的概率预测，并将概率预测的结果作为储能控制、经济调度等的参考。2009—2012年，该计划启动了项目"safewind"，该项目主要针对极端事件定义和识别、大规模风力发电功率预测、风力发电极值预测的新方法等问题进行研究。由于风电并网规模的不断扩大，区域预测技术也引起了广泛关注，丹麦科技大学开发的风电功率预测工具（Wind Power Prediction Tool，WPPT）中采用累加方法对一个拥有近20个风电场的区域功率进行了预测；德国太阳能技术研究所的风能管理系统软件（Wind Power Management System，WPMS），采用了基于反距离加权统计升尺度方法来对一个具有250MW风电装机的区域进行了功率预测。

自20世纪90年代起，我国也在不断加大风力发电短期功率预测技术的研究。目前，各风电富集区域已陆续建设了风力发电功率预测系统。与欧美地区不同的是，我国绝大部分风电场集中于远离负荷中心的中西部地区，装机容量通常可达数百万甚至千万千瓦，风能的随机性、波动性、间歇性使得风电并网对电力系统的影响变得更加剧烈。根据我国新能源的分布特点，考虑风力发电优先调度等实际需求，我国的风力发电短期预测技术注重对区域气象资源、复杂地形、风电场规模化建设等因素的分析，在单个风电场和区域场站群的预测建模方法上取得了一系列的研究成果。

近年来，国内有多所大学、科研机构以及风电企业对风力发电功率预测系统进行了开发和研究，其中中国电力科学研究院开发的风力发电功率预测系统，在甘肃、河北、宁夏、新疆、江苏、福建、辽宁、吉林、内蒙古、黑龙江等地已经投入运行。该系统以数值天气预报数据、测风塔数据、场站运行数据为基础，采用人工神经网络、多元回归等多种统计方法，建立短期预测模型，实现未来72h的风力发电短期功率预测。另外，华北电力大学、清华大学、南瑞集团等单位开发的风力发电功率预测系统也得到了应用。

5.1.2 光伏发电功率预测技术

国际上最早进行太阳辐射预测的是美国科学家Jensenius和Cotton，他们在1981年提出了利用模式输出统计（Model Output Statistics，MOS）来建立辐射测量值和预测值之间的回归模型，预测未来6～30h的太阳短波辐射。

欧洲中期天气预报中心（European Centre for Medium - Range Weather Forecasts，ECMWF）和美国全球预报系统（Global Forecasting System，GFS）在对次日水平面总辐射的预测中，均值误差控制在19%左右，且1～3日的预测误差水平基本保持稳定，这一结论说明NWP的水平面总辐射趋势预测达到了一个较为可信的水平。

随后，科学家们尝试将气溶胶因子、太阳天顶角、晴空指数等物理量引入模式，采用MOS法建立误差纠正函数，显著降低了未来24h的预测误差。而针对气候差异对预测准确率的影响，国际能源署太阳能供热制冷委员会（International Energy AgencySolar Heating and Cooling Programme，IEA SHC）在 2005 年启动了一项由美国、德国、法国、加拿大、西班牙、奥地利、瑞典以及欧盟委员会共同参与的五年项目（SHC Task 36：Solar Resource Knowledge Management）。该项目涉及欧洲、北美的不同地区，研究表明预测技术方案应与实际地理、气候区域特点相适应。

光伏发电功率预测还包含对太阳辐射预测的校正以及光电转化模型，针对太阳辐射预测数据的校正，国外较常用的方法有自回归模型、人工神经网络模型、自适应神经模糊推理系统模型等。而针对光电转化模型，国外的研究结果大致可分为物理模型和统计模型，物理模型主要针对辐射、温度、电流、电压、组件转化效率等建立光电转化模型，统计模型主要有 ANN 模型、多元回归模型等，即基于辐射、功率数据，通过统计方法建立光电转化模型。

我国对太阳辐射预测的研究从 20 世纪 80 年代中后期开始，至今已取得较大进展。与国际上对太阳辐射的预测方法相似，国内的很多研究机构也采用了欧洲 GFS 初始场数据，利用 WRF 模式，进行太阳辐射短期预报，另外，很多学者将国内气象观测站和卫星数据作为同化资料输入模式，以提高辐射预测精度。而针对模式输出数据误差的纠正，除了采用常用的 MOS 方法，还引入了卡尔曼滤波方法、偏最小二乘法等。

在太阳辐射准确预测基础上，需要进行太阳能转化效率的预测。目前，国内较为常见的光电转化模型大多考虑太阳总辐照度、组件温度、风速、湿度的影响关系，采用因子分析法结合多元回归或神经网络进行预测模型建模。但对于沙尘和降雪等组件表面附着物对光伏发电功率影响的研究还不多见。目前，国内最早实现光伏发电短期功率预测是中国电力科学研究院所开发的光伏发电预测系统，其中的短期功率预测主要采用数值天气预报方法和天气型预报方法来对太阳总辐射进行预报，后将辐射预报值输入光电转化模型中，得到短期功率预测结果，系统已在甘肃、宁夏、新疆、西藏、青海等地投入运行。

5.2　风的短期变化影响因素

风的短期变化主要受天气系统、下垫面和空气密度的影响，本节将对这几个因素进行简略介绍。

5.2.1　天气系统

天气系统通常指引起天气变化和分布的高压、低压和高压脊、低压槽等具有典型特征的大气现象。天气系统对风的短期变化的影响包含动力方面和热力方面，例如冷锋过境时，风沿锋面由冷气团吹向暖气团，近地层的风速和空气密度增大，风在垂直高度上的变化变得均匀。在各类天气系统中，与近地层短期风能变化联系最为紧密的主要为水平范围在 $10^0 \sim 10^3$ km 量级、生命期在 $10^3 \sim 10^5$ s 量级的中尺度大气现象，在分析风的短期变化时需要着重考虑具有这一特点的天气系统。

微小区域内风速、风向的变化主要受气压梯度和地形、建筑等障碍物的影响，其中

障碍物的影响效应是通过基本气流的流速和流向来进行计算，而局地气压梯度的变化则是由多个不同尺度的天气系统共同影响所决定，即某一地区未来一段时间的风能变化可能受多个天气系统的共同影响。

对于风的短期预测，目前较为常用的方法是依据物理规律实现未来风能演变趋势的客观预测，常用的技术手段是数值天气预报。数值天气预报的特点是采用简化方程、近似模拟真实大气，它对初始条件非常敏感，开展天气系统、天气过程分析有助于提高数值天气预报效果。天气系统的发生、发展和消亡与纬度、海拔高度、季节等因素相关。对于不同的风电富集区域，需要针对该地区的常见天气系统进行详尽分类，分析总结与近地层短期风能预测相关的天气系统非线性特征。这部分工作有助于指导数值天气预报产品在短期功率预测中的应用，例如数值天气预报误差校正和短期功率预测不确定性分析等。

5.2.2 下垫面

下垫面特指与大气下层直接接触的地球表面，包括土壤、植被、水域、地形、地质等，对区域气候的形成具有重要作用。在风的短期预测中，需要为数值天气预报模型选定适当的下垫面参数，在对单个风力发电机组进行风速预测时，也需要考虑山体、水域等下垫面属性对空气流速的影响。

大气运动的直接驱动力来源于地表反馈的长波辐射。不同的下垫面属性使得地球表面对短波辐射吸收能力不同，因而长波辐射的反馈作用产生差异。这使得地表对底层大气的湍流输送、水汽输送发生相应变化。

城市热岛效应是一种较为典型的由下垫面差异所造成的大气现象。城市等人口聚集区的建筑密度大、绿化率比重偏低，与周边区域相比呈现明显的“高温化”。日间，这些人工建筑物吸收太阳短波辐射的速率快，而相对较小的热容则使得大气的长波加热效应强于周边区域。由此产生的热力环流造成城区地表温度升高、风速减弱。城市周边地区通常拥有远高于城市的大面积绿地，下垫面的自然属性强，太阳辐射利用率高，呈相对的低温化。由于上述环境温度的差异，产生了与海陆风相近的局地性大气环流，它与更大尺度天气系统的相互作用将对这一区域风速变化产生深刻影响。

下垫面属性的变化存在季节性，如降雪等大型天气过程也会对下垫面的性质产生影响。通过上述分析不难发现，近地层的风能、太阳能资源预测和评估往往需要对初始的下垫面参数进行精细设置，必要时可针对风能预测的实际地点进行现场踏勘。

已有研究表明，下垫面不仅对风的水平运动产生影响，不同下垫面对于大风过程的风切变指数也产生一定的作用。对于均匀平坦下垫面，风切变指数随着风速的增大而减小，复杂下垫面下，风切变指数较为平稳。湍流强度与风切变指数成正比例关系，且越靠近地面，这种线性关系越明显。

非均匀下垫面大气边界层理论是气象学领域的前沿热点，主要包括地表的动力非均匀作用和热力非均匀作用。由于目前风能的短期预测主要采用基于中尺度数值天气预报的方法，因而非均匀下垫面的研究将直接影响到中尺度数值模式中的边界层参数化问题。其次，对于分布式新能源发电而言，城市边界层的研究将对未来城市风能模拟、预测起到关键性影响。如何有效地将真实下垫面影响融入风能的短期预测中，将在一定意义上决定风能预测乃至风力发电预测技术的实用性。

5.2.3　空气密度

风力发电机的能量来源于地球表面大量空气流动所产生的动能，即风能。风能密度是单位迎风面积可获得的风的功率，与风速的三次方和空气密度成正比关系。而相同的风速下，空气所携带的能量是存在一定差异的，即空气密度的变化对于风能的影响较大。

在恒定风能下，空气密度与风速满足以下关系式：

$$\left(\frac{v_0}{v_m}\right)^3=\frac{\rho_m}{\rho_0} \tag{5-1}$$

式中　ρ_0——标准空气密度；

v_0——相应的风速；

ρ_m——实际空气密度；

v_m——实际的风速。

干空气的密度与环境温度、海拔高度等因素相关，当温度、大气压稳定时，干空气密度是一个定值。当空气中的水蒸气含量达到一定比例时，则需要考虑水蒸气的分压影响。相比之下，干空气的分子量大、密度高，湿空气的密度介于水汽密度和干空气密度之间。

由已建或在建的若干千万千瓦级风电基地的分布情况来看，气候、地理方面的差异使得风的短期变化分析以及风能的评估计算均不能仅依赖于理想的空气密度参数。尤其在与预测相关的时间尺度下，空气密度是研究风的短期变化规律以及影响风力发电机组有功出力的一项重要因素。

单位体积干空气的密度受大气压和环境温度影响，计算方法如下式：

$$\rho=\rho_0\frac{273}{273+t}\times\frac{p}{0.1013} \tag{5-2}$$

式中　t——环境温度；

p——干空气大气压。

不同湿度条件下空气密度的计算方法存在细微变化，导致不同季节、不同天气现象以及是否发生海陆风转换等情况下，风能的计算结果存在差异。

单位体积混合水蒸气的湿空气密度计算方法为：

$$\rho_s=\rho_0\frac{273}{273+t}\times\frac{p-0.0378\varphi p_b}{0.1013} \tag{5-3}$$

式中　φ——空气的相对湿度；

p_b——温度t时饱和空气中水蒸气的分压力，MPa。

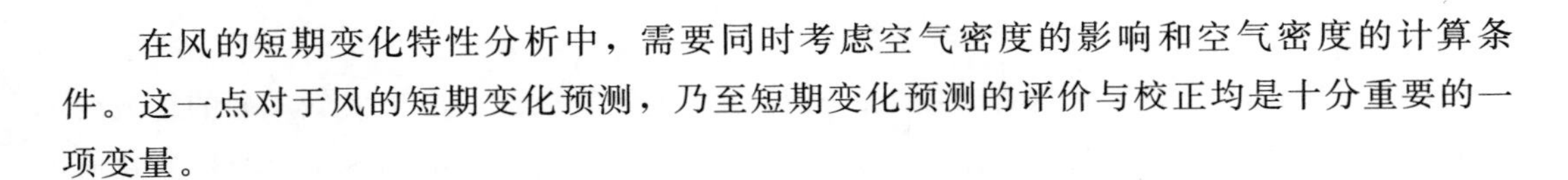

在风的短期变化特性分析中，需要同时考虑空气密度的影响和空气密度的计算条件。这一点对于风的短期变化预测，乃至短期变化预测的评价与校正均是十分重要的一项变量。

5.3 太阳辐射的短期变化影响因素

太阳辐射的主要影响因素有日出日没时间、太阳天顶角与方位角、大气成分与天气现象等，本节针对以上因素对太阳辐射的影响特性及影响量化计算进行介绍。

5.3.1 日出日没时间

光伏发电功率短期预测是针对次日 0h 至未来 72h 中各日的可照时数内的发电功率预测，即介于日出、日没之间的时段。由于日出日没时间的自然规律，可以通过观测地点的经度、纬度、季节等因素给出测算。以北半球东亚大陆的中高纬度地区为例，该地区季节差异显著，冬季日出时间较迟，日可照时数低，太阳辐射的强度较弱；夏季日出时间早于其他季节，日照时间长，午间太阳辐射可达到全年最高水平。

对于经度差异的地区，存在日出、日没时间的偏差问题。如我国东部地区日出时间早于西部。而经度跨度较大的新疆、甘肃等地区，其省境内即存在光伏发电输出功率非同步的特点。

日出、日没时间设定了光伏发电功率短期预测的有效时间间隔，同时也在广袤区域内的光伏电站出力特性协同性方面发挥作用，这一效应在区域发电功率预测中是十分重要的。

日出日没时间修正主要考虑蒙气差的影响。蒙气差是指由于大气折射，观测者看到的方向和天体真实方向不同而造成的方向差。例如不考虑蒙气差时水平面日出日没时角如下式：

$$\omega_0=\arccos(-\tan\delta\tan\varphi) \tag{5-4}$$

考虑蒙气差后日出日没时角为：

$$\omega_0'=\arccos\left(\frac{\sin h_0-\sin\varphi\times\sin\delta}{\cos\varphi\times\cos\delta}\right) \tag{5-5}$$

$$h_0=-0.8333°$$

式中 φ——电站所在地纬度；

δ——太阳赤纬角。

由此计算得到因蒙气差形成的日出日没时角差为：

$$\Delta\omega=\omega_0'-\omega_0 \tag{5-6}$$

5.3.2 太阳天顶角与方位角

太阳天顶角是指太阳入射光线与天顶方向的夹角，与太阳高度角（地球上某点的切平面与某时刻此点和太阳连线的夹角）互为余角，是影响太阳辐射变化的最重要的外部

因素之一。

太阳天顶角的影响同时具有时序上的规律性和过程复杂性，由于大气成分的组成变化观测较为科学化，人们对于太阳天顶角所导致的大气质量（Air Mass，AM）变化有所了解，但大气传播路径变化（即光程变化）引起的大气吸收、反射、散射则缺乏详尽研究。一般而言，天顶角越大，则太阳辐射在大气中传播的路径越长，到达地表的入射短波辐射由于大气质量的增加而减少。复杂性则包括不同太阳天顶角下，太阳辐射衰减在各光谱区间的变化比例存在差异。对照光伏发电的特点，可以确定的是太阳天顶角的变化对于可见光波段太阳辐射影响显著。

太阳高度角 h 取决于所处位置的纬度 φ，此时刻的太阳赤纬 δ 和太阳时角 t，其计算公式为 $\sin h=\sin\delta\sin\varphi+\cos\delta\cos\varphi\cos t$，其关系如图 5-1 所示。

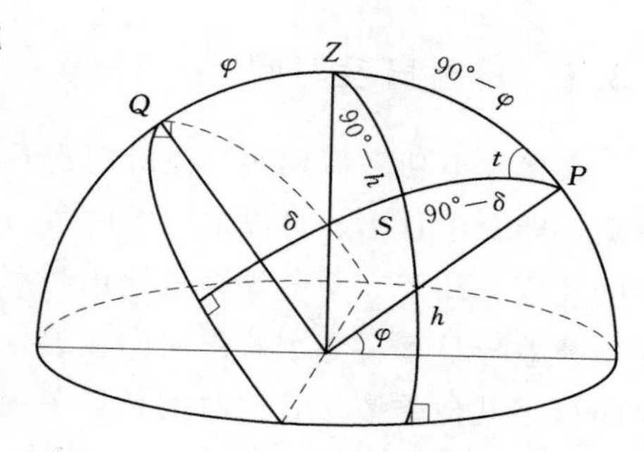

图 5-1　h，φ，δ，t 之间的关系

由太阳高度角可以求得太阳天顶角 H 为：

$$H=90°-h \tag{5-7}$$

在地平坐标系，以地平圈为基圈，通过太阳方位角和太阳高度角来确定太阳的位置。其中，太阳方位角与所处位置经纬度以及观测时刻的关系如下：

$$A=a\sin\left(\frac{\cos\delta\times\sin t}{\cos h}\right) \tag{5-8}$$

式中　A——太阳方位角；

h——太阳高度角；

δ，t——太阳赤纬和太阳时角。

其参数的计算可具体查阅中国气象局《地面气象观测规范》2003 版附录。

5.3.3　大气成分与天气现象

相比于天文因素的规律性，大气中的太阳辐射影响因素显得较为多元化，对太阳辐射的短期变化影响也更为复杂。在地学中，太阳辐射在大气介质中的传播规律，称为辐射传输方程。当光伏电站所在区域为晴朗天气时，太阳辐射在空气中的传播一般被认为满足平面平行大气辐射传输方程；当天空有分布不均匀的云时，则需要考虑球面大气问题，即应当采用三维空间的辐射传输方程。

在太阳辐射的短期变化分析中，可将大气成分与天气现象的影响，抽象为 0～72h 中存在显著变化因素的提取，由此可以简化 O_3、CH_4 等缓变成分的影响。

（1）气溶胶。当太阳辐射穿过大气层时，大气中的一些气溶胶成分就会有选择的吸收一定波长的辐射能，从而减弱了太阳辐射。与此同时，除了被吸收的辐射能，还有一部分能量被气溶胶分子散射。气溶胶浓度具有明显的日变化特征，当大气中的相对湿度、气压以及风速风向等要素发生变化时，气溶胶粗、细粒子的浓度特征均会发生不同幅度的变化。此外，土壤墒情、地表植被等情况也会对某一区域的扬沙、浮尘产生影响，甚至可能在一定的气压或风速条件下产生沙尘暴，大幅削弱大气中的短波辐射透过性。气溶胶的短期预测研究对于太阳辐射的变化规律分析、太阳辐射的短期预测具有重要意义，目前常用的方法包括神经网络方法和数值模拟方法等。其中，数值模拟方法中应用较为广泛的是 WRF—CHEM 模式，国内高校如南京大学、中山大学等已在此方面取得了丰富的科研成果。

（2）水汽。大气中的水汽和臭氧也是影响地面太阳辐射的重要因素。两者均可对光伏发电能够利用的可见光波段的太阳辐射造成衰减。

不同的是，臭氧属于大气中的微量成分，主要集中在高度为 10～50km 的大气层中，物质交换的速率显著低于对流层和近地层。即使在浓度最大处，臭氧在单位体积大气中的占比也仅为百万分之几。仅对太阳辐射短期变化所关注的特定区域而言，复杂的光化学反应过程并不会极大地改变其对日间太阳辐射的衰减幅度。

空气中的水汽含量正常为 0.03%，相对湿度增大时水汽含量相应增加。大气中的水汽来源主要包括地表水体蒸发和暖湿气流的水汽输送，因此天气过程或大气环流调整均能够造成日间大气含水量的变化。

空气的干湿程度通常用绝对湿度、相对湿度、比湿、混合比以及露点等物理量来表示。其中，绝对湿度的含义是单位体积空气中所含水蒸气的质量，通常以 $1m^3$ 空气内所含有的水蒸气的克数来表示，单位为 g/m^3。但在我国《地面气象要素观测规范》和《常规高空气象观测业务规范》中并没有提出绝对湿度的观测，取而代之的是相对湿度。

相对湿度是空气中实际所含水蒸气密度与同温度下饱和水蒸气密度的百分比，一般用 RH 表示。它所表达的含义是：空气的干湿程度和空气中所含有的水汽量接近饱和的程度有关。当温度比较低时，水汽容易达到饱和，湿空气能够达到该温度下的最大水蒸气含量。反之，暖气团中湿空气的水汽携带能力更强，更加有利于水汽的经向或纬向输送，因此也就存在显著改变局地大气含水量的可能性。

（3）云。云在地气系统的辐射能量收支过程中发挥着比较重要的作用，云能强烈的反射太阳短波辐射，尤其在天气变化剧烈或大气对流旺盛时，天空中云的变化对太阳辐射起到极大的影响。一般情况下，云对到达大气上界的太阳辐射的反射约为 23%，云对太阳辐射的吸收作用约为 12%。即以到达大气上界的太阳辐射为基准，云造成的辐射衰减将达到 35%左右。

基于 1958—1963 年逐日定时太阳辐射观测资料，陆渝蓉等研究了低云、中云和高云量各为 10 的情况下太阳辐射的衰减系数。其中，我国低云太阳辐射衰减系数的多年平均值大于 60%，低云太阳辐射衰减的最大值出现在江浙平原地区，最小值在西藏西部地区。如尹青等对华东地区平均总云量和总辐射进行了研究，中低云对于辐射的削弱作用较为明显，而高云对于辐射衰减的影响较小，2011 年华东地区平均总云量和总辐射变化趋势如图 5-2 所示。

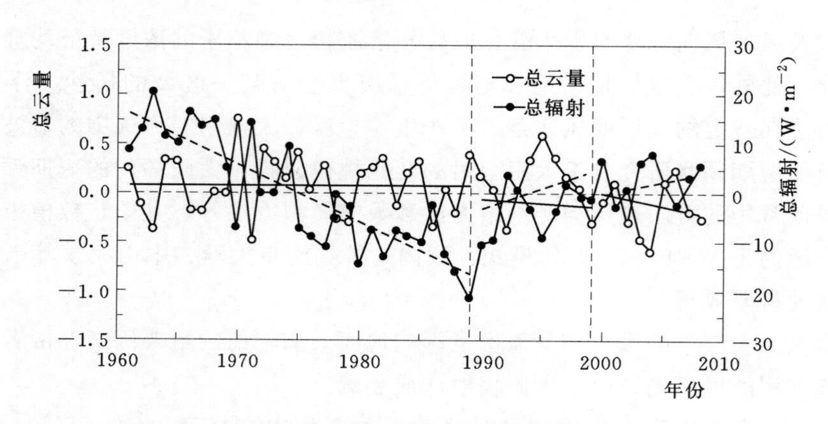

图5-2 2011年华东地区平均总云量和总辐射变化趋势

总的来说，低云尤其是浓积云和积雨云的水滴含量高，凝结核复杂，对太阳辐射的衰减效应较强；高云则主要以冰晶为主，太阳辐射的透过率强，衰减作用仅为低云的几分之一。其次，地面太阳辐射通量会随着云量的增加而逐渐减少。气象上通常采用1～10来表示云占天空可视面积的比例。天空总云量为0时代表晴好天气，低云量为10时到达地表的太阳辐射很低且几乎全部为散射辐射。

5.4 短期风力发电功率预测

依据建模流程，短期风电功率功率预测模型主要分为物理方法和统计方法两种。物理方法主要通过中尺度数值天气预报的精细化释用，进行场内气象要素计算，并建立风力发电转化模型进行功率预测。统计方法则基于历史气象数据和风电场运行数据，提取功率的影响因子，直接针对风电场发电功率与影响因子的量化关系进行建模。

5.4.1 物理方法

短期风电功率预测的物理方法是在数值天气预报输出的风速、风向、气温、湿度、气压等气象要素的基础上，考虑风电场地形地貌、风力发电机组排布等信息，建立风电场内气象要素量化模型，结合风力发电机组技术参数进行发电功率预测。

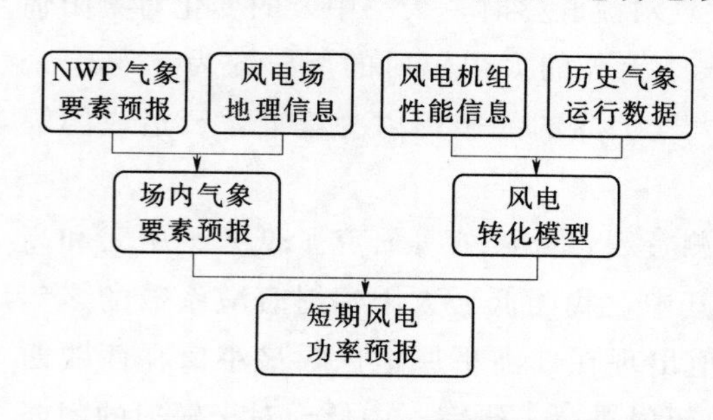

图5-3 基于物理方法的短期风电功率预测的算法示意图

采用物理方法建立短期风电功率预测模型的关键环节包括中尺度模式短期预报、场内气象要素精细化预报、风电转化模型建立，基于物理方法的短期风电功率预测的算法如图5-3所示，主要步骤如下：

(1) 收集风电场地理信息、风力发电机组性能参数、风力发电机组排布信息。

（2）利用中尺度数值天气预报模式，预报风速、风向、气温、湿度、气压等气象要素。

（3）结合风电场地理信息及风力发电机组性能参数，对数值天气预报结果进行精细化释用，建立风电场气象要素量化模型。

（4）基于风力发电机组性能参数、风电场气象数据及运行数据，建立风电转化模型。

（5）将风电场气象要素量化结果输入风电转化模型，输出风电功率预报结果。

5.4.1.1 风电场内气象要素影响因素分析

本书第2章已经阐述，因受地表粗糙度、地形、尾流效应等多种因素影响，风能在风电场内的空间分布不均匀，导致场内风力发电机组的发电功率存在差异。中尺度数值模式在空间和时间分辨率上都有着一定的限制。目前发展情况显示，中尺度数值模式的水平空间分辨率一般不超过1km，垂直方向上在近地面100m内一般只有一到两层，因此无法精确模拟出风电场区域内风机轮毂高度的风速，为了得到符合功率预测要求的气象要素预报，需要将大尺度、低分辨率的数值模式输出结果转换为精细化的气象要素预报结果，这个过程称为预报结果的降尺度。

当气流从一种粗糙度表面过渡到另一种粗糙度表面的过程中，新下垫面将影响原有的风廓线和摩擦速度，高层的风廓线维持不变，而近地面层的风速由于受到新的地表粗糙度的影响发生改变，整个风廓线表现为一种拼接关系，近地面风廓线主要应用于垂直方向上的风速插值。

风电场的地形起伏对气流也会产生明显影响。气流通过丘陵或者山地时，受地形影响，在山的向风面下部风速减弱，且有上升气流。在山顶和山的两侧，因为流线加密而风速加强；在山的背风面，因流线辅散，风速将急剧减弱，且有下沉气流，由于重力和惯性力的作用，使山脊的背风面气流形成波动流动。针对这一问题，应采用流体力学计算得到精细化预报。

风经过风力发电机组时，部分能量会被风力发电机组吸收，速度会随之下降。因此，在风电场中，下风向的风力发电机组风速会受到上风向风力发电机组的影响，风力发电机组相距越近，上风向风力发电机组对下风向风力发电机组的风速影响越大，这种现象称为尾流效应。尾流效应对风速的影响与风力发电机组的风能转换效率、风力发电机组排布、风电场地形特点、风的特性等多种要素有关。针对这一问题，应采用风电场尾流建模得到精细化预报。

综合考虑风电场具体信息的气象要素预报方法很多，风电场气象要素量化建模既可以采用流体力学计算模型，也可以采用风力发电机组机头数据与测风塔数据之间的统计关系。实际应用时，需根据风电场实际状况和计算资源情况采用合适的方案。

5.4.1.2　风电转化影响因素分析

风能通过风力发电机组转化为电能，标准工况下风力发电输出功率随风速变化的曲线称为风力发电机组标准功率曲线，是衡量风力发电机组风电转化能力的重要技术指标。在实际运行中，风力发电机组的运行功率曲线与标准功率曲线有明显区别，因此，在建立风电转化模型时，需要考虑风力发电机组的实际运行条件。

国际标准《Wind turbine generator systems-Part 12：Wind turbine power performance testing》(IEC 61400－12－1：2005）规定了在风力发电机组功率特性测试时的测试设备、气象条件、场地要求、数据处理方法等。机组生产商在向用户提供设备时，均会提供机组的标准功率曲线，如图5－4所示。

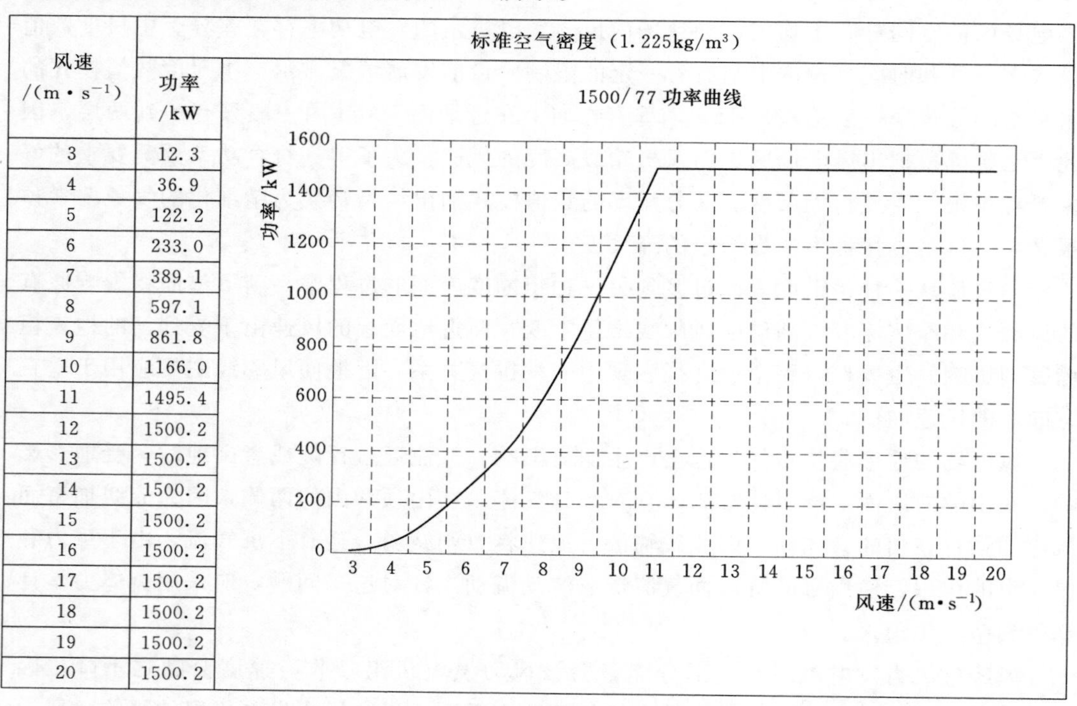

风速/(m·s^{-1})	标准空气密度（1.225kg/m^3）功率/kW
3	12.3
4	36.9
5	122.2
6	233.0
7	389.1
8	597.1
9	861.8
10	1166.0
11	1495.4
12	1500.2
13	1500.2
14	1500.2
15	1500.2
16	1500.2
17	1500.2
18	1500.2
19	1500.2
20	1500.2

图5－4　某风机的标准功率曲线

从图5－4中可以看出，风速是影响风力发电机组/风电场输出功率的重要因素，在功率曲线较陡的区域，较小的风速变化会引起较大的功率变化，风速介于6～11m/s时功率随风速变化非常显著，其余风速段功率变化则较为缓慢。

(1）风力发电机组功率曲线与风向的关系。风力发电机组的偏航装置根据轮毂高度处的风速计和风向计使风机对准来风方向。但是风力发电机组的偏航装置有一定的滞后，导致风机与来风方向存在一定的偏差，图5－5为风偏差角度与风力发电机组效率损耗对比，展示了风偏差造成风力发电机组效率下降的情况，进而影响风力发电机组的实际运行功率曲线。

（2）风力发电机组功率曲线与空气密度的关系。空气密度与海拔、温度正相关，与气压、湿度负相关，空气密度的大小关系到风机捕获风能的多少，图5-6为FD77B型风发电机组的功率曲线，显示不同空气密度下的风力发电机组功率曲线。因此，在风电功率预测中必须充分考虑空气密度的影响。

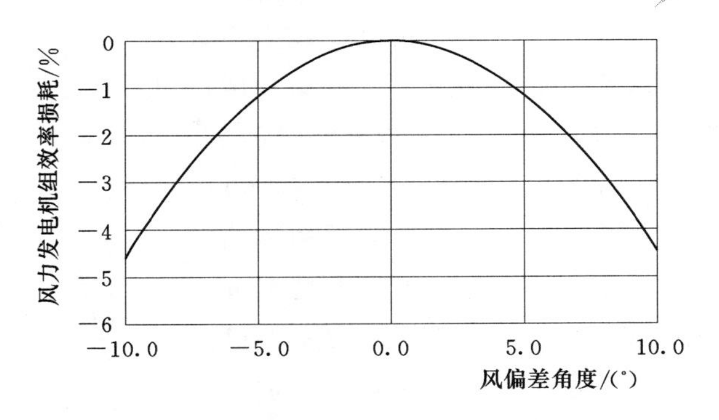

图5-5 风偏差角度与风力发电机组效率损耗对比

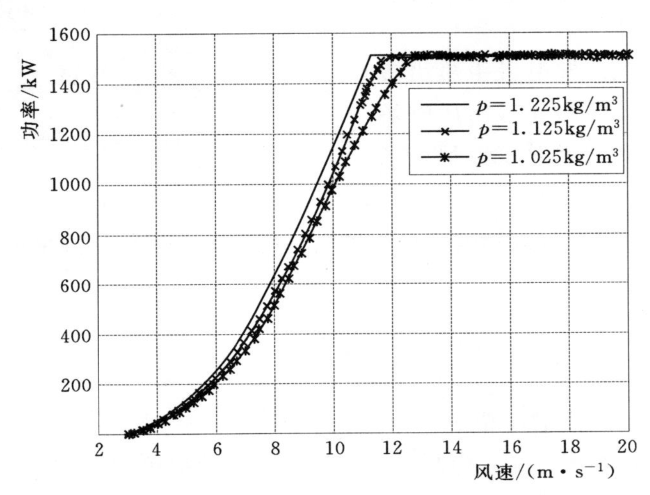

图5-6 不同空气密度下FD77B型风力发电机组功率曲线

5.4.1.3 风电功率预测建模

目前，较为普遍的一种风电场功率预测方法是基于NWP气象因子预报，考虑风电场地形地貌特征、风机类型及排布信息，采用CFD计算各台风力发电机组处的气象要素，结合风力发电机组功率曲线，计算每台机组的出力预测结果，累加而成风电场全场功率预测结果。但是，风电场中的风力发电机组由于受到排列布局、地形特征、尾流效应等诸多因素的影响，导致利用CFD计算风机轮毂处的气象要素时，模型复杂、计算量大、误差来源众多。

一般而言，风电场内风机总出力存在平滑效应，多台风机作为一个整体的总出力比单台风机出力的波动性小。基于风电场地形条件、各台风机的历史运行数据和气象监测数据，分析每台风机的发电特性，将风力发电机组划分为若干片区，以片区内风力发电机组总出力作为预测对象，再进行加和得出风电场预测结果。由于较小区域内空气密度相对稳定，而不同风向的来风会影响片区内的风能分布，所以片区功率预测首先根据空气密度选取相应的功率曲线，再量化风向对片区出力的影响程度，建立风电转化模型。

风电场片区划分和风向效率系数计算是建模的重要环节，风电场片区可以根据风能在风电场内的分布进行划分。对于有历史积累数据的风电场，可以利用各台风机的历史运行数据和气象监测数据，分析风电场风机发电功率分布特征，将特性相对一致的风力发电机组划分为一个片区。对于新建场站，可以利用流体力学模拟风电场内的风能分布，选取风能丰富度相似的区域作为一个片区。最终以片区内风力发电机组总出力作为预测对象，再进行加和得出风电场总的预测结果，图5-7为华北某风电场的片区划分示例。

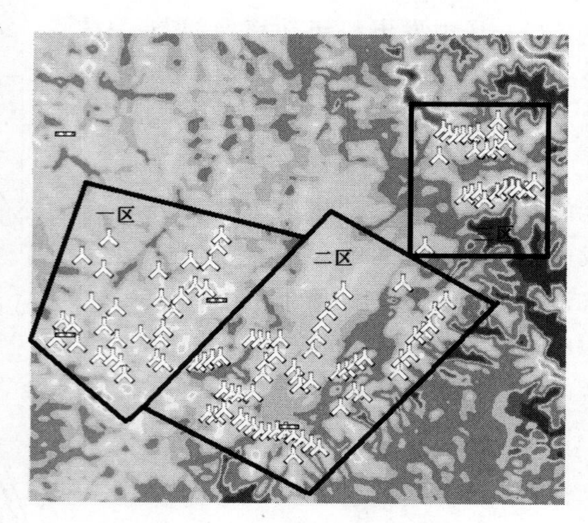

图5-7　华北某风电场的片区划分示例

针对风向对风电场发电的影响，采用风电场风向效率系数进行量化建模，定义风电场的风向效率系数 η：

$$\eta=\frac{P_{\mathrm{m}}}{P_{\mathrm{f}}} \tag{5-9}$$

式中　P_{m}——风电场实测输出功率；

P_{f}——不受尾流影响的风电场输出功率，可以根据风功曲线计算，η 越大，风电场出力受尾流影响越小。

图5-8展示了某风电场在不同风况下的风向效率系数对比，可以看出，针对这个风电场，风速较小时，风向效率系数偏小；风速越大，风向效率系数越大。

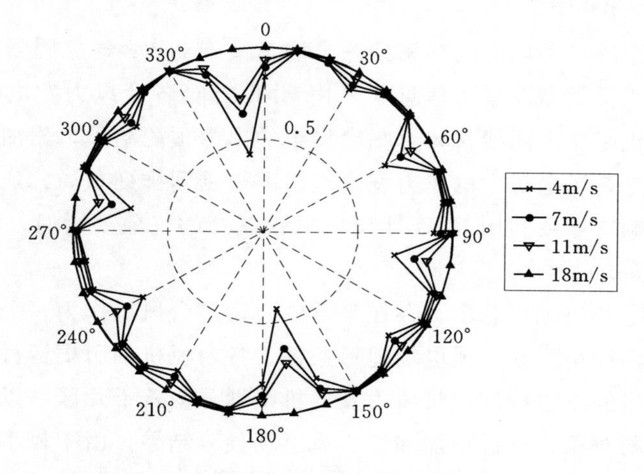

图5-8　某风电场在不同风况下的风向效率系数

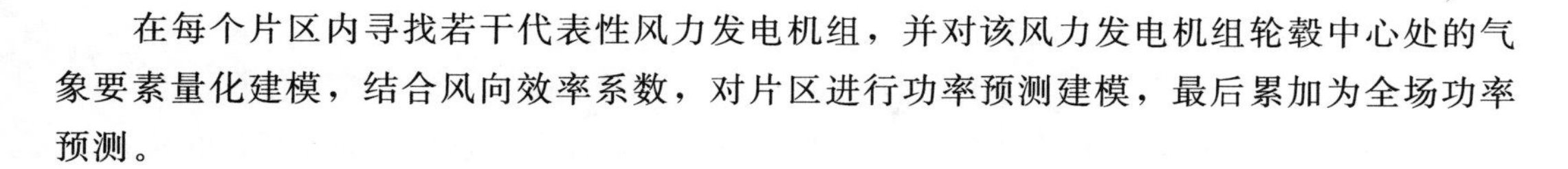

在每个片区内寻找若干代表性风力发电机组，并对该风力发电机组轮毂中心处的气象要素量化建模，结合风向效率系数，对片区进行功率预测建模，最后累加为全场功率预测。

5.4.2 统计方法

风力发电功率预测建模除了采用上述的物理方法，还可以运用多元回归、神经网络等统计学习方法。统计方法主要通过分析、提取电站出力影响要素，建立影响要素与电站发电的映射模型。电站出力影响因子的提取通常采用因子分析方法，映射模型的建立采用多元回归、神经网络等统计学习方法。

短期风力发电功率预测统计方法主要有以下步骤：

(1) 收集历史气象数据、风电场运行数据，进行数据质量控制。

(2) 对数据进行分析，采用因子分析方法进行模型输入因子筛选。

(3) 对输入因子与功率的映射关系进行统计学习建模，检验其有效性。

(4) 以因子预报值作为模型输入，实现短期功率预测。

风力发电短期功率预测统计方法建模示意图如图 5-9 所示。

1. 数据质量控制

数据采集、通信传输会出现数据缺失或失真的现象，在模型训练时，会导致应用效果不理想。因此，在利用历史数据进行预测建模之前，首先需要进行数据质量控制，对数据进行极值检查、时间一致性检查和内部一致性检查（见本书第 3 章图 3-15）。

在实际的建模过程中，需要考虑缺失数据的插值处理。针对少量的缺失数据可以根据数据的分布特征，采用线性插值、二次插值、拉格朗日插值等多种方法；当缺失数据较多时，可以采用临近站点数据进行插值处理。

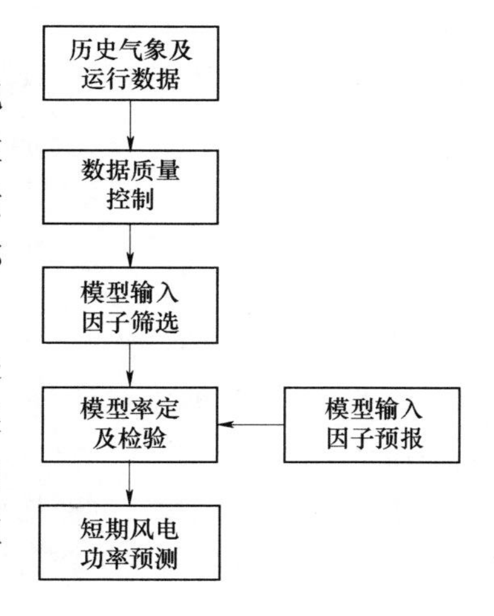

图 5-9 风力发电短期功率预测统计方法建模示意图

2. 模型输入因子筛选

风电场输出功率的气象影响因素主要有风速、风向、气温、气压、湿度等，若将这些气象要素直接作为统计模型的输入，会导致模型复杂度高，降低模型的鲁棒性。因此，在预测建模之前，应采用因子分析方法，提取与风电场功率输出相关性显著的输入因子。

因子分析是通过研究众多变量之间的内部关系，探求变量的基本结构，利用少数几个假想变量来反映绝大部分信息的方法。在统计建模中，气象要素是可观测的显在变量，因子分析的主要作用是基于气象要素的相关性分析，将多个气象要素包含的总信息重构到几个公共变量中，这些公共变量称之为因子。

因子分析方法具有如下优点：

（1）因子变量的数量少于原有指标变量的数量，能够减少分析中的工作量。

（2）因子变量是根据原始变量的信息进行重构，能够反映原有变量大部分的信息。

（3）因子变量之间不存在显著的线性相关关系，能够简化模型诊断分析。

因子分析方法通常用到以下关键指标：

（1）因子载荷。某个因子与某个原变量的相关系数，主要反映该公共因子对相应原变量的贡献力大小。

（2）变量共同度。对某一个原变量来说，其在所有因子上载荷的平方和就叫做该变量的共同度。变量共同度是衡量因子分析效果的常用指标，它反映了所有公共因子对该原变量的方差（变异）的解释程度。如果因子分析结果中大部分变量的共同度都高于0.8，说明提取的公共因子已经基本反映了原变量80%以上的信息，因子分析效果较好。

（3）公共因子的方差贡献。某公共因子对所有原变量载荷的平方和反映该公共因子对所有原始变量方差的解释能力，等于因子载荷矩阵中某一列载荷的平方和。一个因子的方差贡献越大，说明该因子就越重要。

对影响功率预测的潜在因素进行因子分析，其关键是以较少的几个因子反映原始数据的大部分信息。假设有 p 个气象因子，即 p 个可观测的显在变量，每个变量有 n 个观测值，公共变量为 q 个，经过归一化后的原始变量矩阵为 $\boldsymbol{X}$：

$$\boldsymbol{X}=\begin{bmatrix} x_1 \\ x_2 \\ \vdots \\ x_{\mathrm{p}} \end{bmatrix}, E(\boldsymbol{X})=0, COV(\boldsymbol{X})=\sum \tag{5-10}$$

式中　$E(\boldsymbol{X})$——$\boldsymbol{X}$ 的均值；

$COV(\boldsymbol{X})$——$\boldsymbol{X}$ 的协方差。

因子分析需要首先计算 $\boldsymbol{X}$ 的相关系数矩阵 $\boldsymbol{R}$。$\boldsymbol{R}$ 用来描述原始变量之间的相关关系，帮助判断原始变量之间是否存在相关性，若相关性较弱，则没有做因子分析的必要。反之，则假设公共因子变量矩阵 $\boldsymbol{F}$ 和特殊因子矩阵 $\boldsymbol{\Xi}$ 如下：

$$\boldsymbol{F}=\begin{bmatrix} F_1 \\ F_2 \\ \vdots \\ F_{\mathrm{q}} \end{bmatrix}, E(\boldsymbol{F})=0, D(\boldsymbol{F})=I \tag{5-11}$$

式中　$E(\boldsymbol{F})$——$\boldsymbol{F}$ 的均值；

$D(\boldsymbol{F})$——$\boldsymbol{F}$ 的方差。

$$\boldsymbol{\Xi}=\begin{bmatrix} e_1 \\ e_2 \\ \vdots \\ e_{\mathrm{p}} \end{bmatrix}, E(\boldsymbol{\Xi})=0, D(\boldsymbol{\Xi})=\mathrm{diag}(\sigma_1^2,\sigma_2^2,\cdots,\sigma_{\mathrm{p}}^2), COV(\boldsymbol{F},\boldsymbol{\Xi})=0 \tag{5-12}$$

以上 $E(\cdot)$ 为期望，$D(\cdot)$ 为方差，$COV(\cdot)$ 为协方差，$\mathrm{diag}(\cdot)$ 对角矩阵。

假设

$$\boldsymbol{X}=\boldsymbol{AF}+\boldsymbol{E} \tag{5-13}$$

式中 $\boldsymbol{A}$——因子载荷矩阵，$\boldsymbol{A}=\begin{bmatrix} a_{11} & a_{12} & \cdots & a_{1q} \\ a_{21} & a_{22} & \cdots & a_{2q} \\ \vdots & \vdots & \cdots & \vdots \\ a_{p1} & a_{p2} & \cdots & a_{pq} \end{bmatrix}$，并且称 a_{ij} 为第 i 个变量在第 j 个公共因子上的载荷，反映了第 i 个变量在第 j 个公共因子上的相对重要性。可以证明因子载荷 a_{ij} 为第 i 个变量 x_i 在第 j 个公共因子 F_j 的相关系数，即反映了变量与公共因子的关系密切程度，a_{ij} 越大，表明公共因子 F_j 与变量 x_i 的线性关系越密切。

因子载荷矩阵中各行元素的平方和：

$$\begin{aligned} h_1^2 &= a_{11}^2+a_{12}^2+\cdots+a_{1q}^2 \\ h_2^2 &= a_{21}^2+a_{22}^2+\cdots+a_{2q}^2 \\ &\vdots \\ h_p^2 &= a_{p1}^2+a_{p2}^2+\cdots+a_{pq}^2 \end{aligned} \tag{5-14}$$

式中 h_1^2、h_2^2、…、h_p^2——变量 x_1、x_2、…、x_p 的共同度，它表示 q 个公共因子 F_1、F_2、…、F_q 对变量 x_i 的方差贡献，变量共同度的最大值为 1，值越接近于 1，说明该变量所包含的原始信息被公共因子所解释的部分越大，用 q 个公共因子描述变量 x_i 就越有效；而当值接近于 0 时，说明公共因子对变量的影响很小，主要由特殊因子来描述。

因子载荷矩阵中各列元素的平方和：

$$\begin{aligned} g_1 &= a_{11}^2+a_{21}^2+\cdots+a_{p1}^2 \\ g_2 &= a_{12}^2+a_{22}^2+\cdots+a_{p2}^2 \\ &\vdots \\ g_q &= a_{1q}^2+a_{2q}^2+\cdots+a_{pq}^2 \end{aligned} \tag{5-15}$$

式中 g_1、g_2、…、g_q——公共因子 F_1、F_2、…、F_q 的方差贡献。

定义 F_j 的贡献率为：

$$R_j=\frac{g_j}{p},j=1,2,\cdots,q \tag{5-16}$$

式中 R_j——衡量各个公共因子相对重要程度的一个指标，方差贡献率越大，该因子就越重要。

因子载荷矩阵 $\boldsymbol{A}$ 的计算是进行因子分析的关键。$\boldsymbol{A}$ 的求法很多，常用的为主成分法，利用相关系数矩阵 $\boldsymbol{R}$ 的单位特征根 λ 与特征向量 $\boldsymbol{U}$ 来构造因子载荷矩阵 $\boldsymbol{A}$ 的估计为：

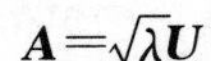

$$A=\sqrt{\lambda}U \tag{5-17}$$

因子分析的目的是将多个变量简化为数量较少的因子，以便进行下一步的分析，所以一般来说，公共因子的个数 q 要不大于变量的个数 p，而且 q 越小越好，当 p 与 q 的差异较大时，便能将高维空间的问题降至低维空间进行处理。在实际问题中，q 的数值通常可以采用不同的方法加以确定。如根据累计方差贡献率不小于85%确定，或者根据大于1的特征根来确定。

当获得公共因子和因子载荷后，我们可以进一步计算每一个样本点在每一公共因子上的得分，从而对样本点进行评价、排序、比较和分类。计算因子得分先要根据因子分析建立每个因子的回归方程，然后以原始变量为回归目标，求出因子分数。一般常用的方法有回归法、巴特利特方法和 Anderson-Rubin 法等。估计因子得分函数的常用方法是回归法，因子的得分估计为：

$$\hat{F}'=\boldsymbol{X}\boldsymbol{R}^{-1}\boldsymbol{A}$$

综上所述，利用因子分析对短期预测输入元素进行重构的主要步骤为：

（1）原始数据标准化。

（2）建立相关系数矩阵 $\boldsymbol{R}$，求 $\boldsymbol{R}$ 的单位特征根 λ 与特征向量 $\boldsymbol{U}$。

（3）根据 $\boldsymbol{A}=\sqrt{\lambda}\boldsymbol{U}$ 求因子载荷矩阵 $\boldsymbol{A}$。

（4）建立因子模型 $\boldsymbol{X}=\boldsymbol{AF}+\boldsymbol{E}$。

（5）计算因子得分。

3. 统计学习

统计学习的目的是建立输入影响因子与风电场输出功率之间的对应关系，根据应用场景和应用数据，可以采用多种方法。下面就常用的多项式拟合、多元回归、神经网络进行介绍。

（1）多项式拟合。当模型输入因子为单个的时候，可以采用多项式拟合建立因子与功率输出之间的关系。多项式拟合又称为函数逼近，是求近似函数的一种数值方法。多项式拟合的主要作用是寻找一个多项式函数 $y=p(x)$，使得训练样本集的拟合值与实测值在某种准则下最接近，一般采用的准则为离差平方和最小，多采用最小二乘法进行估计。

多项式拟合的一般方法可归纳为以下几步：

1）根据数据散点图初步确定拟合多项式的阶数 n。

2）利用最小二乘法率定多项式系数 a_0，a_1，…，a_n。

3）求出拟合多项式 $p_n(x)=\sum_{k=0}^{n}a_k x^k$。

当有多个输入因子的时候，多项式拟合就不足以用来学习输入因子与功率输出之间的关系，这时常采用的方法为多元回归与人工神经网络。

（2）多元回归。假设风电场输出功率为随机变量 y，影响 y 的因子有 x_1，x_2，…，x_p，则线性回归模型为：

$$y=\beta_0+\beta_1x_1+\beta_2x_2+\cdots+\beta_px_p+\varepsilon$$

写成矩阵形式为： $\boldsymbol{y}=\boldsymbol{X\beta}+\boldsymbol{\varepsilon}$

其中

$$\boldsymbol{y}=\begin{bmatrix}y_1\\y_2\\\vdots\\y_n\end{bmatrix},\ \boldsymbol{X}=\begin{bmatrix}1 & x_{11} & x_{12} & \cdots & x_{1p}\\1 & x_{21} & x_{22} & \cdots & x_{2p}\\\vdots & \vdots & \vdots & \cdots & \vdots\\1 & x_{n1} & x_{n2} & \cdots & x_{np}\end{bmatrix},\ \boldsymbol{\beta}=\begin{bmatrix}\beta_0\\\beta_1\\\vdots\\\beta_p\end{bmatrix},\ \boldsymbol{\varepsilon}=\begin{bmatrix}\varepsilon_1\\\varepsilon_2\\\vdots\\\varepsilon_n\end{bmatrix} \tag{5-18}$$

解释变量 x_1，x_2，…，x_p 是确定性变量，不是随机变量，样本容量的个数应大于解释变量的个数，$\boldsymbol{X}$ 是一满秩矩阵。同时要求随机误差项均值为 0、方差为常数，即：

$$\begin{cases}E(\varepsilon_i)=0,i=1,2,\cdots,n\\COV(\varepsilon_i,\varepsilon_j)=\begin{cases}\sigma^2,i=j\\0,i\neq j\end{cases},i,j=1,2,\cdots,n\end{cases} \tag{5-19}$$

$E(\varepsilon_i)=0$，即假设观测值没有系统误差，随机误差 ε_i 的平均值为 0；随机误差 ε_i 的协方差为 0 表明随机误差项在不同的样本点之间是不相关的，不存在序列相关，并且具有相同的精度，经过因子分析处理的输入因子可以达到要求。正态分布的假定条件为：$\varepsilon\sim N(0,\sigma^2I_n)$。由该假定和多元正态分布的性质可知，随机变量 y 服从 n 维正态分布，$y\sim N(X\beta,\sigma^2I_n)$。回归系数 β 的估计值 $\hat{\beta}$ 可以由常用的最小二乘法或者极大似然估计法给出。

采用多元回归进行短期功率预测，预测结果为电场短期出力期望值的估计。需要注意的是，由于功率与输入因子之间并不一定呈线性关系，可以将输入因子或者功率进行变换后再利用多元回归进行建模，如 x_i 可以为某原始输入因子的平方，y 可以为功率的自然对数等，这样可以利用多元回归对非线性关系进行学习。

（3）神经网络。人工神经网络（Artificial Neural Networks，ANN）是一种模仿动物神经网络行为特征进行分布式并行信息处理的数学模型。人工神经网络模型主要考虑神经元的特征、网络连接的拓扑结构、学习规则等。神经网络通过调整内部大量节点之间相互连接的关系，从而达到处理信息的目的。人工神经网络具有自适应学习的能力，是对动态的、复杂的、非线性的数据进行分析的有效手段。

神经元是构成神经网络的最基本单元，对于每一个人工神经元来说，它可以接受一组来自系统中其他神经元的输入信号，每个输入对应一个权，所有输入的加权和决定该神经元的激活状态。这里，每个权就相当于突触的“联接强度”。设人工神经元 i 的 n 个输入分别用 x_1，x_2，…，x_n 表示，它们对应的联接权值依次为 ω_{i1}，ω_{i2}，…，ω_{in}，用 net 来表示该神经元所获得的输入信号的累积效果，称为网络输入。

$$net_i=\sum_j w_{ij}x_j+b \tag{5-20}$$

神经元在获得网络输入后，它应该给出适当的输出。按照生物神经元的特性，每个神经元有一个阈值，当该神经元所获得的输入信号的累积效果超过阈值时，它处于激发

态；否则，应该处于抵制态。为了使系统有更宽的适用面，希望人工神经元有一个一般的变换函数，用来对该神经元所获得的网络输入进行变换，这就是激活函数，也可称为激励函数或者转换函数。用 f 表示：

$$y_{\mathrm{i}}=f(net_{\mathrm{i}}) \tag{5-21}$$

式中　y_{i}——该神经元的输出。

由此式可以看出，函数 f 同时也用来将神经元的输出进行放大处理或限制在一个适当的范围内。典型的激活函数有符号函数、阶跃函数、S 型函数等。

将大量的神经元进行联接可构成人工神经网络。神经元之间的连接方式不同，可得到不同的神经网络，根据联接方式不同，我们可以简单将神经网络分为两大类：无反馈的前向神经网络和相互连接型网络（包括反馈网络），前向神经网络和反馈型神经网络分别如图 5－10 和图 5－11 所示，用圆圈简单表示图中的神经元。前向神经网络分为输入层、隐含层和输出层，各个层所含神经元数量可以不同。隐含层可以有若干层，每一层的神经元只接收前一层神经元的输出。而相互连接型网络的神经元相互之间都可能有连接，因此，输入信号要在神经元之间反复往返传递，从某一初态开始，经过若干次变化，渐渐趋于某一稳定状态或进入周期振荡等其他状态。

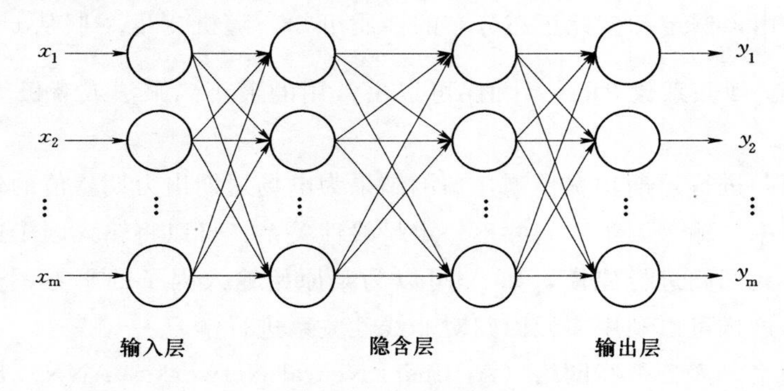

图 5－10　前向神经网络

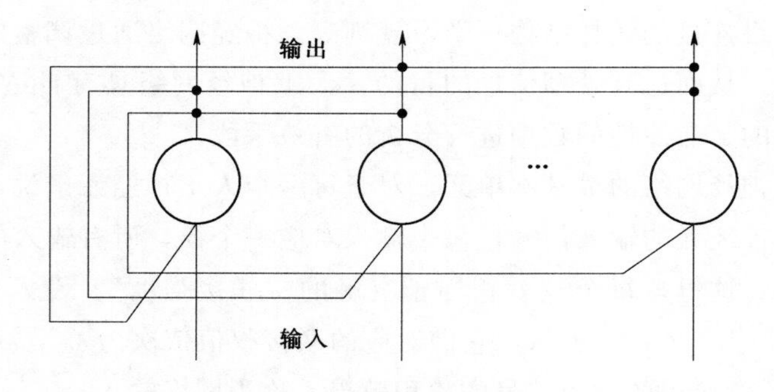

图 5－11　反馈型神经网络

各神经元之间连接强度是由神经网络内部加权系数决定的，加权系数决定了信号传递的强弱，信号可以起刺激作用也可以起抑制作用，而且加权系数可以随着训练进行改变。这些特征使得人工神经网络具有高度的灵活性。

神经网络的学习过程是修改加权系数的过程，使其输出接近或达到期望值。学习算法是神经网络的主要特征，也是当前研究的主要课题。神经网络学习算法很多，常用的有 Hebb 学习算法、Widrow-Hoff 学习算法、反向传播（Back Propagation）学习算法、Hofield 反馈神经网络学习算法、竞争（Competitive）学习算法、按照自适应谐振理论构成自组织神经网络学习算法等。

神经网络的学习方式可分为无导师学习和有导师学习。无导师学习又称为非监督学习（Unsupervised Learning），它不需要目标，其训练集中只含一些输入向量，训练算法致力于修改权值矩阵，以使网络对一个输入能够给出相应的输出，即相似的输入向量可以得到相似的输出向量，Hebb 学习规则是最早被提出的无导师学习算法。有导师学习又称为监督学习（Supervised Learning），要求用户在给出输入向量的同时，还必须同时给出对应的理想输出向量（期望输出）。有导师训练算法中，最为重要、应用最普遍的是 Delta 学习规则（纠错学习规则）。

4. 模型检验

模型检验是使用统计方法进行功率预测建模过程中的一项重要环节。在已有实测数据及模型输出数据的前提下，通过比较模型输出和实测数据，对模型有效性进行定量分析，如果模型输出与实测数据类似，则认为该模型有效。

模型检验主要包括理论模型有效性确认、数据有效性确认和运行有效性确认三个部分。理论模型有效性确认主要检验模型的理论依据、假设条件的正确性和模型结构的合理性，检验可以采用统计方法实现；数据有效性确认包括对模型中关键变量、关键参数及随机变量的检查，保证模型在建立、评估、实验过程中所用的数据充分准确；运行有效性确认是对模型输出结果的精度进行计算和评估。

5.5 短期光伏发电功率预测

根据建模方法和建模原理，短期光伏发电功率预测模型主要分为物理方法和统计方法两种。物理方法主要利用气象要素数值天气预报，基于光伏发电原理及光伏电站结构，对其各组成部分的转化效率进行建模。统计方法则基于历史气象数据和光伏电站运行数据，直接建立预测模型输入因子与光伏电站发电功率之间的关系。

5.5.1 物理方法

影响光伏电站输出功率的因素有太阳辐射、光电转换效率、逆变器转换效率及其他损耗。

光伏组件倾斜面上的总辐射可以通过水平面太阳辐射、组件的经纬度、安装倾角等计算得到。光伏组件转换效率是衡量组件将太阳能转换为电能的能力。实际运行中，太阳辐射与光伏组件发电功率呈近似线性关系。在一定温度范围内，光伏组件温度升高会降低光电转化效率，一般采用负温度系数来表示。光伏逆变器效率是指逆变器输出交流

电功率与输入直流功率的比例，逆变器瞬时效率变化对功率预测误差影响较小，可以用预测结果后校正的方法消除该影响。而组件的匹配度、组件表面积灰、线损等因素对光伏发电效率的影响，一般可以根据电站具体情况估算折损系数。

光伏发电功率预测的物理方法主要步骤如下：

(1) 搜集光伏电站地理信息、光伏组件安装面积、安装方式、光伏组件参数、逆变器参数等信息。

(2) 利用 NWP 预报水平面辐射、温度等气象要素。

(3) 结合光伏组件安装方式和水平面辐射，计算光伏组件入射短波辐射。

(4) 根据环境温度，计算组件转化效率的温度修正系数。

(5) 基于光伏组件总面积、倾斜面辐射、光伏组件转化效率、逆变器效率计算光伏发电功率，估算线损，修正光伏发电功率预报。

基于物理方法的短期光伏发电功率预测算法如图 5-12 所示。

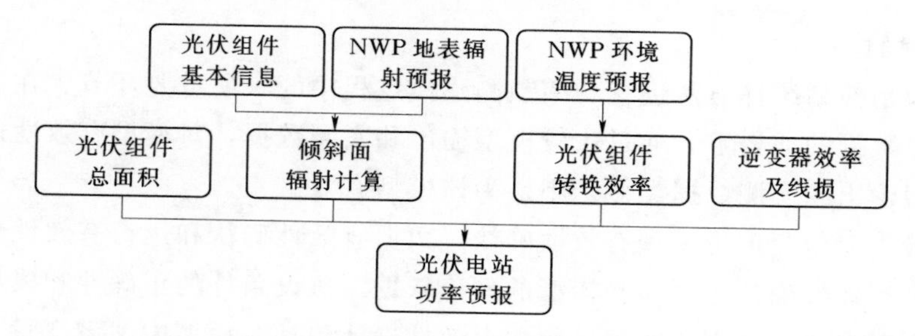

图 5-12　基于物理方法的短期光伏发电功率预测算法示意图

下面介绍光伏发电功率预测物理方法中的一些关键环节。

1. 组件转换效率温度修正系数

太阳能组件在一定温度范围内，随着温度的上升，短路电流略微上升，开路电压显著减小，转换效率降低，组件的电压-电流特性和温度-输出功率特性如图 5-13 所示。

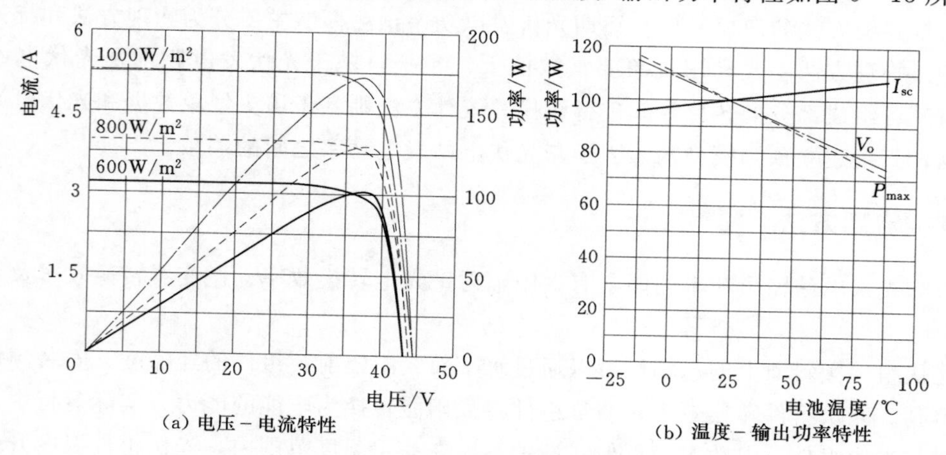

图 5-13　组件的电压-电流特性和温度-输出功率特性

功率的降低程度与温度上升量呈现负线性关系，温度每升高1℃带来的功率变化百分比称之为温度系数。温度系数一般为负，不同的光伏电池，温度系数也不一样，温度系数是光伏电池性能的评判指标之一。组件转换效率温度修正系数 η_T 可表示为

$$\eta_T = 1 + \psi\Delta t \tag{5-22}$$

式中　ψ——峰值功率温度系数，按组件性能参数值，一般为－0.28～－0.32%/K，K为温度单位“开尔文”；

Δt——标准温差，即为组件的运行温度 T 与25℃的差值。

组件的运行温度可以按如下公式估算

$$T = T_{air} + \frac{(NOCT - 20℃)E_{tot}}{800\text{W/m}^2} \tag{5-23}$$

式中　T_{air}——环境温度,℃；

$NOCT$——组件的额定工作温度,℃，由光伏组件厂家给出；

E_{tot}——有效太阳总辐照强度，W/m²，近似等于太阳总辐照强度。

2. 倾斜面上的太阳总辐射量计算

在光伏发电功率预测中，需要计算光伏组件倾斜面上的太阳总辐射。倾斜面上太阳总辐射主要由直射辐射、散射辐射和反射辐射三部分组成，其中反射辐射值较小，一般可以忽略不计。

倾斜面上的直接辐射分量由水平面上直接辐射分量、电站所处地理位置与光伏组件安装倾角决定，其计算公式如下：

$$H_{BT} = H_B \frac{\cos(\phi-\beta)\times\cos\delta\times\sin(\omega_{ST}) + \frac{\pi}{180°}\times\omega_{ST}\times\sin(\phi-\beta)\times\sin\delta}{\cos\phi\times\cos\delta\times\sin\omega_s + \frac{\pi}{180°}\times\omega_s\times\sin\phi\times\sin\delta} \tag{5-24}$$

式中　ϕ——当地纬度，(°)；

β——光伏阵列倾角，(°)；

δ——太阳赤纬，(°)；

ω_s——水平面上日落时角，(°)；

ω_{ST}——倾斜面上日落时角，(°)；

H_B——水平面上太阳直接辐照度，W/m²。

太阳赤纬 δ 按照下面的公式计算：

$$\delta = 23.45°\times\sin\left[\frac{360}{365}\times(284+n)\right] \tag{5-25}$$

式中　n——1年中的日期序号（如1月1日为 $n=1$，1月2日为 $n=2$，…，取值范围1～365）。

水平面上日落时角 ω_s 由下面的公式计算：

$$\omega_s = \cos^{-1}(-\tan\phi\times\tan\delta) \tag{5-26}$$

式中　ϕ——当地纬度，(°)；

δ——太阳赤纬，(°)。

斜面上日落时角 ω_{ST} 可按下式计算：

$$\omega_{ST}=\min\{\omega_s,\cos^{-1}[\tan(\phi-\beta)\times\tan\delta]\} \tag{5-27}$$

式中　ω_s——水平面上日落时角，(°)；

ϕ——当地纬度，(°)；

δ——太阳赤纬，(°)；

β——光伏阵列倾角，(°)。

水平面上太阳直接辐照度 H_B 由下面计算得到：

$$H_B=H_z\times\sin\alpha \tag{5-28}$$

式中　H_z——法向太阳直接辐照度，W/m^2；

α——太阳高度角，(°)。

由此，可以计算水平面上散射辐照度 H_d：

$$H_d\approx H-H_B \tag{5-29}$$

式中　H——水平面上总辐照度，W/m^2。

倾斜面散射辐射分量 H_{dT} 按照下式计算：

$$H_{dT}=\frac{H_d}{2}\times(1+\cos\beta) \tag{5-30}$$

式中　H_d——水平面上散射辐照度，W/m^2；

β——光伏阵列倾角，(°)。

最终，倾斜面上太阳总辐照强度 S 由下式计算得到：

$$S=H_{BT}+H_{dT} \tag{5-31}$$

3. 光伏发电功率计算

光伏发电输出功率为倾斜面太阳总辐射、组件安装面积、组件转换效率、温度修正系数、逆变器效率和线损修正的乘积，其计算公式如下：

$$Nel=SA\eta\eta_T\eta_n\eta_l\times10^{-3} \tag{5-32}$$

式中　Nel——光伏发电系统逆变器后交流输出功率，kW；

S——倾斜面太阳总辐射，W/m^2；

A——组件安装面积，m^2；

η——组件转换效率，是太阳能光伏组件将太阳能转换成电能的能力，一般由太阳能电池生产厂家提供；

η_T——组件转换效率温度修正系数，其与温度变化成反比，一般由太阳能电池生产厂家提供；

η_n——逆变器效率系数，由逆变器生产厂家提供；

η_l——线路损失修正系数，根据运行经验一般取 0.99。

5.5.2　统计方法

与短期风力发电功率预测相似，短期光伏发电功率预测也可以基于历史气象资料和

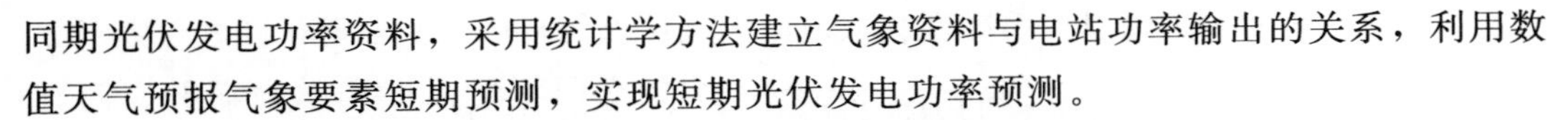

同期光伏发电功率资料，采用统计学方法建立气象资料与电站功率输出的关系，利用数值天气预报气象要素短期预测，实现短期光伏发电功率预测。

在我国不同地区气候环境存在差异，使得影响太阳辐射的主要因子也各不相同。西北、华北地区春季需要着重考虑沙尘的影响，东北冬季需要注意积雪覆盖，而南方地区需要注意冬季雾霾的遮挡作用。因此需要对影响太阳辐射和光伏发电功率的因子进行诊断分析，提取影响功率输出的主要影响因子。

由于受到诸多因素的影响，光伏电站发电功率是非平稳的随机序列，但同时又呈现出明显的周期性变化，因此，利用相似日预报法和天气型分类预报法也可以实现光伏发电功率短期预测。

5.5.2.1 相似日预报法

相似日预报法是选用决定全天气象状况的主要气象要素，例如日平均温度、最高气温、最低气温及日天气类型等作为模型的输入，制定相似度计算方法，并确定相似度的阈值来筛选与预测日相似的气象数据，利用统计学习算法进行发电功率的计算，实现光伏发电功率的短期预测。

该方法的关键步骤为相似度计算，光伏发电功率的影响因素构成如下向量：

$$Y(t)=[y_1(t),y_2(t),\cdots,y_n(t)] \tag{5-33}$$

假设 Y_P 为待预测日向量，Y_N 表示某一日历史数据，影响向量 Y_P 与 Y_N 在第 j 个因素的关联系数为

$$\varepsilon_N(j)=\frac{\min\limits_T \min\limits_k |Y_P(k)-Y_T(k)|+\rho \max\limits_T \max\limits_k |Y_P(k)-Y_T(k)|}{|Y_P(j)-Y_N(j)|+\rho \max\limits_T \max\limits_k |Y_P(k)-Y_T(k)|} \tag{5-34}$$

式中 T——历史日标记，$T\geqslant 0$；

k——k 的取值范围为 $1\leqslant k\leqslant n$；

ρ——分辨系数，其值一般取 0.5。

综合各点的关联系数，定义整个 Y_P 与 Y_N 的相似度为

$$F_N=\prod_{k=1}^{n}\varepsilon_N(k) \tag{5-35}$$

采用这种相似度算法，可简单、自动地识别主导因素，并解决各因素权重设定问题。

选择第 i 个相似日的具体步骤为：

(1) 从最临近历史日开始，逆向逐日计算第 j 日与第 i 日的相似度值。

(2) 选取最近一段时间中相似度最高的 m 日或者相似度 $F_N\geqslant r$（r 为一定的数值）的 m 日作为第 N 日的相似日。

5.5.2.2 天气型分类预报法

历史辐射数据统计表明，在同一个地方、同类型的天气状况下，临近日地表辐射与

大气层外切平面的太阳辐射关系高度相似。而大气层外切平面太阳辐射强度只与大气上界的太阳辐射强度和太阳辐射方向有关，这些都可以通过天文学有关公式计算得到。若我们知道地表辐射强度与大气层外切平面的太阳辐射强度之间的关系式，就可以实时推算出地表辐射强度。以历史辐射数据为基础，采用统计方法对地表辐射进行建模，再配以辐射功率转化模型，可以建立短期光伏发电功率预报模型，光伏电站短期功率预测算法如图 5-14 所示。

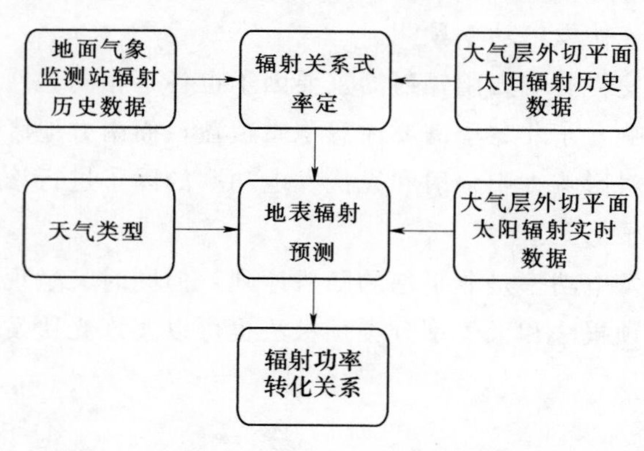

图 5-14　光伏电站短期功率预测算法示意图

1. 大气层外切平面太阳辐射强度计算

在地球大气层上界平均日地距离处，垂直于太阳光方向单位面积上的太阳辐射能基本是一个常数，称之为太阳常数（I_{sc}），其值约为 1367W/m²。不同时间到达大气层上界的太阳辐射强度，可通过实际日地距离对太阳常数的修正来表示

$$I_0 = I_{sc}[1+0.033\cos(360°N/365)] \tag{5-36}$$

式中　I_0——大气层上界的太阳辐射强度；

N——积日，即此日在年内的顺序号。

大气层外切平面所接受的太阳辐射能，除与太阳辐射强度有关外，还与太阳辐射的方向有关。

$$I = I_0\cos\theta \tag{5-37}$$

$$\cos\theta = \sin\delta\sin\varphi + \cos\delta\cos\varphi\cos\tau \tag{5-38}$$

$$\delta = 23.45°\sin[360°(284+N)/365] \tag{5-39}$$

式中　I——大气层外切平面的太阳辐射强度；

θ——太阳天顶角；

δ——太阳赤纬角；

φ——当地的地理纬度；

τ——太阳时角；

N——积日。

太阳时角 τ 的计算式：

$$\tau = (S+F/60-12)\times 15 \tag{5-40}$$

式中　S，F——真太阳时的小时数和分钟数。

在我国，真太阳时与北京时的换算公式为

$$真太阳时=北京时-\frac{120-当地纬度}{15}+E \tag{5-41}$$

$$E=9.87\sin\left[\frac{720(N-81)}{364}\right]-7.53\cos\left[\frac{360(N-81)}{364}\right]-1.5\sin\left[\frac{360(N-81)}{364}\right] \tag{5-42}$$

式中 E——地球绕太阳公转时运动和转速变化而产生的时差，min。

时角 τ 以太阳正午时刻为 0，顺时针方向（下午）为正，反之为负。

结合式（5-36）～式（5-42），即可计算大气层外切平面各个时间的太阳辐射量。

2. 地表辐射预测建模

大气层外切平面的瞬时太阳辐射数据与光伏电站近地面辐射数据一般符合二次曲线关系，据此通过多项式拟合的方法建立辐射关系式：

$$y=ax^2+bx+c \tag{5-43}$$

式中 y——光伏电站地面辐射强度；

x——外切平面的瞬时太阳辐射强度；

a，b，c——系数，可以采用最小二乘法估计。

图 5-15 为某电站晴空条件下的日变化特征，主要是大气层外切平面太阳辐射与近地面实测辐射数据对比。

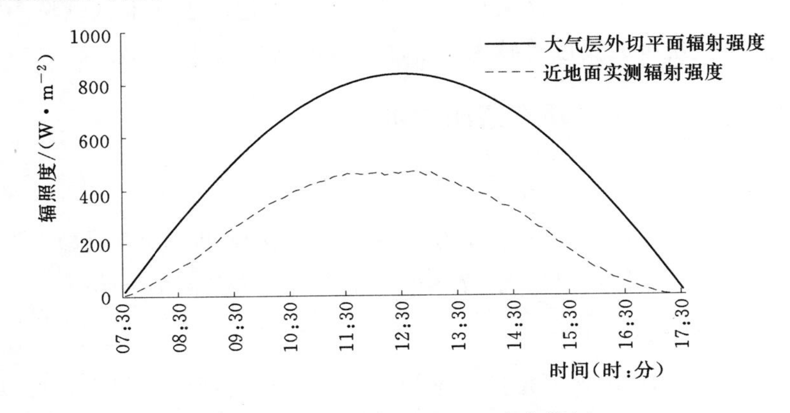

图 5-15 晴空条件下的日变化特征

晴空下的辐射关系式率定如图 5-16 所示，关系式 $y=0.0004x^2+0.2752x-14.071$，就是利用该日的数据率定所得。

每一天日落以后，预测系统自动根据当天近地面辐射数据分布特性，判断当天的天气状况，率定当日的辐射关系式，并替代同种天气类型的关系式。

3. 辐射功率转化模型

辐射功率转化模型是光伏发电功率预测的重要环节，直接关系到最终预测功率结果的输出。实现方法为基于大量的历史实测辐射数据及功率数据，利用回归进行辐射功率转化关系率定。图 5-17 为某光伏电站晴天状态下的辐射功率关系式率定。

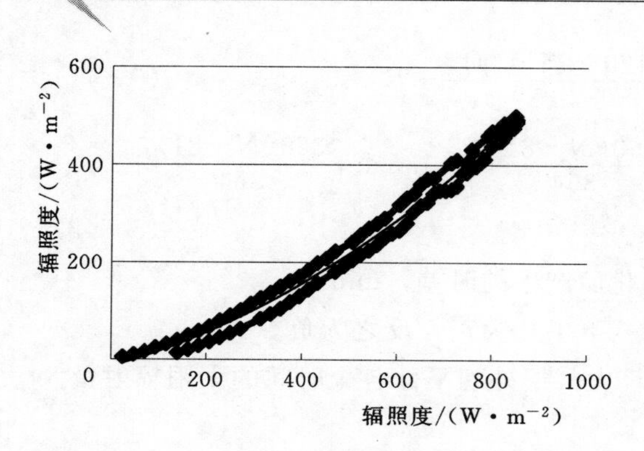

图5-16 晴空下的辐射关系式率定

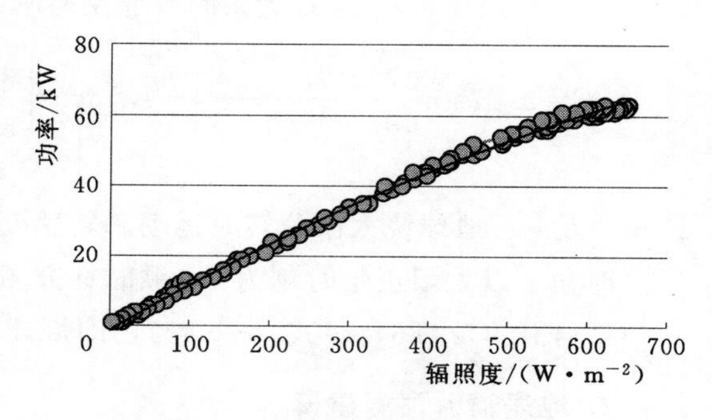

图5-17 辐射功率关系式率定

将地表辐射预报值输入辐射功率关系式，就可以预报未来0～24h的光伏电站发电功率。

5.6 区域短期功率预测

区域短期功率预测主要针对某个区域内的风电场群/光伏电站群进行短期功率预测。区域短期功率预测主要的两种技术路线：一是对区域内所有风电场/光伏电站的功率预测结果进行累加，从而得到区域功率预测结果；二是基于样本风电场/光伏电站的功率预测结果，采用统计升尺度等技术实现区域性电站群的功率预测。

5.6.1 基于累加法的区域功率预测技术

1. 基本思路

累加法是基于区域内所有风电场/光伏电站功率预测结果，加和计算得到区域功率预测结果，其前提是该区域内风电场/光伏电站都具备功率预测的能力。

2. 单站预测技术选择

针对单个风电场/光伏电站的短期功率预测技术，在实现的过程中，可以根据已有的数据条件来选取不同的预测模型，如果在各项数据都齐备的条件下，可以采用多种模型组合预测的方法（见5.7节）进行单站预测。

3. 区域累加

在区域内每个风电场/光伏电站功率预测结果已知的情况下，加和后就可以得到区域预测的结果。

5.6.2 统计升尺度区域功率预测技术

统计升尺度区域预测技术是基于区域内样本电站的功率预测结果推算全区域功率预测值的一种方法。之所以采用统计升尺度方法来进行区域预测，是因为功率预测误差具

有平滑效应，区域装机规模越大，平滑效应越明显。

统计升尺度的方法有很多种，典型的有反距离加权法、相关系数矩阵法。反距离加权法应用于德国太阳能技术研究所（Institute for Solar Energy Supply Technology，ISET）开发的风功率管理系统（Wind Power Management System，WPMS）中，它首先将预测的区域分为若干个网格，针对每一个网格，建立基础数据表，其内容主要包含装机容量、转子半径、轮毂高度、风机位置、风机类型、地表粗糙度、启停机时间等，然后在各风电场的预测功率结果基础上计算每个网格上的功率输出。例如，计算一个有 j 个已知风电场功率预测结果的区域进行预测时，将该区域分为 i 个网格，那么该区域的功率预测值 P_{total} 由每个网格的预测功率值 P_{i} 加和得到，公式如下：

$$P_{\text{total}} = \sum P_{\text{i}} \tag{5-44}$$

每一个网格功率预测值 P_{i} 通过该网格的风电场功率预测值加权后得到，公式如下：

$$P_{\text{i}} = k_{\text{i}} \sum_{j} A_{\text{ij}} P_{\text{j}} \tag{5-45}$$

式中　P_{j}——第 j 个风电场经过装机容量标准化的功率预测值；

k_{i}——标准化后的权重系数，所有权重系数之和为 1。

k_{i} 计算公式为：

$$k_{\text{i}} = \frac{1}{\sum_{i} A_{\text{ij}}} \tag{5-46}$$

其中 A_{ij} 的计算公式如下：

$$A_{\text{ij}} = \exp\left(\frac{-S_{\text{ij}}}{S_0}\right) P_{\text{IP,i}} \tag{5-47}$$

式中　$P_{\text{IP,i}}$——第 i 个网格的总装机容量；

S_{ij}——风电场与该网格之间的距离；

S_0——空间相关系数，通过参数估计可以得到。

相关系数矩阵法的基本步骤是先基于相关系数矩阵算法，对单站实测数据与区域实测数据进行相关性分析，同时以单站预测精度为依据，优选区域内的样本电站，基于样本单站预测结果运用统计学习模型，实现区域功率预测，区域预测统计升尺度算法如图 5-18 所示。

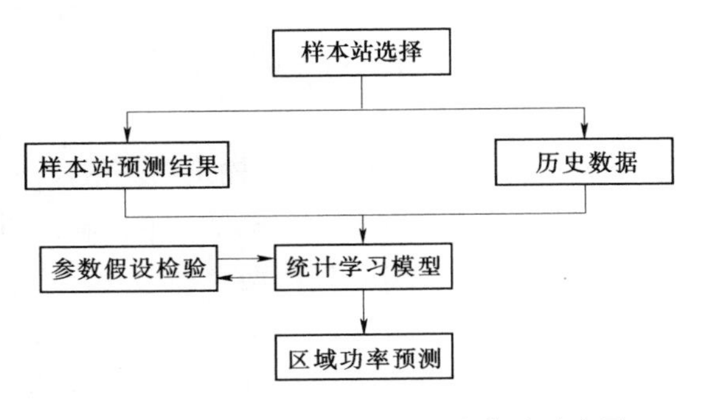

图 5-18　区域预测统计升尺度算法示意图

由于单站功率预测质量参差不齐，为避免单站预测误差影响区域预测结果，在运用统计升尺度方法进行预测之前，以单站与区域输出功率的相关性和单站预测质量为依据，选择合适的样本电站，具体步骤如下：

计算各个电站输出功率与区域输出功率的相关性系数矩阵，相关系数计算公式见式(5-48)，选取相关性高的电站作为初选样本场站。

$$R_{FA}=\frac{\sum_{t=1}^{n}[(P_{Ft}-\overline{P_F})(P_{At}-\overline{P_A})]}{\sqrt{\sum_{t=1}^{n}(P_{At}-\overline{P_A})^2\sum_{t=1}^{n}(P_{Ft}-\overline{P_F})^2}} \tag{5-48}$$

式中　R_{FA}——F场站实际的输出功率与区域实际总输出功率的相关系数；

t——时间；

n——数据个数；

P_{Ft}——F电站在t时刻的实际输出功率；

P_{At}——在t时刻的区域实际总输出功率；

$\overline{P_F}$——F电站在时间段内所有实际输出功率样本的平均值；

$\overline{P_A}$——在时间段内区域总实际输出功率样本的平均值。

对历史预测和实测数据进行分析，利用预测相关系数、均方根误差、平均相对误差、上报率等预测精度指标，剔除初选样本电站集中由于预测结果不可靠、预测精度不高的场站。

在选取代表场站的基础上，采用多元回归或者人工神经网络等统计学习模型建立样本电站预测功率与区域预测功率之间的映射关系。

其中多元回归为参数化模型，目标是建立区域功率与代表场站功率之间的线性回归方程，一般采用最小二乘法确定其权重系数，公式如下所示：

$$P=\beta_0+\beta_1P_1+\cdots+\beta_nP_n \tag{5-49}$$

式中　P——区域功率；

β_i——第i个样本电站的权重系数，$i=1$，…，n；

β_0——常数项；

P_i——第i个样本场站的输出功率值，$i=1$，…，n。

人工神经网络是非参数化模型，通过输入历史样本场站的实测功率值和区域实测功率值进行训练后得到升尺度模型。

针对基于相关系数矩阵的统计升尺度方法，以甘肃地区风电场群2013年11—12月全网实测、预测功率为例进行分析，预测RMSE为11.95%，合格率为95.19%，满足现行相关标准。区域短期实测预测对比如图5-19所示，从图5-19可以看出，区域预测功率与实测功率的变化趋势基本一致，且预测曲线的峰谷时间基本与实测一致，预测效果良好。

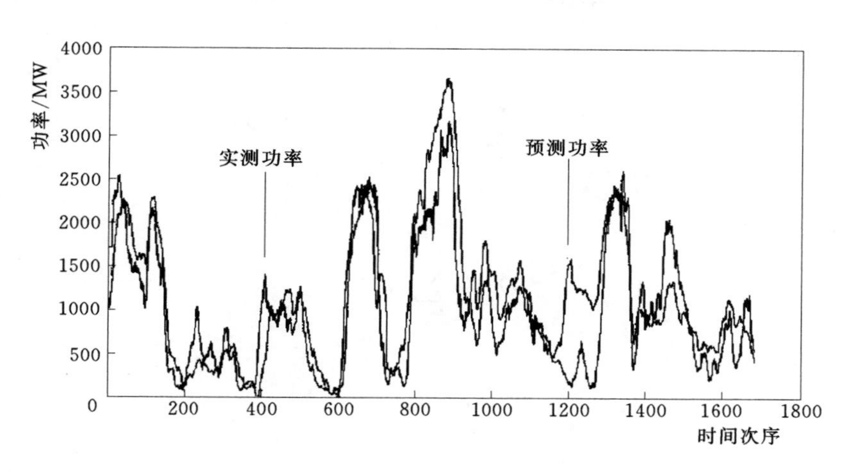

图 5-19 区域短期实测预测对比

5.7 多模型组合预测方法

新能源发电短期功率预测方法众多，在实际应用中，对于相同的预测目标，各种预测方法对于不同的预测场景有着不一样的适应性，将不同的预测方法进行加权组合，可以综合利用各种预测方法所提供的信息，提高预测精度。常用的组合方法有正权组合法和最优加权法。

假设对于同一个电场的短期功率可以有 J 种预测模型（$J>2$），可以产生 J 个预测结果，采用组合预测的关键是确定 J 种预测模型的加权系数。假设 y_{jt} 为第 j 种方法产生的实测功率，f_{jt} 为第 j 种方法产生的预测功率，k_j 为第 j 种方法的加权系数，第 j 种方法的预测误差为 e_{jt}，组合预测方法的预测值为 f_t，预测误差为 e_t，则：

$$e_{jt}=y_{jt}-f_{jt} \tag{5-50}$$

$$f_t=\sum_{j=1}^{J}k_j f_{jt} \tag{5-51}$$

$$\sum_{j=1}^{J}k_j=1 \tag{5-52}$$

$$e_t=y_t-f_t=\sum_{j=1}^{J}k_j e_{jt},j=1,2,\cdots,J;t=1,2,\cdots,N \tag{5-53}$$

常用的加权系数计算方法主要有正权组合法和最优加权法。

5.7.1 正权组合法

正权组合法主要有算术平均法、方差倒数法、均方倒数法、简单加权法等。

1. 算术平均法

$$k_j=\frac{1}{J},j=1,2,\cdots,J \tag{5-54}$$

2. 方差倒数法

$$k_j = D_j^{-1} / \sum_{j=1}^{J} D_j^{-1}, j = 1,2,\cdots,J \tag{5-55}$$

式中　D_j——第 j 个模型的误差平方和。

降序排列，即：

$$D_j = \sum_{t=1}^{N} (e_{jt})^2 \tag{5-56}$$

3. 均方倒数法

$$w_j = D_j^{-1/2} / \sum_{j=1}^{J} D_j^{-1/2}, j = 1,2,\cdots,J \tag{5-57}$$

4. 简单加权法

$$k_j = j / \sum_{j=1}^{J} j = 2j/[J(J+1)], j = 1,2,\cdots,J \tag{5-58}$$

算术平均法的特点是赋予各模型相同的权重，适用于缺乏模型先验信息的情况。这种方法计算简单，且其加权系数自动满足非负条件。方差倒数法、均方倒数法和简单加权法均需要有历史数据积累，其基本思想是根据各模型的功率预测误差平方和来评估模型精度，精度越高的模型赋予越高的权重。

5.7.2　最优加权法

最优加权法一般基于各功率预测模型的预测精度，构造组合预测模型误差目标函数 Q 和约束条件（记为 s.t.），以 Q 值极小化为目标，计算组合模型的加权系数。

最优加权模型的组合权重系数是以下规划问题的解：

$$\begin{cases} \min Q = Q_0(k_1, k_2, \cdots, k_J) \\ \text{s.t.}(\cdots) \end{cases} \tag{5-59}$$

式中　Q——目标函数；

s.t.(…)——该规划问题的约束条件。

常用的约束条件为：

$$\sum_{j=1}^{J} k_j = 1, k_j \geqslant 0, j = 1,2,\cdots,J \tag{5-60}$$

常用的目标函数有误差平方和、平均绝对误差、最大绝对误差等。对于同一个功率预测模型集，选择不同的约束条件和目标函数，计算对应的加权系数，最终生成不同的组合模型。

5.8　短期功率预测不确定性分析

短期功率预测由于受到数值天气预报精度、预测模型适用性、电站运行数据和气象监测数据的准确性、完整性和代表性等各种因素的影响，功率预测结果存在不确定性。常用的功率预测模型只对目标时间段的功率期望值进行预测，不足以全面描述未来功率的多种可能性。功率预测的不确定性分析主要针对功率预测误差进行分析，置信水平 $1-\alpha$ 下的置信区间表示实测功率落在该置信区间的概率为 $1-\alpha$，其中 α 为显著性水平，取值 0～1 之间。置信水平和置信区间相结合可以描述功率预测的可信程度，给定置信水平下置信区间越窄，表明功率预测结果越可信。功率预测的不确定性主要体现在功率预测误差的随机性上，误差分布估计是功率预测不确定性分析的基础，置信区间分析算法如图 5-20 所示。

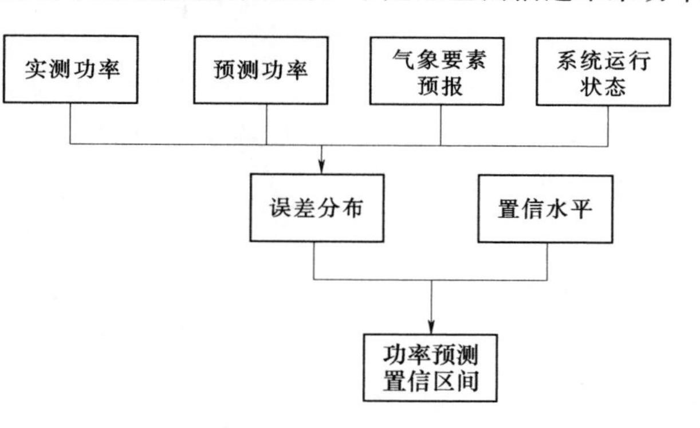

图 5-20　置信区间分析算法示意图

在实际应用中，功率预测的误差在不同场景下表现迥异，为了提高不确定性分析的实用性，首先基于实测功率、预测功率、气象要素预报、系统运行状态等对误差样本进行分类，然后以子类样本为基础进行预测误差分布及置信水平计算。

功率预测误差分布估计主要有参数估计法和非参数估计法。参数估计法需要根据历史数据对功率预测误差分布函数形式进行假设，推算其参数；非参数估计法则不需要对功率预测的误差分布函数进行假设，直接利用经验分布函数、分段核密度函数或分位数估计等方法对功率预测误差分布进行估计。

5.8.1　参数估计法

正态分布是误差分布的常用假设，假设功率预测误差 X 服从正态分布，$X \sim N(\mu, \sigma^2)$，$X_1, X_2, \cdots, X_n$ 是预测误差的一组观测值，设定置信水平为 $1-\alpha$，若 σ^2 已知，而 μ 为未知参数，则 μ 的置信区间为：

$$\left(\overline{X}-u_{\alpha/2}\cdot\frac{\sigma}{\sqrt{n}},\overline{X}+u_{\alpha/2}\cdot\frac{\sigma}{\sqrt{n}}\right) \tag{5-61}$$

若其中 μ，σ^2 未知，此时可用 σ^2 的无偏估计样本方差 S^2 代替 σ^2，构造统计量 $T=\dfrac{\overline{X}-\mu}{S/\sqrt{n}}$，则有：

$$T=\frac{\overline{X}-\mu}{S/\sqrt{n}} \sim t(n-1) \tag{5-62}$$

对给定的置信水平 $1-\alpha$，μ 的置信区间为

$$\left(\overline{X}-t_{\alpha/2}(n-1)\cdot\frac{S}{\sqrt{n}},\overline{X}+t_{\alpha/2}(n-1)\cdot\frac{S}{\sqrt{n}}\right) \tag{5-63}$$

实际应用中，存在很多预测误差不服从正态分布的情形，若功率预测误差 X 不服从正态分布，枢轴量法是置信区间构造的主要方法。假设功率预测误差 X 服从密度函数为 $g(\theta)$ 的分布，θ 为参数，X_1，X_2，…，X_n 是预测误差的一组观测值，设法找到

$$Z=G(X_1,\cdots,X_n;\theta) \tag{5-64}$$

其中，Z 的分布已知，不依赖于任何的未知参数。对于给定的置信水平 $1-\alpha$，寻找常数 $\beta_1<\beta_2$，使得

$$P(\beta_1\leqslant Z\leqslant\beta_2)=1-\alpha \tag{5-65}$$

求解不等式

$$\beta_1\leqslant Z=G(X_1,\cdots,X_n;\theta)\leqslant\beta_2 \tag{5-66}$$

得到

$$\varphi_1(X_1,\cdots,X_n)\leqslant\theta\leqslant\varphi_2(X_1,\cdots,X_n) \tag{5-67}$$

则 $[\varphi_1(X_1,\cdots,X_n),\varphi_2(X_1,\cdots,X_n)]$ 就是 θ 的 $1-\alpha$ 置信区间。

5.8.2　非参数估计法

在实际应用中，功率预测误差通常不能完全用某种分布来描述，故而非参数估计法适用性更强。功率预测误差分布的非参数估计不做关于误差分布形式的假定，对预测系统历史数据要求较少，且可以用于任意分布的估计。常见方法有直方图、核密度估计、K邻近估计、分位数回归等。其中分位数回归法对预测误差的所有分位数进行了估计，因而对数据的异常点具有耐抗性，且可引入不同类型的解释变量以提高功率预测误差分布估计的精度，使得局部样本的条件分布形状多样化。以下对分位数回归方法作简单介绍。

假设，Y 代表功率预测误差的随机变量，X 为功率预测误差的影响因素，有 n 组观测，$\{(Y_i,X_i),i=1,2,\cdots,n\}$，假设 Y 的分布函数为 $F(y)=P(Y\leqslant y)$，则 Y 的 τ 分位数定义为：

$$Q(\tau)=\inf\{y:F(y)\geqslant\tau\} \tag{5-68}$$

式中，$0\leqslant\tau\leqslant1$。

由上式可知，小于分位数函数 $Q(\tau)$ 的功率预测误差比例为 τ，大于分位数函数 $Q(\tau)$ 的功率预测误差比例为 $1-\tau$。定义"检验函数"为：

$$\rho(u)=\tau uI(u>0)+(\tau-1)u[1-I(u>0)] \tag{5-69}$$

式中　$I(u)$ ——指示函数，当 $u>0$ 时，$I(u>0)=1$；当 $u\leqslant0$ 时，$I(u>0)=0$。

一般的，线性条件分位数函数为：$Q(\tau|x)=x'\beta(\tau)$。对于功率预测误差 Y 的一个随机观测 y_1，y_2，…，y_n，τ 分位数的样本分位数线性回归要求满足：

$$\min_{\beta\in R}\sum_i\rho\tau[y_i-x'_i\beta(\tau)] \tag{5-70}$$

通过求解 $\arg\min_{\beta\in R}\sum_i\rho\tau[y_i-x'_i\beta(\tau)]$ 得到参数估计值 $\hat{\beta}(\tau)$，进而估计 τ 的回归分位数。

以我国某风电场2012年短期功率预测的数据为基础，采用分位数回归模型进行误差分析和置信评估。其中，历史实测功率数据取自风电场SCADA系统，历史测风数据来自风电场的测风塔，数据的时间分辨率为15min。

图5-21（a）、图5-21（b）为某日在90%和85%置信水平下的功率预测结果不确定性分析曲线。从图5-21中可以看出，实测功率值大部分位于功率置信区间预测值上下限之间。

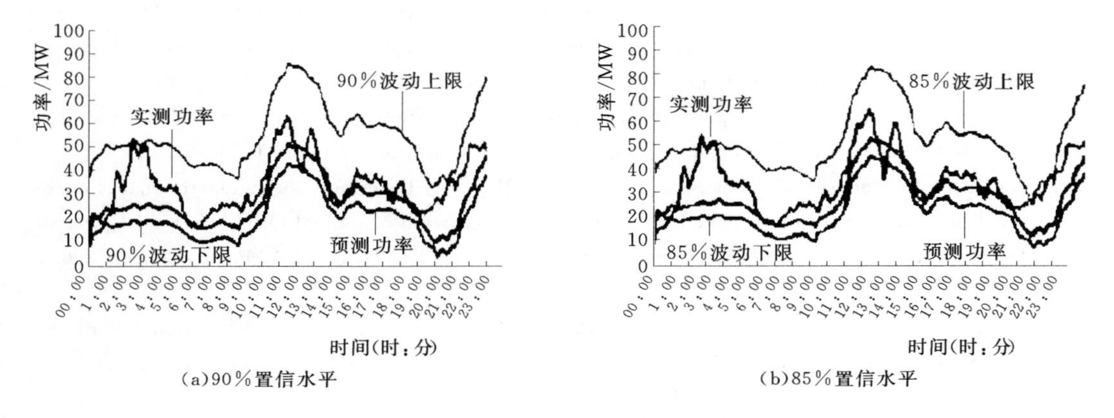

(a)90%置信水平　　(b)85%置信水平

图5-21　功率预测结果不确定性分析曲线

实测样本位于置信区间外的有效性分析见表5-2，超限比例符合置信水平的设定，因此，功率预测模型不确定性分析的偏差比例与设定的置信水平基本一致，验证了模型的有效性。

表5-2　有效性分析

置信水平	单上限超限比例	单下限超限比例	总超限比例
90%	5.51%	4.74%	10.25%
85%	7.92%	6.47%	14.39%

设定$1-\alpha$的置信水平，意味着有$1-\alpha$的实测功率将处于置信带之内，预测值与置信上下界的差距可以给电网备用容量提供重要参考。

参　考　文　献

[1] Ackermann T. Wind power in power system [M]. Chichester, England: John Wiley & Sons, Ltd, 2005.

[2] Agrawal, R., Gehrke, J., Gunopulos, D., et al. Automatic Subspace Clustering of High Dimensional Data [J]. Data Mining and Knowledge Discovery, 2005, 11 (1): 5-33.

[3] Bacher P., Madsen H., Nielsen A.. Online short—term solar power forecasting, Solar Energy, 2009, 83 (10): 1772-1783.

[4] Bailey B., Brower M.C., Zack J.. Short—Term Wind Forecasting Proceedings of the European [C]. Wind Energy Conference, Nice, Frace, 1-5 March 1999: 1062-1065, ISBN1 902916 X.

[5] Bechrakis D. A., Sparis P. D.. Wind speed prediction using artificial neural networks [J]. Wind Engineering, 1998, 22 (6): 287 - 295.

[6] Bernhard L., Kurt R., Bernhard E., et al. Wind power prediction in Germany—recent advances and future challenges [C]. European Wind Energy Conference, Athens, 2006.

[7] Beyer H. G. T., Degner J. H.. Short term prediction of wind speed and power output of a wind turbine with neural networks [C]. European Wind Energy Conference, Thessaloniki, 1994.

[8] GiebelG., Lars L., Joensen A. K., et al. The zephyr - project—the next generation prediction system [C]. Proceedings of Wind Power for the 21st Century, Kassel, Germany, 2000.

[9] Hammer A., Heinemann D., Lorenz E., et al. Short - term forecasting of solar radiation: a statistical approach using satellite data [J]. Solar Energy, 1999, 67 (1 - 3): 139 - 150.

[10] Huth R., Beck C., Philipp A., et al. Classifications of Atmospheric Circulation Patterns: Recent Advances and Applications [J]. Ann. N. Y. Acad. Sci., 2008, 1146: 105 - 152.

[11] Jorgensen J, Moehrlen C, Gallaghoir B O, et al. HIRPOM: Description of an Operational Numerical Wind Power Prediction Model for Large Scale Integration of on and Offshore Wind Power in Denmard. Poster on the Global Windpower Conference and Exhibition [C]. Paris, France, 2002, 2 - 5. on the Proceedings CDROM.

[12] Kassianov E., LongC. N., Ovtchinnikov M.. Cloud Sky Cover versus Cloud Fraction: Whole - Sky Simulations and Observations [J]. Journal of Applied Meteorology, 2004, 44: 86 - 98.

[13] Ledesma, R. D., Valero - Mora, P.. Determining the Number of Factors to Retain in EFA: An easy - to - use computer program for carrying out Parallel Analysis [J]. Practical Assessment Research & Evaluation, 2007, 12 (2): 1 - 11.

[14] Long C. N., Sabburg J. M., CalbóJ., et al. Retrieving Cloud Characteristics from Ground - Based Daytime Color All - Sky Images [J]. Journal of Atmospheric and Oceanic Technology, 2006, 23: 633 - 652.

[15] Pfister G., McKenzie R. L., Liley J. B., et al. Cloud coverage based on all - sky imaging and its impact on surface solar irradiance [J]. Journal of Applied Meteorology, 2003, 42: 1421 - 1434.

[16] Remund, J., Perez R., Lorenz E.. Comparison of solar radiation forecasts for the USA [C]. 2008, European PV Conference, Valencia, Spain.

[17] SánchezI. O., Ravelo J., Usaola C., et al. Sipreólico—a wind power prediction system based on flexible combination of dynamic models application to the Spanish power system [C]. First IEA Joint Action Symposium on Wind Forecasting Techniques, Norrkoping, Sweden, 2002.

[18] The state - of - the - art in short - term prediction of wind power: a literature review [EB/OL], [2010 - 08 - 10], http: // anemos. cma. fr.

[19] 蔡凯，谭伦农，李春林，等．时间序列与神经网络法相结合的短期风速预测 [J]．电网技术，2008，32 (8)：82 - 85.

[20] 陈渭民．卫星气象学 [M]．北京：气象出版社，2003.

[21] 刘永前，韩爽，胡永生．风电场出力短期预报研究综述 [J]．现代电力，2007，(5)：6 - 11.

[22] 牛东晓，范磊磊．风电功率预测方法综述及发展研究 [J]．现代电力，2013，(4)：24 - 28.

[23] 程序，谭志萍．一种光伏电池组件的温度预测方法 [J]．物联网技术，2013，(11)：32 - 33.

[24] NB/T 31046—2013 风电功率预测系统功能规范 [S]．北京：中国电力出版社.

[25] 傅炳珊，陈渭民，马丽．利用 MODTRAN 3 计算我国太阳直接辐射和散射辐射 [J]．南京气象学院学报，2001，24 (1)：51 - 58.

[26] 韩爽．风电场功率短期预测方法研究 [D]．北京：华北电力大学，2008.

[27] 李少远，席裕庚．多模型预测控制的平滑切换 [J]．上海交通大学学报，1999，33 (11)：1345

-1347.

[28] 刘勇洪，权维俊，夏祥鳌，等．基于MODTRAN模式与卫星资料的晴空净太阳辐射模拟，高原气象 [J]. 2008，27 (6)：1410-1415.

[29] 陆渝蓉，高国栋，陈爱玉，等．云对太阳辐射能的减弱作用 [J]. 气象科学，1986，1-4.

[30] 石广玉．大气辐射学 [M]. 北京：科学出版社，2007.

[31] 徐曼，乔颖，鲁宗相．短期风电功率预测误差综合评价方法 [J]. 电力系统自动化，2011，35 (12)：20-26.

[32] 孙春顺，王耀南，李欣然．小时风速的向量自回归模型及应用 [J]. 中国电机工程学报，2008，28 (14)：112-117.

[33] 孙洋，黄广辉，郝晓华．结合极轨卫星MODIS和静止气象卫星MTSAT估算黑河流域地表太阳辐射，遥感技术与应用 [J]. 2011，26 (6)：728-734.

[34] 谈小生，葛成辉．太阳角的计算方法及其在遥感中的应用 [J]. 国土资源遥感，1995，2：1-3.

[35] 王彩霞，鲁宗相，乔颖，等．基于非参数回归模型的短期风电功率预测 [J]. 电力系统自动化，2010，34 (16)：78-82.

[36] 辛渝，王澄海，沈元芳，等．WRF模式对新疆中部地面总辐射预报性能的检验 [J]. 高原气象，2013，32 (5)：1368-1381.

[37] 尹青，张华，何金海．近48年华东地区地面太阳总辐射变化特征和影响因子分析 [J]. 大气与环境光学学报，2011，6 (1)：37-46.

第6章　超短期功率预测技术

风力发电和光伏发电超短期功率预测是指未来15min～4h的功率预测，可为新能源实时调度提供决策支持，也可为新能源电站有功功率控制提供参考。

由于风能和太阳能资源受诸多环境因素影响，风力发电和光伏发电功率超短期预测建模，既要考虑预测对象的时变特点，又需要对其影响因子进行深入分析。超短期预测建模方法一般是基于气象监测数据和电站监控数据，利用统计回归方法或智能算法建立功率超短期预测模型。

本章内容包括超短期功率预测的技术发展、风和太阳辐射的主要超短期变化影响因素分析、风和太阳辐射超短期预测建模、风电和光伏功率转化模型以及预测误差校正技术。

6.1　超短期功率预测技术发展

在丹麦、德国、西班牙等新能源开发利用较为成熟的国家，超短期预测技术在较早时期就得到了研发与应用，随着新能源在我国的大力开发，我国在超短期预测技术上也取得了长足的进步。相对于短期功率预测，超短期预测运用统计方法居多，近年来超短期功率预测技术不断融入了较多人工智能方法以及精细化建模技术，预测方法的丰富也为不同条件下的电站预测提供了更多的解决方案。

6.1.1　风力发电超短期功率预测技术发展

风力发电功率超短期预测方法较多，大体可总结为两类：一类是时序预测方法，该类方法通过找出历史数据在时间上的相关性来进行风电功率预测；一类是智能预测方法，它是根据人工智能方法提取风电功率变化特性，进而进行风电功率预测。此外，随着超短期预测技术在发电运行控制中的不断应用，从需求侧推动了超短期预测技术进步，多模型组合预测方法、基于交叉验证的预测精度优化方法等技术也得到了较大发展。

常用的时序预测方法有卡尔曼滤波法、自回归滑动平均法（ARMA）、指数平滑法等，其中卡尔曼滤波法是利用有限时间内的观测数据进行预测建模，这种方法适用于噪声信号服从高斯分布的情况；ARMA方法可以利用风电场单一风速或功率的时间序列建立预测模型；指数平滑法建立的模型较简单，需要存贮的数据少，预测结果依赖于平滑初值和平滑系数。目前，有学者基于小波分析理论，通过小波分解将风电功率非平稳

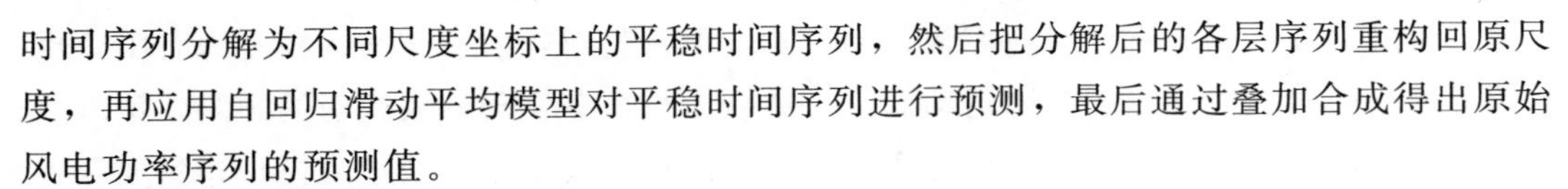

时间序列分解为不同尺度坐标上的平稳时间序列，然后把分解后的各层序列重构回原尺度，再应用自回归滑动平均模型对平稳时间序列进行预测，最后通过叠加合成得出原始风电功率序列的预测值。

常用的智能预测方法有人工神经网络、支持向量机、模糊逻辑法等，其中人工神经网络方法应用最为广泛，具有较强的容错性以及自组织和自适应能力，对非线性问题的求解十分有效，但存在训练速度慢、容易陷入局部极小等缺点。支持向量机具有全局收敛性、样本维数不敏感、不依赖于经验信息等优点，但最佳核变换函数及其相应的参数确定较为复杂。单纯的模糊逻辑法用于风力发电功率预测，效果往往不佳，通常要与其他方法配合使用，如遗传算法、人工神经网络等。近年来，大多学者通过传统人工智能方法结合信号处理和最优化方法对已有预测模型进行更新，也取得了较好的预测效果，例如小波神经网络、模糊神经网络、最小二乘支持向量机、近邻算法等。

在超短期预测技术的实用化方面，德国太阳能技术研究所开发的 WPMS 中包括了基于 ANN 的超短期预测模型，丹麦科技大学开发的 WPPT 使用 AR 预测模型实现风速和功率的预测建模。

由中国电力科学研究院自主研发的我国首套风力发电功率预测系统于 2008 年投入运行，系统利用历史气象数据、风电场数据以及风机数据，通过统计方法建立预测模型，以测风塔数据和数值天气预报作为基础输入，实现风电场超短期功率预测。

6.1.2 光伏发电超短期功率预测技术发展

光伏发电功率超短期预测与风力发电功率超短期预测有较多类似的方法，例如 ARMA 模型、ANN、支持向量机等。但由于风能和太阳能资源变化特征和物理背景不同，对于同样的模型，在因子选取和模型结构设计方面还是有较大区别。目前，光伏发电功率超短期预测研究可分为两类：一类是基于智能算法的预测方法；另一类是基于云图处理的预测方法。

基于智能算法的预测方法主要有 ANN、支持向量机、马尔科夫链、灰色预测等。有学者基于辐照度影响因子分析、相似日选取等提取预测因子然后结合人工神经网络和支持向量机等智能预测方法进行光伏发电功率预测；也有学者不直接进行地面太阳辐射预测，而是基于天气类型分类和支持向量机模型，直接根据气象因子与光伏组件发电原理建立预测模型；马尔科夫链方法用于超短期预测时，样本集足够大的情况下可以得出与实际相当接近的预测值，但与其他方法相比，马尔科夫链预测效果更依赖于原始数据的准确性，而且当转移矩阵的秩很大时，对发电功率的预测将变得无意义；灰色预测模型适用于信息不完整、不确定的情况，其优点是可以用较少的数据对未知系统做出判断，简化预测过程。

云是影响地表辐射衰减的主要因素之一，因此，在光伏发电功率超短期预测中需要对云图进行采集、分析和预测。基于云图处理的超短期预测方法是利用数字图像处理技术对云图进行识别和运动预测，最终结合统计方法建立功率预测模型。近年来，有学者

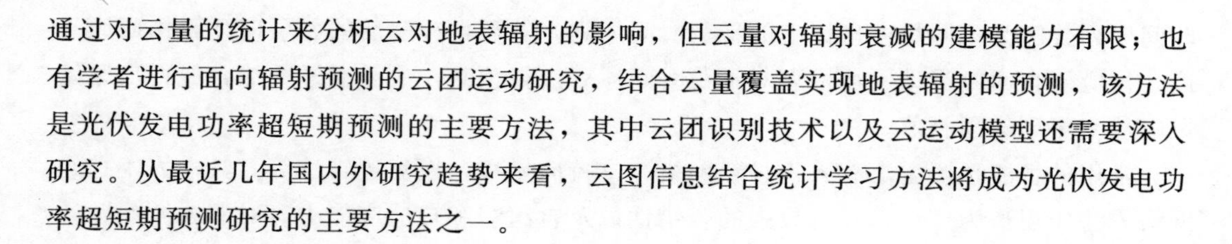

通过对云量的统计来分析云对地表辐射的影响，但云量对辐射衰减的建模能力有限；也有学者进行面向辐射预测的云团运动研究，结合云量覆盖实现地表辐射的预测，该方法是光伏发电功率超短期预测的主要方法，其中云团识别技术以及云运动模型还需要深入研究。从最近几年国内外研究趋势来看，云图信息结合统计学习方法将成为光伏发电功率超短期预测研究的主要方法之一。

6.2　风的超短期变化影响因素

风力发电可以利用的风能主要集中在大气边界层的底层。在这一层次中，由于气流受地面摩擦的影响很大，因而对流、乱流等大气活动相对旺盛，使得风的超短期变化显得紊乱、无序。由此可以发现气压梯度力和大气稳定度对风速、风向的超短期变化具有直接影响，地形、植被、建筑物等静态因素则对底层大气起到摩擦、耗散作用，从而迫使边界层的风向量发生改变。

6.2.1　气压梯度力

由天气动力学基础，大气运动可以通过尺度分析，在一定假设下进行大气质点的运动方程描述。根据牛顿第二定律：

$$F=ma$$

式中　F——物体所受到的各个作用力的总和。

则可得单位质量空气运动方程的一般形式为：

$$\frac{\mathrm{d}\boldsymbol{v}}{\mathrm{d}t}=\boldsymbol{G}+\boldsymbol{A}+\boldsymbol{R}+\boldsymbol{g} \tag{6-1}$$

式中　$\boldsymbol{G}$——气压梯度力，$\boldsymbol{G}=-\Delta P/\Delta N$；

$\boldsymbol{A}$——地转偏向力，$\boldsymbol{A}=2\boldsymbol{\omega}\times\boldsymbol{v}$；

$\boldsymbol{R}$——摩擦力，$R=-k\boldsymbol{v}$；

$\boldsymbol{g}$——重力；

$\boldsymbol{v}$——大气运动的速度。

气压梯度力的变化一般体现在大小、方向两个方面。

由定义可知，$\boldsymbol{G}$ 穿越等压线，由高压指向低压一侧。就风速超短期变化而言，大气环流背景因素可以视为对于未来一定时期风速波动是否剧烈的关键约束。

北半球中高纬度地区常见的天气系统主要有蒙古高压、东北冷涡、锋面和高空槽（脊）等，它们的生成、发展、移动与消亡均伴随着局地气压梯度力的显著变化。一般而言，当某一局部地区处于低压控制或锋面前沿时，由于等压线分布密集、气压梯度大，导致近地层风速剧烈变化。因此，在风的超短期预测时，应考虑气压梯度力、等时间间隔气压变化（变压）在预测建模过程中的应用验证。

6.2.2 大气稳定度

大气稳定度是指叠加在大气背景场上的扰动能否随时间增强的量度，也指空中某大气团由于与周围空气存在密度、温度和流速等的强度差而产生的浮力，使其产生加速度而上升或下降的程度。大气的稳定度对大气湍流具有直接影响，进而影响到大气流场的瞬时变化。

对于风电场而言，其所能利用的风能既受到空气密度变化的影响、也受到风廓线变化的影响。鉴于边界层大气科学的实验研究属性，中国国家气候中心在这一问题的研究中采用了部分地区的铁塔大气湍流观测数据，分析不同稳定度条件下地面至100m的垂直风廓线变化规律，并给出了各类层结稳定条件下垂直风廓线的数学表达式。

大气稳定度有多种计算方法，较为常见的有莫宁-奥布霍夫长度（L）稳定度分类、梯度理查森数（R_i）、总体理查森数（RR_i）和风速比法（U_r）等，它们的划分标准差异很大，适用范围也不尽相同。上述算法常见于边界层大气科学、城市环境学研究中。

依据大气稳定度的计算可以进行稳定度的变化规律研究。有研究成果显示，稳定度的日变化特征是夜间大气层结偏于稳定，午间由于日照强度、日照时间等因素偏于不稳定；稳定度的日变化与高度密切相关，越接近地表，稳定度的日变化幅度越大，高度越高的大气对地表影响越“迟钝”，相应的在陆面作用响应时间也越长。

6.2.3 地形

地形对气流运动的影响主要有阻隔、气流抬升与湍流加速、绕流及狭管效应。

与风的短期变化分析略有不同，风的超短期变化规律及其影响因素分析通常需要基于局地的气象监测系统。然而，地形的复杂度将影响气象监测系统风速、风向监测信息的空间代表性，进而对风的超短期预测产生影响。

对于丘陵和山区的风能资源计算，通常采用基于Navier-Stokes大气湍流动量方程的有限元数值求解。采用这一方法的优势在于能够在计算模式中引入复杂地形对风的影响，实现中性大气层结、不同风向条件下的风速分布定向计算，并能够依据测风塔气象监测系统的实际测量信息对定向计算的风速分布进行调整。

在风的超短期预测中，上述方法能够有效地克服单一测风塔在空间气象要素监测分析中的不足，将局地的风速、风向超短期预测延展到整个风电场建设区域。

6.3 太阳辐射的超短期变化影响因素

地表辐射变化的天文学影响因素包括太阳常数、日地距离、太阳赤纬、太阳高度角、太阳方位角、时角等。天气学影响因素主要包括气体分子、气溶胶等大气成分以及云、雨等天气现象。针对超短期场景下的太阳辐射变化研究，天文因素和地理因素影响均可给出较为确切的数学描述，而天气学影响因素相对复杂，通常被视为地表辐射随机

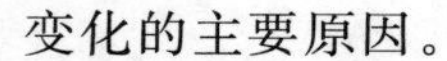

变化的主要原因。

6.3.1　气体分子

在地气系统对太阳辐射的吸收中，大气的吸收只占约 20%，地球表面吸收了约 49%。太阳辐射的 31%被反射回太空，其中云、气溶胶和气体分子反射约占 22%，地表反射占 9%。

大气中气体分子对太阳辐射的散射，可以用瑞利散射理论来描述。对于可见光来说，因为气体分子的半径远小于辐射波长，根据瑞利散射理论，分子散射效率与辐射波长的 4 次方成反比，即波长短的辐射散射掉的能量远大于波长长的辐射。经常看到的蓝天、红色的日出日落等大气现象，就是气体分子对可见光瑞利散射的结果。气体分子对直接太阳辐射和漫射太阳辐射进行多次散射，并不断重复，强度越来越弱，直到最后忽略不计为止。

气体分子按其选择吸收特性也吸收特定波段的太阳辐射。平流层中的 O_3 主要吸收 0.2～0.3μm 的紫外辐射；短于 0.2μm 的辐射可以被更高层的以分子和原子形式存在的 O_2 和 N_2 吸收。在紫外波段，太阳能量也通过大气成分的光化反应和光致电离被吸收。在对流层中，对太阳辐射的吸收产生于可见光和近红外波段，吸收辐射的主要气体分子有 H_2O、CO_2、O_2 和 O_3。

6.3.2　气溶胶

气溶胶指悬浮在大气中的固态和液态颗粒物的总称，主要指沙尘气溶胶、碳气溶胶、硫酸盐气溶胶、硝酸盐气溶胶、铵盐气溶胶和海盐气溶胶等六大类气溶胶粒子。气溶胶分为自然排放和人为排放，生物排放、火山喷发、沙尘、生物质燃烧及工业排放等都将造成气溶胶含量增加。

和分子散射不同，气溶胶散射光谱比较接近于入射光谱。例如有时天空虽然没有云，但是因为大气中气溶胶含量较高，天空也会显得灰白色，这是大气污染的一种特征。当散射过程以气溶胶颗粒为主时，按米散射理论，前向散射光在总散射光中的比值迅速增大，因此在太阳周围的天空将出现很强的散射光强度，大气中气溶胶含量越高，这一现象越明显。同时，气溶胶颗粒还增加了云的凝结核，使云量增加，从而增加云对太阳辐射的反射。

近年来，伴随工业、交通和城市化的发展，我国很多地区雾霾日剧增加，雾霾的成分在气象上属于气溶胶颗粒，由于雾天气过程常伴有霾影响并相互转换，统一用“雾霾天气”来描述。与此同时，我国西北干旱沙漠地区每年春季频繁发生的沙尘暴天气，将大量沙尘送入大气并向下游地区传输，对当地和下游广大地区的生态环境产生很大的影响。雾霾和沙尘对地表辐射的影响显著，进而直接影响光伏发电功率，在雾霾天和沙尘天进行光伏功率超短期预测需要将雾霾和沙尘的影响予以考虑。

6.3.3 云

云对太阳辐射的调节起重要的作用：一方面，通过反照率效应，使得部分入射太阳辐射被反射回太空；另一方面，云在近红外波段也吸收太阳辐射。由于云中水滴和冰晶的散射，使云体表面成了比较强的反射面。云层覆盖了大约50%的地球表面，云顶表面又具有较大的反照率，这就使得到达地面的太阳辐射大大减少，而返回宇宙空间的辐射能量加大。研究表明云的反照率既依赖于云的厚度、相态、微结构及含水量等云的宏微观特性，也与太阳高度角有关。一般来说，云的反照率随云层厚度、云中含水量而增大。根据卫星云图亮度确定的各种云的反照率在29%～92%，平均约为60%。

太阳辐射在穿透大气层时将受到大气各种成分的强迫，其中云辐射强迫造成的能量损失最为显著。从气候平均角度看，地表入射短波辐射一般为大气层顶入射短波辐射能的47%，其中云的反射作用造成的辐射衰减约占总体入射短波辐射能的23%，云的吸收作用造成的辐射衰减约占总体入射短波辐射能的12%。一般情况下，低云由于水汽含量较高，对辐射的反射和吸收能力较为显著；高云中的水汽多为冰晶形态，对辐射的透过性较强，因而使得辐射衰减作用弱于低云。

一般情况下，云是造成地表辐射大幅衰减和随机变化的最主要因素，而且其物理化学性质复杂，自身还受到气溶胶、风速等因素的影响，使得云的生消和变化具有很强的随机性和不易预测性，这也是光伏发电功率超短期预测面临的技术难题。

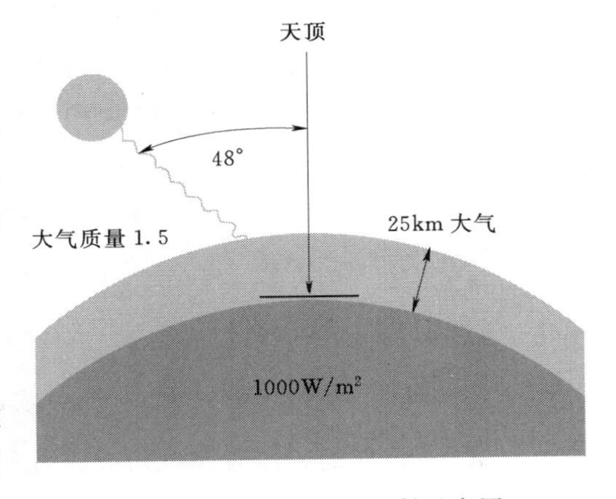

图 6-1 太阳直射与斜射示意图

6.3.4 大气质量

太阳与天顶轴重合时，太阳光线穿过一个地球大气层的厚度，路程最短，太阳光线的实际路线与此最短路程之比称为大气质量（Air Mass，AM）。

假定在1个标准大气压和0℃时，海平面上太阳光线垂直于入射时大气质量为1，此时入射太阳辐射的能量密度为925W/m^2。太阳直射与斜射示意图如图6-1所示，太阳直射示例大气质量为1，其他位置（斜射）都大于1。大气质量越大，说明光线经过大气的路程越长，受到的衰减越多，到达地面的能量就越少。

地面上的大气质量计算公式为：

$$AM=1/\cos\theta_z$$

式中 θ_z——天顶角。

该式是从三角函数关系推导出来的，忽略了折射和地面曲率影响，当$\theta_z>60°$时有较大误差。在实际计算中，可采用下式：

$$AM(\theta_z)=[1229+(614\cos\theta_z)^2]^{1/2}-614\cos\theta_z \tag{6-2}$$

6.3.5　清晰度指数

如果大气层外太阳辐射到达地表未经过大幅的衰减，地表辐射所谓的“波动”会有规律地随着时间、天顶角呈现“抛物线”变化。在多云天、阴雨天、雾霾天和沙尘天，地表辐射的随机性和波动性体现在它的衰减情况的变化上。鉴于此，我们用清晰度指数 k_T 量化太阳通过大气层时的衰减情况，可以采用水平面上的太阳总辐射 I 与大气层外太阳辐射 I_0 之比来计算，表达式为：

$$k_T=\frac{I}{I_0} \tag{6-3}$$

清晰度指数越大，表示大气越透明，衰减得较少，到达地表的太阳辐射越大；清晰度指数越小，表示太阳辐射受云或者气溶胶的影响显著，到达地表的太阳辐射越小。

6.4　风速和太阳辐射时序预测

通过时间序列分析建立超短期预测模型的方法称之为时序预测。时间序列分析是一种动态数据处理的方法，基于随机过程和数理统计理论，寻找随机数据序列所遵从的统计规律，然后进行定量预测，时序预测方法在新能源功率超短期预测中已有广泛的应用。

风速和太阳辐射的时间序列研究一般不考虑物理影响因子，原因在于其自身变化特征包含了各种影响因子的作用。

6.4.1　时间序列的平稳性

设 $\{X_t\}$ 是一个随时间 t 变化的风速序列，在时刻 t_1，t_2，…，t_n 处的观测值 X_{t1}，X_{t2}，…，X_{tn}所组成的离散有序数列被称为离散时间序列。如果 $\{X_t\}$ 的随机特征与时间无关，则称此时间序列为平稳时间序列，即 $\{X_t\}$ 为平稳时间序列需满足：

$$E(X_t)=\mu \tag{6-4}$$

式中　μ——与 t 无关的常数。

$$\mathrm{Var}(X_t)=E[(X_t-\mu)^2]=\sigma^2 \tag{6-5}$$

式中　σ——与时间 t 无关的常数。

$$\mathrm{COV}(X_tX_{t+k})=\mathrm{E}[(X_t-\mu)(X_{t+k}-\mu)]=\gamma_k \tag{6-6}$$

其中，γ_k 只与 k 有关，与时间 t 无关，为了刻画 $\{X_t\}$ 在 t 时刻与在 $t+k$ 时刻之间的相关性，可将 γ_k 标准化，定义如下的自相关函数：

$$\rho_k=\frac{\gamma_k}{\gamma_0} \tag{6-7}$$

标准自相关函数是反映同一时间序列中不同时刻两个数据之间相关程度的一个指

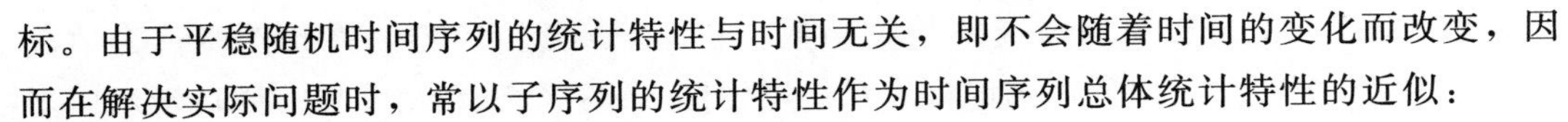

标。由于平稳随机时间序列的统计特性与时间无关，即不会随着时间的变化而改变，因而在解决实际问题时，常以子序列的统计特性作为时间序列总体统计特性的近似：

$$\overline{y}=\frac{1}{N}\sum_{t=1}^{N}y_t \tag{6-8}$$

$$\gamma_k=\frac{1}{N}\sum_{t=1}^{N-k}(y_t-\overline{y})(y_{t+k}-\overline{y}) \tag{6-9}$$

在使用时间序列法进行预测时，需要对风速和太阳辐射序列进行 Daniel 检验、ADF 检验等平稳性检验。如果被研究的风速序列为非平稳时间序列，需要对该时间序列进行平稳性转化。在实际建模中，可以利用差分运算将非平稳序列平稳化。

6.4.2 ARMA 预测模型

ARMA 是一种常用的时间序列模型，它用有限参数模型描述时间序列的自相关结构，用于平稳或具有近似特征的序列进行统计分析与数学建模。

设 $\{X_t\}$ 为零均值平稳序列，满足如下数学表达式：

$$X_t=\sum_{i=1}^{p}\varphi_i X_{t-i}-\sum_{j=0}^{q}\theta_j\varepsilon_{t-j} \tag{6-10}$$

式中　$\{\varepsilon_t\}$——零均值的白噪声序列；

$\{X_t\}$——阶数为 p，q 的自回归滑动平均序列，简记为 ARMA（p，q）。

式（6-10）表明，ARMA 是系统对过去自身状态以及进入系统噪声的记忆，一个时间序列在某时刻的值可以用 p 个历史观测值的线性组合加上一个白噪声序列的 q 项滑动平均来表示。

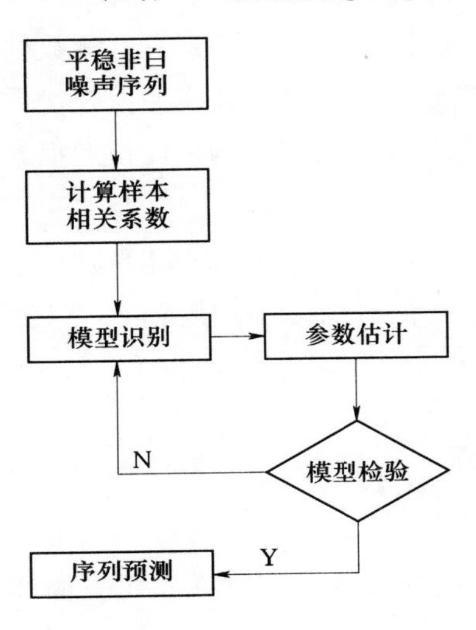

图 6-2　ARMA 预测模型建模流程图

ARMA 预测建模的主要步骤为模型识别、模型定阶、参数估计、模型检验和模型预测。ARMA 预测模型建模流程如图 6-2 所示。对于局部区域平稳性较强且具有较长时间积累的风速序列和太阳辐射序列，可通过上述步骤进行超短期预测建模。

6.4.2.1 模型识别

ARMA 模型的识别主要是确定模型的属性，需根据序列的自相关函数与偏相关函数的性质来确定。自相关函数定义如式（6-7），偏相关函数 $\varphi_{i,j}$（i，$j=2$，…，k）由如下的递推关系得到：

$$\begin{cases}\varphi_{11}=\rho_1\\ \varphi_{k+1,k+1}=(\rho_{k+1-j}\varphi_{k,j})(1-\sum_{j=1}^{k}\rho_j\varphi_{k,j})^{-1}\\ \varphi_{k+1,j}=\varphi_{k,j}-\varphi_{k+1,k+1}\varphi_{k+1-j},j=1,2,\cdots,k\end{cases} \tag{6-11}$$

对时间序列的自相关函数或偏相关函数，若 $k>p$ 后恒为零，将此性质称为“截尾”，反之为“拖尾”，时间序列的截尾和拖尾如图6-3（a）和图6-3（b）所示。当自相关函数与偏相关函数都“拖尾”时，该模型为ARMA模型；当自相关函数“拖尾”，偏相关函数“截尾”时，该模型为AR模型（自回归模型）；当自相关函数“截尾”，偏相关函数“拖尾”时，则该模型为MA模型（滑动平均模型）。

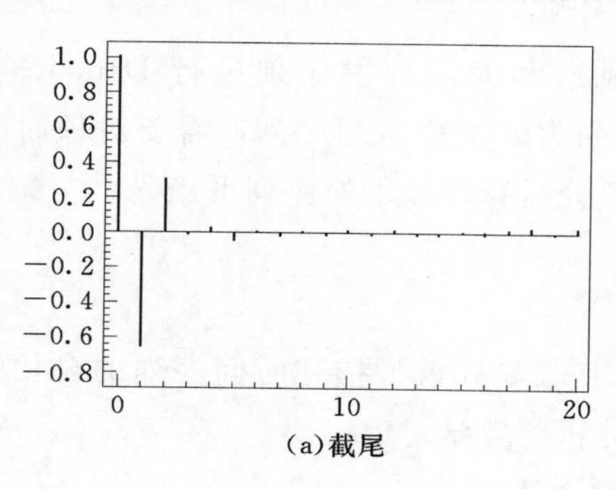

(a)截尾

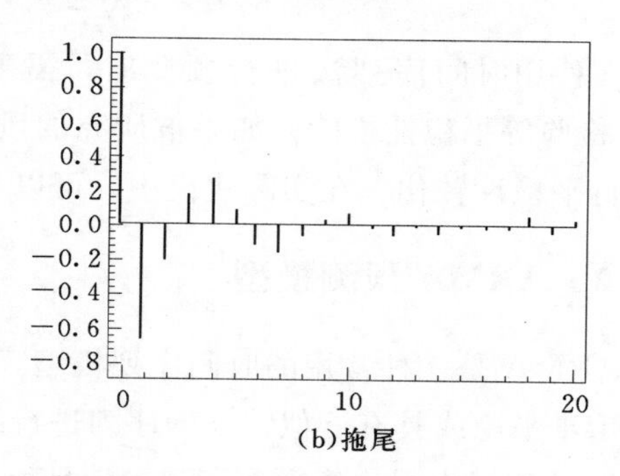

(b)拖尾

图6-3 时间序列的截尾和拖尾

6.4.2.2 模型定阶

对于一个时间序列，若通过模型识别确定为ARMA(p,q) 模型，则下一关键步骤就是模型定阶，即估计 p，q 的值。在建模过程中，定阶之后才能进行下一步参数估计。模型定阶常用AIC准则，AIC准则又称为Akaike准则，是衡量统计模型拟合优良性的一种标准，它建立在熵的概念基础上，可以权衡所估计模型的复杂度和此模型拟合数据的优良性。

在ARMA(p,q) 模型中，未知参数个数是 $k=p+q+1$ 个，包括自回归参数、滑动平均参数以及白噪声方差 σ_ε^2，AIC准则的目标是选取合适的 p，q 使式（6-12）最小：

$$AIC=n\ln\hat{\sigma}_\varepsilon^2+2(p+q+2) \tag{6-12}$$

式中 $\hat{\sigma}_\varepsilon^2$——$\sigma_\varepsilon^2$ 的最大似然估计。

AIC鼓励数据拟合的优良性，但尽量避免出现过度拟合的情况，所以优先考虑的模型应是AIC值最小时对应 p，q 的值。

6.4.2.3 参数估计

当模型定阶后，就要对模型参数 $\varphi=(\varphi_1,\varphi_2,\cdots,\varphi_p)^T$ 及 $\theta=(\theta_1,\theta_2,\cdots,\theta_q)^T$ 进行估计。常用的参数估计方法有矩估计、极大似然估计和最小二乘估计。下面介绍一下最小二乘估计方法，假设由（X_{t-1}，X_{t-2}，…，X_{t-k}）的线性组合预测 X_t，现取 $k=t-1$，即（X_{t-1}，X_{t-2}，…，X_1）的线性组合预测 X_t（$t=2$，3，…，n），估计量是：

$$\sum_{j=1}^{t-1}\varphi_{t-1,j}X_{t-j},j=2,3,\cdots n \tag{6-13}$$

由 Yule-Walker 方程可知 $\varphi_{t-1,1}$，$\varphi_{t-1,2}$，$\varphi_{t-1,t-1}$满足下列方程组：

$$\begin{bmatrix}1 & \rho_1 & \cdots & \rho_{t-2}\\ \rho_1 & 1 & \cdots & \rho_{t-3}\\ \vdots & \vdots & & \vdots\\ \rho_{t-2} & \rho_{t-3} & \cdots & 1\end{bmatrix}\begin{bmatrix}\varphi_{t-1,1}\\ \varphi_{t-1,2}\\ \vdots\\ \varphi_{t-1,t-1}\end{bmatrix}=\begin{bmatrix}\rho_1\\ \rho_2\\ \vdots\\ \rho_{t-1}\end{bmatrix},t=2,3,\cdots,n \tag{6-14}$$

因在理论上，ρ_j 是 $\varphi=(\varphi_1,\varphi_2,\cdots,\varphi_p)^T$ 及 $\theta=(\theta_1,\theta_2,\cdots,\theta_q)^T$ 的函数，所以 $\varphi_{t-1,j}$是 φ，θ 的函数，从而预测的残差平方和也是 φ，θ 的函数

$$S(\varphi,\theta)=\sum_{i=2}^{n}(X_t-\sum_{i=1}^{t-1}\varphi_{t-1,j}X_{t-j})^2 \tag{6-15}$$

在 X_t 的平稳可逆域中寻找 $\hat{\varphi}_L$，$\hat{\theta}_L$，使得 S（$\hat{\varphi}_L$，θ_L）最小，则 $\hat{\varphi}_L$，$\hat{\theta}_L$ 称为 φ，θ 的最小二乘估计。

6.4.2.4 模型检验

在模型定阶与参数估计后，对建立的模型要进行模型检验。其基本做法是检验模型误差 ε_t 是否为白噪声。若检验认为 ε_t 是白噪声，则模型通过检验，否则要重新进行参数估计。

若拟合模型的残差记为 $\hat{\varepsilon}_t$，它是 ε_t 的估计。对 ARMA(p,q) 模型，设未知参数的估计为 $\hat{\varphi}_1$，$\hat{\varphi}_2$，…，$\hat{\varphi}_p$；$\hat{\theta}_1$，$\hat{\theta}_2$，…，$\hat{\theta}_q$，则残差为

$$\varepsilon_t=X_t-(\sum_{i=1}^{p}\varphi_iX_{t-i}-\sum_{j=0}^{q}\theta_j\varepsilon_{t-j}) \tag{6-16}$$

记

$$\eta_k=\frac{\sum_{t=1}^{n-k}\hat{\varepsilon}_t\hat{\varepsilon}_{t+k}}{\sum_{t=1}^{n-k}\hat{\varepsilon}_t^2} \tag{6-17}$$

χ^2 检验的统计量是

$$\chi^2=n(n+2)\sum_{k=1}^{m}\frac{\eta_k^2}{n-k} \tag{6-18}$$

检验的假设是 H_0：$\rho_k=0$，当 $k\leqslant m$；H_1：对某些 $k\leqslant m$，$\rho_k\neq 0$。

在 H_0 成立时，若 n 充分大，χ^2 近似于 $\chi^2(m-r)$ 分布，其中 r 是估计的模型参数个数。给定显著水平 α，查表得到 α 分位数 $\chi^2_\alpha(m-r)$，则当 $\chi^2>\chi^2_\alpha(m-r)$ 时拒绝 H_0，即认为 ε_t 非白噪声，模型检验未通过；而当 $\chi^2\leqslant\chi^2_\alpha(m-r)$ 时，接受 H_0，认为 ε_t 是白噪声，模型通过检验。

6.4.2.5　模型预测

在完成了模型定阶，参数估计以及模型检验通过以后，就要对 ARMA（p，q）模型进行预测，预测 t 时刻以后的风速或者太阳辐射，首先定义预测向量为：

$$\hat{X}_{\mathrm{p}}=(\hat{X}_{\mathrm{t}},\hat{X}_{\mathrm{t+1}},\cdots,\hat{X}_{\mathrm{t+k}})^{\mathrm{T}} \tag{6-19}$$

依据式 $X_{\mathrm{t}}=\sum_{i=1}^{p}\varphi_{\mathrm{i}}X_{\mathrm{t-i}}-\sum_{j=0}^{q}\theta_{\mathrm{j}}\varepsilon_{\mathrm{t-j}}$ 可得预测递推关系式为：

$$\hat{X}_{\mathrm{t+m}}=\sum_{i=1}^{m}\varphi_{\mathrm{i}}\hat{X}_{\mathrm{t-i}}+\sum_{i=m+1}^{p}\varphi_{\mathrm{i}}X_{\mathrm{t-i}}-\sum_{j=0}^{q}\theta_{\mathrm{j}}\varepsilon_{\mathrm{t-j}}\qquad(m\leqslant k) \tag{6-20}$$

式中　X_{t}——历史序列值；

$\hat{X}_{\mathrm{t}}$——预测序列值。

6.4.3　BP-ANN 预测模型

BP-ANN，即 BP 神经网络（Back Propagation Artificial Neural Network），是一种按误差逆传播算法训练的多层前馈网络，是目前应用最广泛，也是最基本的神经网络模型之一。

BP 神经网络能够学习和存贮大量的输入—输出模式映射关系，这种关系可以是线性关系也可以是非线性关系。其学习规则采用梯度下降法，通过反向传播来不断调整网络的权值和阈值，使网络的误差平方和最小。该网络具有很强的鲁棒性和容错性，能实现自学习、自组织和自适应，可以充分逼近任意复杂的非线性系统。

鉴于风速、太阳辐射时间序列体现出的复杂非线性时序特征，本节讨论如何利用 BP 神经网络实现风速和太阳辐射的超短期预测。

6.4.3.1　基本原理

基本 BP 神经网络算法包括两个方面：信号的前向传播和误差的反向传播。即计算实际输出时按从输入到输出的方向进行，而权值和阈值的修正从输出到输入的方向进行。

如图 6－4 所示为 BP 神经网络的结构。

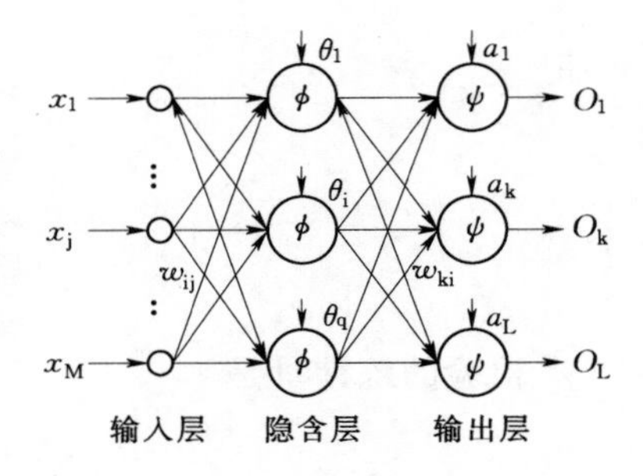

图 6－4　BP 神经网络结构示意图

其中：

x_{j} 表示输入层第 j 个节点的输入，$j=1,\cdots,M$；

w_{ij}表示隐含层第 i 个节点到输入层第 j 个节点之间的权值；

θ_{i} 表示隐含层第 i 个节点的阈值；

$\phi(x)$ 表示隐含层的激励函数；

w_{ki}表示输出层第 k 个节点到隐含层第 i 个节点之间的权值，$i=1$，…，q；

a_k 表示输出层第 k 个节点的阈值，$k=1$，…，L；

$\psi(x)$ 表示输出层的激励函数；

O_k 表示输出层第 k 个节点的输出。

1. 信号的前向传播过程。

隐含层第 i 个节点的输入量 net_i 为

$$net_i = \sum_{j=1}^{M} w_{ij}x_j + \theta_i \tag{6-21}$$

隐含层第 i 个节点的输出量 y_i 为

$$y_i = \phi(net_i) = \phi(\sum_{j=1}^{M} w_{ij}x_j + \theta_i) \tag{6-22}$$

输出层第 k 个节点的输入量 net_k 为

$$net_k = \sum_{j=1}^{M} w_{ki}y_i + a_k = \sum_{i=1}^{q} w_{ki}\phi(\sum_{j=1}^{M} w_{ij}x_j + \theta_i) + a_k \tag{6-23}$$

输出层第 k 个节点的输出量 O_k：

$$O_k = \psi(net_k) = \psi(\sum_{i=1}^{q} w_{ki}y_i + a_k) = \psi\left[\sum_{i=1}^{q} w_{ki}\phi(\sum_{j=1}^{M} w_{ij}x_j + \theta_i) + a_k\right] \tag{6-24}$$

2. 误差的反向传播过程

误差的反向传播，即首先由输出层开始逐层计算各层神经元的输出误差，然后根据误差梯度下降法来调节各层的权值和阈值，使修改后的网络最终输出能接近期望值。

对于每一个样本 p 的二次型误差准则函数 E_p 为

$$E_p = \frac{1}{2}\sum_{k=1}^{L}(T_k - O_k)^2 \tag{6-25}$$

系统对 P 个训练样本的总误差准则函数为：

$$E = \frac{1}{2}\sum_{p=1}^{P}\sum_{k=1}^{L}(T_k^p - O_k^p)^2 \tag{6-26}$$

在 BP-ANN 进行模型训练的过程中，不断进行误差的反向传播，并调整权重和阈值，直至输出层误差小于某一阈值表示模型学习完成，然后就可以将学习好的模型用于预测，如图 6-5 所示为 BP-ANN 算法流程图。

6.4.3.2 时序预测建模

神经网络模型建模的基本准则是输入层输入因子与输出层输出因子之间有较强的相关性。对于时间序列预测问题，根据上节 ARMA 模型的介绍中提到过的自相关函数与偏相关函数以及模型定阶的相关分析来确定输入输出因子。自相关函数刻画了时间序列相邻变量之间的相关性，偏相关函数则是排除了其他中间变量的影响，真实地反映两个变量之间的相关性。

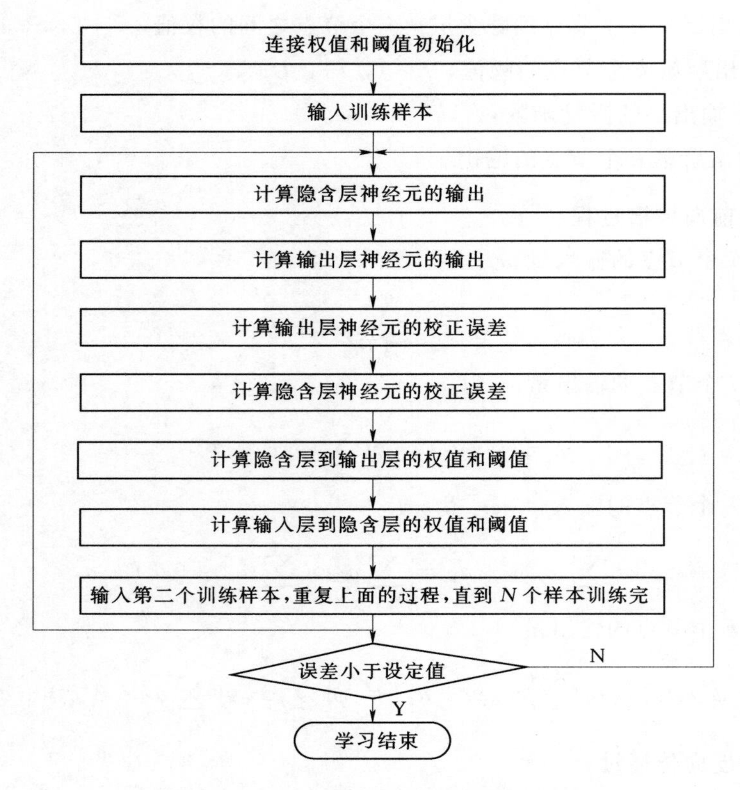

图 6－5　BP－ANN 算法程序流程图

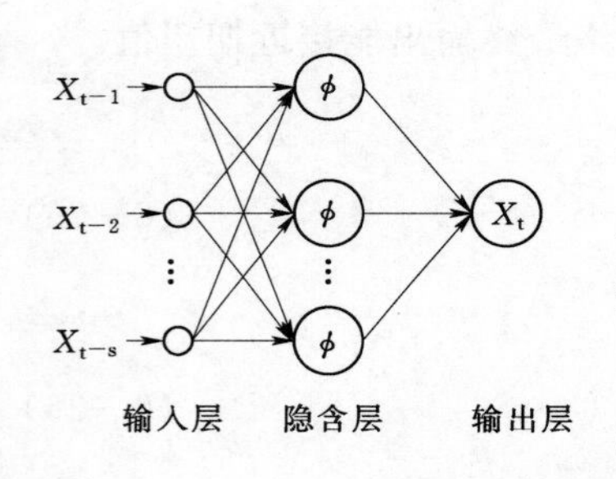

图 6－6　基于 BP-ANN 的时间序列预测模型

基于 BP-ANN 的时间序列预测模型中，输出层节点一般选 t 时刻的预测值 $\hat{X}_t$，输入层节点选择 X_{t-1}，X_{t-2}，…，X_{t-s}，其中 s 是根据时间序列分析确定的阶数，基于 BP-ANN 的时间序列预测模型如图 6－6 所示。

对于基于 BP-ANN 的风速、太阳辐射超短期预测模型，需要重点关注的是其泛化能力，这将直接关系到预测的性能和精度。从人工神经网络理论的角度，目前已发现许多影响模型泛化能力的因素，包括网络结构复杂性、训练样本数量和质量、网络的初始权值、学习时间、目标函数的复杂性，以及对目标函数的先验知识等。但是在这些因素中，除了网络结构和训练样本数对泛化能力的影响具有一些定量结果外，其余因素对泛化能力的影响还只有定性解释。结合目前的工程经验和理论基础，对神经网络预测性能的提升主要依靠算法优化和结构设计。

6.4.3.3　算法优化

BP-ANN 算法因其简单、易行、计算量小、并行性强等优点，目前是神经网络训

练采用最多也是最成熟的训练算法之一。针对此方案通常存在的学习效率低、收敛速度慢以及易陷入局部极小值等问题，在网络结构和学习原理方面可以采用以下几种改进措施。

1. 附加动量法

附加动量法使网络在修正其权值时，不仅考虑误差在梯度上的作用，而且考虑在误差曲面上变化趋势的影响。在没有附加动量的作用下，网络可能陷入浅的局部极小值，利用附加动量的作用有可能滑过这些极小值。

带有附加动量因子 mc 的权值和阈值调节公式为：

$$\Delta w_{ij}(k+1)=(1-mc)\eta\delta_i p_j+mc\Delta w_{ij}(k) \tag{6-27}$$

$$\Delta b_i(k+1)=(1-mc)\eta\delta_i+mc\Delta b_i(k) \tag{6-28}$$

式中　k——训练次数；

mc——动量因子，一般取0.95左右。

根据附加动量法的设计原则，当修正的权值在误差中导致太大的增长结果时，新的权值应被取消而不被采用，并使动量作用停止下来，以使网络不进入较大误差曲面；当新的误差变化率对其旧值超过一个事先设定的最大误差变化率时，也应取消所计算的权值变化。其最大误差变化率可以是任何大于或等于1的值，典型取值为1.04。在进行附加动量法的训练程序设计时，必须加入条件判断以正确使用其权值修正公式。

训练程序设计中采用动量法的判断条件为：

$$mc=\begin{cases}0 & E(k)>1.04E(k-1)\\ 0.95 & E(k)<E(k-1)\end{cases} \tag{6-29}$$

式中　$E(k)$——第 k 步误差平方和。

2. 增加自适应学习速率

对于一个特定的问题，要选择适当的学习速率不是一件容易的事情。通常是凭经验或实验获取。但即使这样，对训练开始初期功效较好的学习速率，不一定对后来的训练合适。为了解决这个问题，人们自然想到在训练过程中，自动调节学习速率。通常调节学习速率的准则是检查权值是否真正降低了误差函数，如果确实如此，则说明所选学习速率小了，可以适当增加一个量；反之，则产生了过调，那么就应该减少学习速率的值。

式（6－30）给出了一个自适应学习速率的调整公式：

$$\eta(k+1)=\begin{cases}1.05\eta(k) & E(k+1)<E(k)\\ 0.7\eta(k) & E(k+1)>1.04E(k)\\ \eta(k) & 其他\end{cases} \tag{6-30}$$

式中　$E(k)$——第 k 步误差平方和，初始学习速率 $\eta(0)$ 的选取范围可以有很大的随意性。

6.4.3.4　结构设计

1. 网络的层数确定

一般来说，增加层数可以更进一步地降低误差，提高精度，但同时也使网络复杂化，从而增加了网络权值的训练时间。而误差精度的提高实际上也可以通过增加神经元数目来获得，其训练效果也比增加层数更容易得到观察。所以一般情况下，应优先考虑增加隐含层中的神经元个数。

2. 隐含层的神经元数确定

网络训练精度的提高，可以通过单个隐含层增加神经元数量的方法来获得。这在结构实现上，要比增加隐含层数要简单得多。然而，究竟选取多少隐含层节点合适在理论上并没有明确的论证。在具体设计时，比较实际的做法是通过对不同神经元数进行训练和效果对比，选取最佳的隐含层个数；另一种经验性最佳隐含层个数可由 $\log_2 n$（n 为输入节点数）取整后确定。

3. 初始权值的选取

由于系统是非线性的，初始值对于学习是否达到局部最小、是否能够收敛以及训练时间的长短有直接关系。一般希望经过初始加权后的每个神经元的输出值都接近于零，这样可以保证每个神经元的权值都能够在它们的激励函数变化最大之处进行调节。因此，初始权值的取值通常为（－1，1）之间的随机数。

4. 学习速率调整

学习速率决定每一次循环训练中所产生的权值变化量。大的学习速率可能导致系统的不稳定。但小的学习速率导致较长的训练时间，可能收敛很慢，优点是能保证网络的误差值不跳出误差表面的低谷而最终趋于最小误差值。所以在一般情况下，倾向于选取较小的学习速率以保证系统的稳定性，学习速率的选取范围为 0.01～0.8。

6.4.4　结合小波变换的预测模型

从小波分析的角度，风速和太阳辐射时间序列可看作是由多个序列通过时间的交错，频率的叠加，最终形成的一个加和序列。鉴于小波变换可以分析时间序列的非线性、平稳性的局部特性，利用多分辨率分析便能分离出时间序列低频信息和高频信息，也即趋势分量与随机分量，从而实现风速和太阳辐射时间序列趋势分量和随机分量的分解，然后结合 BP-ANN 模型对趋势分量和随机分量分别进行预测，最后利用小波重构将预测结果进行叠加，作为最终的预测值。结合小波变换和 BP-ANN 的预测流程如图 6－7 所示。

6.4.4.1　小波变换

小波分析是一个新兴的数学分支，它是泛函理论、Fourier 分析、调和分析、数值分析的最完美结晶，特别是在信号处理、图像处理、语音处理以及众多非线性科学领域，它被认为是继 Fourier 分析之后又一有效的时频分析方法。小波变换与 Fourier 变换相比，是一个时间和频域的局域变换，因而能有效地从信号中提取信息，通过伸缩和平移等运算对函数或信号进行多尺度细化分析，从信号中提取期望获得的有效信息，又被誉为“数学显微镜”。

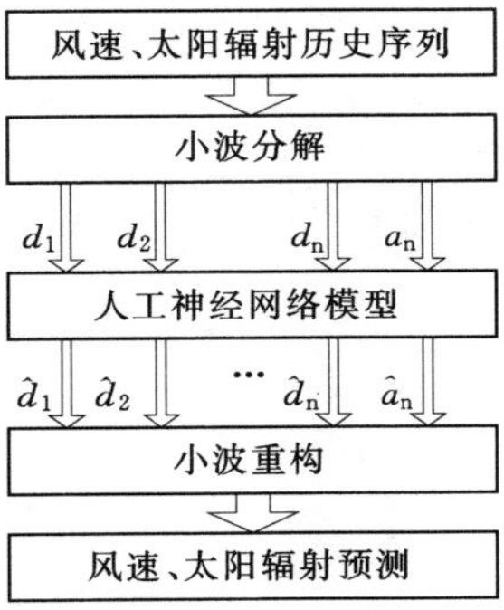

风速、太阳辐射历史序列
小波分解
d_1 d_2 d_n a_n
人工神经网络模型
$\hat{d}_1$ $\hat{d}_2$ … $\hat{d}_n$ $\hat{a}_n$
小波重构
风速、太阳辐射预测
图 6-7 结合小波变换和 BP-ANN 的预测流程

小波变换分为连续小波变换和离散小波变换，设 $x(t)$ 是平方可积信号，则其连续小波变换（CWT）定义为：

$$WT_x(a,b)=\frac{1}{\sqrt{a}}\int_{-\infty}^{+\infty}x(t)\psi^*\left(\frac{t-b}{a}\right)dt \tag{6-31}$$

式中 $\psi^*(t)$——$\psi(t)$的复共轭，$\psi(t)$为基小波；

a，b——尺度参数与位移参数。

若将 a，b 同时离散化，采用幂级数离散化，即令 $a=a_0^j$，$b=ka_0^jb$，得到 $x(t)$ 的离散小波变换（DWT）为

$$W_{2^k}x(n)=2^{-k/2}\int_{-\infty}^{+\infty}x(t)\psi^*(2^{-k}t-n)dt \tag{6-32}$$

该变换既节约计算，又克服了连续小波变换后的信息冗余。

6.4.4.2 小波分解与重构

Mallat 和 Meyer 在信号多分辨率分析的基础上提出了计算离散正交小波变换快速算法，即 Mallat 算法。将信号 $x(t)$ 正交投影到不同空间，得到分辨力 j 下的 $x(t)$ 离散逼近信号 $a_j(t)$ 和离散细节信号 $d_j(t)$。令分辨力 j 由零逐级增大，便可得到信号分解的逐级实现，Mallat 分解示意图如图 6-8 所示。

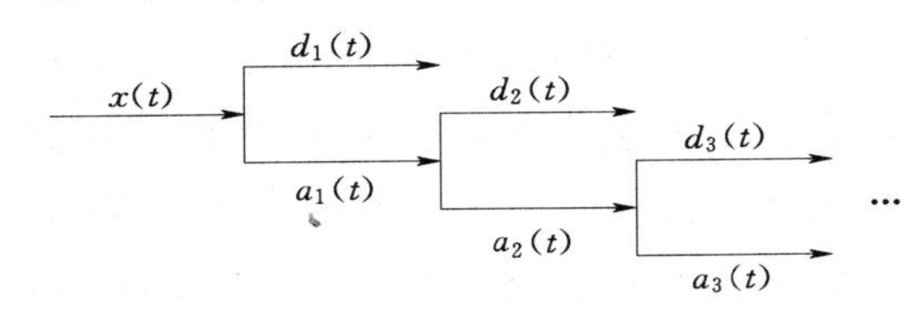

$x(t)$
$d_1(t)$
$a_1(t)$
$d_2(t)$
$a_2(t)$
$d_3(t)$
$a_3(t)$
…
图 6-8 Mallat 分解示意图

最终得到表达式：

$$x(t)=\sum_{j=1}^{n}d_j(t)+a_n(t) \tag{6-33}$$

小波重构是小波分解的逆过程，根据式（6-33）将逼近信号和离散细节信号的预测结果 $\hat{a}_j(t)$，$\hat{d}_j(t)$ 叠加起来即完成重构，如下式：

$$\sum_{j=1}^{n}\hat{d}_j(t)+\hat{a}_n(t)=\hat{x}(t) \tag{6-34}$$

小波分析在预测建模中应用已比较广泛，图 6-9 是对华东地区某风电场测风塔风速数据进行三级小波分解的结果。其中 s 表示原始风速序列，a_3 表示三级分解后的逼近信号，也即趋势信息；d_1，d_2，d_3 分别表示各级离散信号，也即随机信息，通过利用

BP-ANN 对 a_3，d_1，d_2，d_3 序列分别进行预测，然后再进行信号重构完成对风速序列的预测。

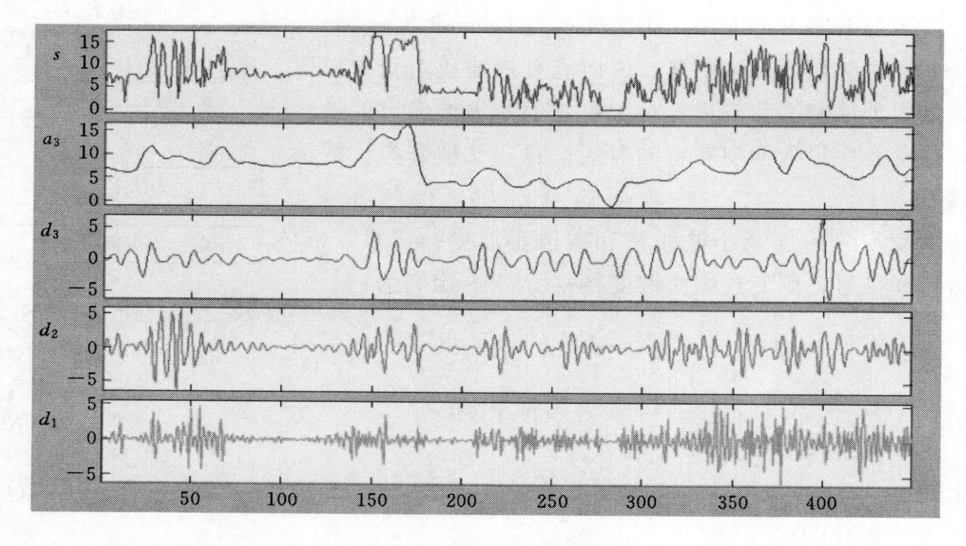

图 6-9　华东地区某风电场测风塔风速数据三级小波分解结果

6.5　风速和太阳辐射多因子预测

在 6.4 节中，介绍了风速和太阳辐射时序预测模型，其中无需考虑各种环境气象因子对预测对象的影响。根据 6.2 节和 6.3 节对风速和太阳辐射超短期影响因子的分析，本节重点讨论如何基于多影响因子建立风速和太阳辐射预测模型。事实上，基于多因子的预测模型大多都需要建立影响因子与预测对象的回归关系。鉴于风速和太阳辐射的非线性特征，本节选取常用于非线性回归和预测的智能算法，即人工神经网络（ANN）和支持向量机（SVM），它们是两种最典型的方法，还有很多非线性预测方法大都是依据 ANN 和 SVM 的基本方法进行的优化和变种，例如小波神经网络、时延神经网络、最小二乘支持向量机等。还有一些非线性回归方法，其优化问题和逼近原理也都与 ANN 和 SVM 有较多相似之处，例如 logistic 回归、局部回归等。本节基于 ANN 和 SVM 的基本原理重点介绍风速和太阳辐射的超短期预测模型和建模思路。

6.5.1　ANN 预测模型

人工神经网络模型有很多种，常用的回归逼近器是 BP-ANN 和 RBF 径向基函数（Radical Basis Function，RBF）网络。在上一节中 BP-ANN 模型被设计为时间序列预测模型，输入、输出层均为时间序列值。事实上，BP-ANN 也可以用于多因子预测模型，只是建模思路和模型结构有所差异。BP-ANN 的相关理论已在 6.4.3 中介绍。本节将主要介绍 RBF 神经网络相关内容。

6.5.1.1　RBF 神经网络基本原理

RBF 神经网络模型起源于多变量插值的径向基函数方法，不同于 BP-ANN 对映射的全局逼近，RBF 使用局部指数衰减的非线性函数对输入输出进行局部逼近。这意味着达到与 BP-ANN 相近的精度，RBF 神经网络所需要的参数要相对少。在任意非线性函数逼近和系统内在复杂规律性的描述方面，RBF 神经网络的适用性较强，并且具有极快的学习收敛速度。鉴于上述优点，RBF 神经网络较为适用于非线性函数的模拟学习，在多因子超短期预测中可以取得较为理想的应用效果。

1. 网络结构

从结构上看，RBF 神经网络属于多层前向神经网络。RBF 神经网络结构如图 6-10所示，输入层含有多个神经元，输出层是对输入模式的映射。隐含层有 N 个神经元，第 j 个隐单元的激励函数选取高斯函数，高斯函数是对中心点径向对称且衰减的非负非线性函数，输出为：

$$\varphi_{j}[X(t),C(t)]=\exp\left\{-\frac{[X(t)-C(t)]^{2}}{2\sigma^{2}}\right\},j=1,2,\cdots,N \qquad (6-35)$$

式中　$X(t)$——t 时刻一组输入训练样本；

$C(t)$——t 时刻高斯函数的中心；

σ——高斯函数方差。

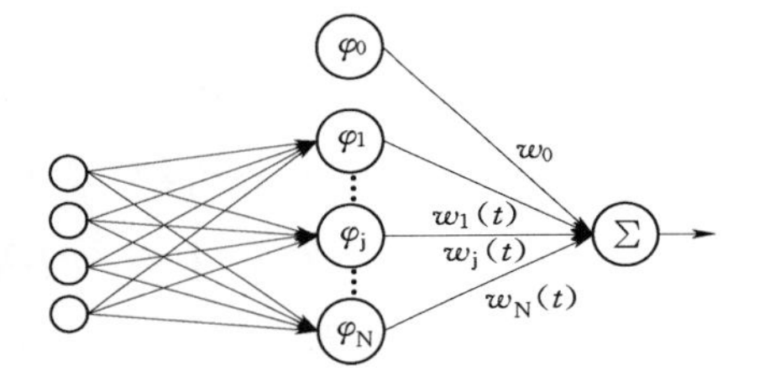

图 6-10　RBF 神经网络结构示意图

图中 $w_i(t)(i=0,1,\cdots,N)$ 表示 t 时刻隐含层与输出层的权值。

在图 6-10 中还设置了阈值 $\varphi_0=1$，相当于一个隐含层的输出恒为 1，表示存在一个输出恒为 1 的隐含层神经元，从而建立了一个广义 RBF 神经网络。

2. 参数训练

RBF 神经网络需要学习的三个参数为基函数的中心、方差以及隐含层与输出层间的权重。根据径向基函数中心选取方法的不同，RBF 神经网络有多重学习方法。其中，最常用的四种学习方法是随机选取中心法、自组织选取中心法、有监督选取中心法和正交最小二乘法。

在实际应用中，一般选择基于 K 均值聚类算法的自组织选取中心法；基函数方差用 $\sigma=d_{\max}\sqrt{2N}$确定，其中 $d_{\max}$为选取基函数中心之间的最大距离；隐含层与输出层间的权重用最小二乘法确定。

下面给出隐含层至输出层神经元之间权系数的具体学习算法。设隐含层共有 N 个 RBF 神经元，当隐含层神经元的权值 w_i 确定后，由图 6-10 可知，神经网络的输出为：

$$Out = w_0 + \sum_{j=1}^{N} w_j \varphi_j [X(t), C(t)] \tag{6-36}$$

RBF 神经网络的学习属于有监督学习，神经网络权系数的学习可以视为多元线性函数的极值求解问题。因此，可利用各种线性优化算法求得各神经元的连接权系数，如梯度下降法、递推最小二乘法等。若第 k 次迭代网络输出值是 $Out(k)$，目标值为 $t_p(k)$，定义目标函数如下：

$$J(k) = \frac{1}{2}\sum_{p=1}^{N} E_p(k) = \frac{1}{2}\sum_{p=1}^{N} [t_p(k) - Out(k)]^2 \tag{6-37}$$

按照负梯度方向调整网络权系数，即

$$w_j(k+1) = w_j(k) - \eta \frac{\partial J(k)}{\partial w_j(k)} \tag{6-38}$$

若按照递推最小二乘法调整网络隐含层到输出层的连接权系数，即通过调整 w_j（其中 $j=1, 2, \cdots, M$，M 是隐含层节点数），使得

$$\frac{\partial J(k)}{\partial \boldsymbol{w}(k)} = 0 \tag{6-39}$$

其中 $\boldsymbol{w}(k) = [w_1 \quad w_2 \quad \cdots \quad w_N]$。

于是可以得到最小二乘递推算法如下：

$$\boldsymbol{w}(k) = \boldsymbol{w}(k-1) - \boldsymbol{K}(k)[t_p(k) - \boldsymbol{Out}(k) w(k-1)] \tag{6-40}$$

$$\boldsymbol{K}(k) = \boldsymbol{P}(k-1)\boldsymbol{Out}_p(k)[\boldsymbol{I} + \boldsymbol{Out}^T(k)\boldsymbol{P}(k-1)\boldsymbol{Out}(k)]^{-1} \tag{6-41}$$

$$\boldsymbol{P}(k) = [\boldsymbol{I} - \boldsymbol{K}(k)\boldsymbol{Out}^T(k)]\boldsymbol{P}(k-1) \tag{6-42}$$

$$\boldsymbol{Out}(k) = [Out_1(k) \quad Out_2(k) \quad \cdots \quad Out_N(k)]^T$$

经多次迭代，当目标函数 $J(k)$ 小于某一设定值时被认为迭代收敛，停止迭代并确定了网络的权系数，从而完成预测模型的训练。

3. 网络特性

普通 RBF 神经网络采用的是高斯函数。采用高斯函数作为基函数的优点是表示形式简单、径向对称、光滑性好。由于该基函数表示简单且解析性好，任意阶导数均存在，能够有效克服多变量输入下的复杂性问题，便于进行理论分析。

对于 RBF 神经网络而言，其输出节点计算是隐层节点给出的基函数的线性组合，其隐层中的基函数对输入激励产生一个局部化的响应，即每一个隐节点有一个参数向量 c，称之为中心，该中心用来与网络输入样本向量相比较，以产生径向对称响应，仅当输入样本落在输入空间的某个局部区域时，隐节点才做出有意义的非零响应值，响应值在 0～1 之间，输入与基函数中心的距离越近，隐节点响应越大，而输出单元一般是线性的，即输出单元是对隐节点输出进行线性加权的组合。

RBF 神经网络只有少数几个权值影响网络的输出，在训练时也只有少数权值需要进行调整，而且训练速度明显提高，训练步数的显著减少使得 RBF 神经网络的学习速

度大大提高。与BP神经网络以及采用改进BP神经算法的前向网络训练结果作比较，RBF神经网络所用时间较短，且在多数情况下表现出更优的函数逼近能力。有理论证明，在前向网络中，RBF神经网络是完成映射功能的最优网络。

6.5.1.2　风速预测建模

人工神经网络模型建模的关键是对模型的输入、输出变量的确定以及模型结构和参数的优化。后者在机器学习领域已经有很多成熟的研究，已有很多值得借鉴的理论依据，这里就风速超短期预测重点讨论模型的输入、输出变量的确定。

一般情况下，输入因子的选取原则是对风速影响显著、易量化，可常规监测和采集。根据本书第2章、第3章和本章6.2节风的超短期变化影响因素相关内容，选择历史风速、气温、气压、湿度、风向为神经网络模型的输入因子。当然，因子的选取并不局限于此，其他量化的输入因子也可经因子筛选、检验，逐步加入或者对已选因子进行删减。这要根据研究地点具体的环境气象条件决定，从模型的角度可以通过预测效果来进行因子筛选，也可以通过神经网络训练过程中因子的权重大小来取舍。总之，考虑的因子不宜过多，否则会增加模型的复杂度，因子过少，又会降低预测的准确性。

图6-11是基于ANN的风速超短期预测模型示意图，可以是BP-ANN也可以是RBF-ANN，都选择三层网络结构。其中，输出因子为风速预测值，输入因子为风速、气温、气压、湿度、风向等气象要素值。

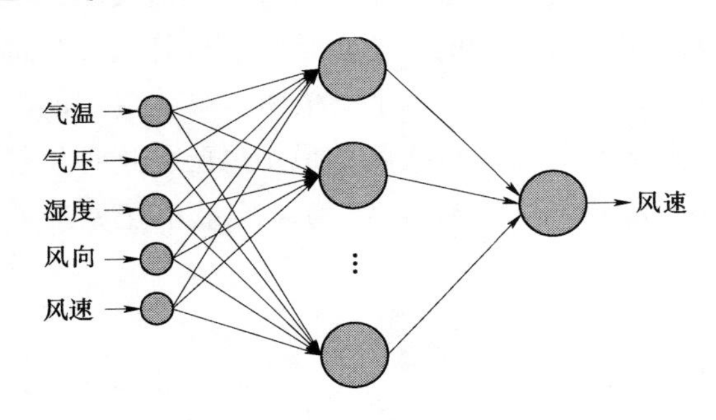

图6-11　基于ANN的风速超短期预测模型示意图

6.5.1.3　太阳辐射预测建模

在太阳辐射超短期预测建模中，建模思想和风速超短期预测类似，首先需要进行输入因子的选择。根据本书第2章、第3章和6.3节太阳辐射的超短期变化影响因素相关内容可知大气层外的太阳辐射是地表辐射的直接来源，可以通过理论公式计算得到；大气质量对地表辐射也有影响且可理论计算；气温、湿度、压强这几个基本的气象因子间接反映了天气状况，它们与辐射衰减有关；云、气溶胶、空气分子的影响可统一用清晰度指数来表示。

基于人工神经网络建立预测模型，模型输入输出因子的选择至关重要，直接关系到模型的性能与精度。目前，预测方法研究大多集中在对模型结构和算法的优化上，而对模型输入输出因子的分析和筛选缺乏足够重视。

图6-12是基于ANN的太阳辐射超短期预测模型结构示意图，采用三层网络结构。其中输出因子为预测时刻的太阳辐射，输入因子为预测时刻的大气层外辐射、气压、湿度、压强、大气质量和清晰度指数。在实际应用中，输入因子的预测值一般通过

数值天气预报或者统计方法获得，然后结合本节模型最终实现太阳辐射预测。

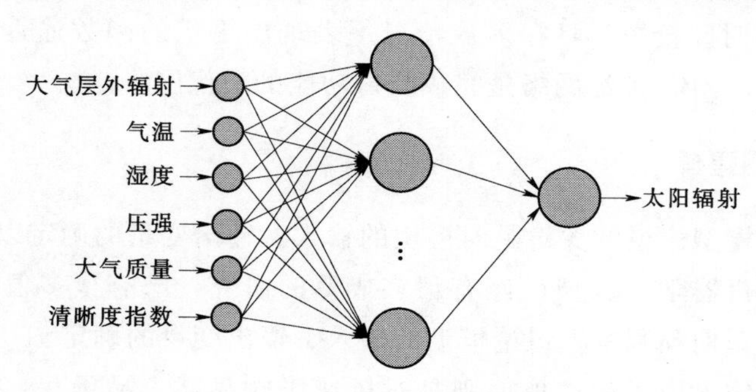

图 6－12　基于 ANN 的太阳辐射超短期预测模型结构示意图

6.5.2　SVM 预测模型

6.5.2.1　SVM 基本原理

1. VC 维与风险结构最小化

传统的智能预测模型的样本学习过程都在执行非线性逼近和拟合的任务，其预测性能的主要表征即是它的泛化能力。传统的各种学习方法中普遍采用经验风险最小化原则，在样本数量有限的情况下是不合理的。从统计学习理论出发，应该同时最小化经验风险和置信范围，针对这一需求，提出统计学习理论中的一个新策略，即把函数集构造成函数子集的序列，使各子集按 VC 维大小排列，然后从每个子集中，寻找最小的经验风险，在子集之间折衷考虑置信范围和经验风险，以取得实际的最小风险，这种思想就是结构风险最小化（Structural Risk Minimization，SRM），结构风险最小化原理如图 6－13所示。

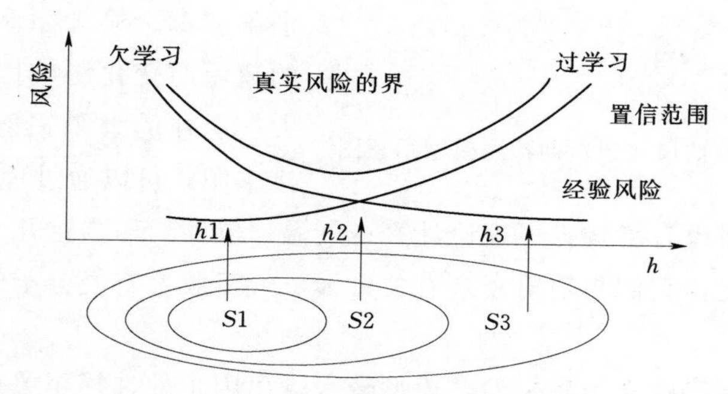

图 6－13　结构风险最小化原理

人工神经网络是基于经验风险最小化原理来对目标进行优化，易陷入局部最优，训练结果不够稳定，通常需要大量的训练样本；而支持向量机有严格的理论和数学基础，基于结构风险最小化原则，泛化能力优于前者，能够确保全局最优性。

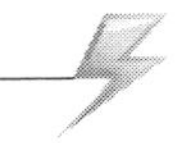

2. SVM 基本原理与核函数

SVM 算法是从线性可分情况下的最优分类面（Optimal Hyperplane）提出的。所谓最优分类面就是要求分类面不但能将两类样本点无错误地分开，而且要使两类的分类间隔最大，最优超平面如图 6-14 所示。

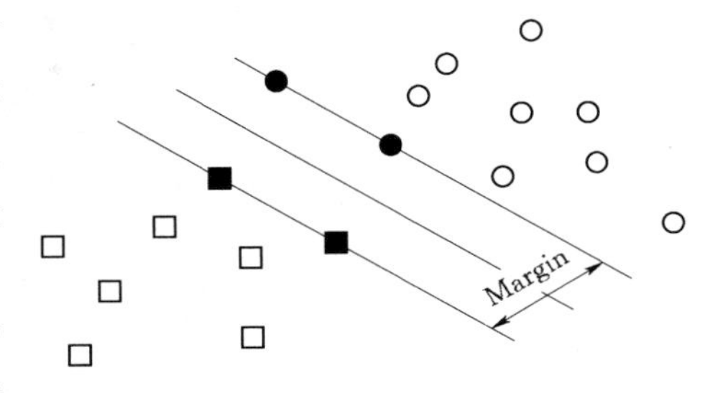

图 6-14 最优超平面示意图

d 维空间中线性判别函数的一般形式为 $g(\boldsymbol{x})=\boldsymbol{w}^{\mathrm{T}}\boldsymbol{x}+b$，分类面方程是 $\boldsymbol{w}^{\mathrm{T}}\boldsymbol{x}+b=0$，我们将判别函数进行归一化，使两类所有样本都满足 $|g(\boldsymbol{x})|\geqslant 1$，此时离分类面最近的样本满足 $|g(\boldsymbol{x})|=1$，而要求分类面对所有样本都能正确分类，即满足：

$$y_{\mathrm{i}}(\boldsymbol{w}^{\mathrm{T}}\boldsymbol{x}_{\mathrm{i}}+b)-1\geqslant 0, i=1,2,\cdots,n \tag{6-43}$$

式（6-43）中使等号成立的那些样本叫做支持向量（Support Vectors）。

两类样本的分类间隔（Margin）如图 6-14 所示，其大小为：

$$Margin=2/\|\boldsymbol{w}\| \tag{6-44}$$

因此，最优分类面问题可以表示成如下的约束优化问题，即在式（6-43）的约束下，最小化函数：

$$\varphi(\boldsymbol{w})=\frac{1}{2}\|\boldsymbol{w}\|^2=\frac{1}{2}(\boldsymbol{w}^{\mathrm{T}}\boldsymbol{w}) \tag{6-45}$$

若在原始空间中的简单超平面不能得到满意的分类效果，则必须以复杂的超曲面作为分界面，于是引入核函数的概念。首先通过非线性变换 ϕ 将输入空间变换到一个高维空间，然后在这个新空间中求取最优线性分类面，而这种非线性变换是通过定义适当的核函数（内积函数）实现的，令：

$$K(\boldsymbol{x}_{\mathrm{i}},\boldsymbol{x}_{\mathrm{j}})=[\phi(\boldsymbol{x}_{\mathrm{i}})\cdot\phi(\boldsymbol{x}_{\mathrm{j}})] \tag{6-46}$$

用核函数 $K(\boldsymbol{x}_{\mathrm{i}},\boldsymbol{x}_{\mathrm{j}})$ 代替最优分类平面中的点积 $\boldsymbol{x}_{\mathrm{i}}^{\mathrm{T}}\boldsymbol{x}_{\mathrm{j}}$，就相当于把原特征空间变换到了某一新的特征空间，此时优化函数变为：

$$Q(a)=\sum_{i=1}^{n}a_{\mathrm{i}}-\frac{1}{2}\sum_{i=1}^{n}\sum_{j=1}^{n}\alpha_{\mathrm{i}}\alpha_{\mathrm{j}}y_{\mathrm{i}}y_{\mathrm{j}}K(\boldsymbol{x}_{\mathrm{i}},\boldsymbol{x}_{\mathrm{j}}) \tag{6-47}$$

而相应的判别函数式则为：

$$f(x)=\mathrm{sgn}[(\boldsymbol{w}^{*})^{\mathrm{T}}\varphi(x)+b^{*}]=\mathrm{sgn}\left[\sum_{i=1}^{n}a_{\mathrm{i}}^{*}y_{\mathrm{i}}K(\boldsymbol{x}_{\mathrm{i}},\boldsymbol{x})+b^{*}\right] \tag{6-48}$$

式中 $\boldsymbol{x}_{\mathrm{i}}$——支持向量；

$\boldsymbol{x}$——未知向量。

式（6-48）就是 SVM，在分类函数形式上类似于一个神经网络，其输出是若干中间层节点的线性组合，而每一个中间层节点对应于输入样本与一个支持向量的内积，因此也被叫做支持向量网络，如图 6-15 所示。

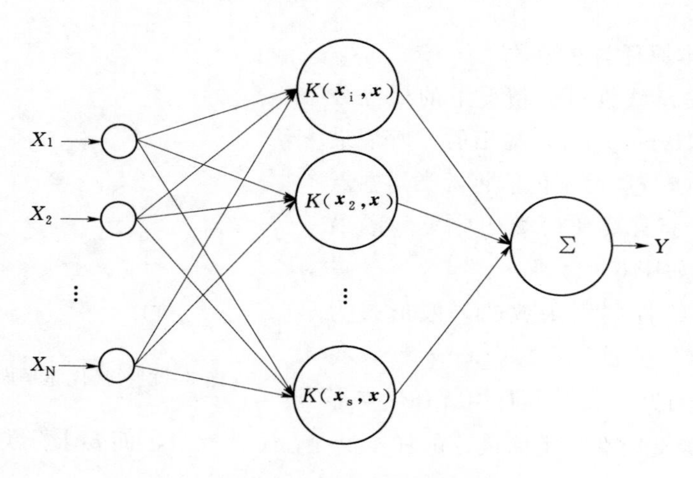

图 6-15　支持向量网络

由于最终的判别函数中只包含未知向量与支持向量内积的线性组合，因此计算复杂度取决于支持向量的个数。

目前常用的核函数形式主要有以下三类，它们都与已有的算法有对应关系。

(1) 多项式形式的核函数，即 $K(\boldsymbol{x},\boldsymbol{x}_i)=[(\boldsymbol{x}\cdot\boldsymbol{x}_i)+1]^q$，对应 SVM 是一个 q 阶多项式分类器。

(2) 径向基形式的核函数，即 $K(\boldsymbol{x},\boldsymbol{x}_i)=\exp\left\{-\frac{\|\boldsymbol{x}-\boldsymbol{x}_i\|^2}{\sigma^2}\right\}$，对应 SVM 是一种径向基函数分类器。

(3) Sigmoid 核函数，如 $K(\boldsymbol{x},\boldsymbol{x}_i)=\tanh[v(\boldsymbol{x}\cdot\boldsymbol{x}_i)+c]$（tanh 表示双曲正切函数），则 SVM 实现的就是一个两层的感知器神经网络，只是在这里不但网络的权值、而且网络的隐层节点数目也是由算法自动确定的。

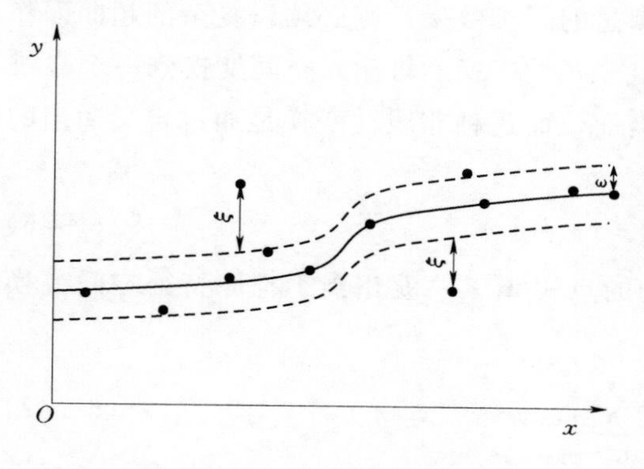

图 6-16　SVM 非线性回归

3. 支持向量回归机（SVR）

SVR 算法的基础主要是 ε 不敏感函数（ε-insensitive function）和核函数算法。目的是寻找和优化回归泛化边界，依赖用于忽略错误的损失函数的定义，这些错误数据落在距真值某一范围之内。这类函数通常被称为显示密集损失函数。图 6-16 展示了一个带有显示密集带的 SVM 非线性回归的实例。其中，变量确定错误训练样本点的代价，在显示密集带内所有点都为 0。

支持向量分类和回归问题中一个重要的观点：使用训练点的较小子集来解决问题可产生极大的计算量优势。使用显示密集损失函数，保证了全局最小值的存在，同时也确保了可靠的泛化边界。

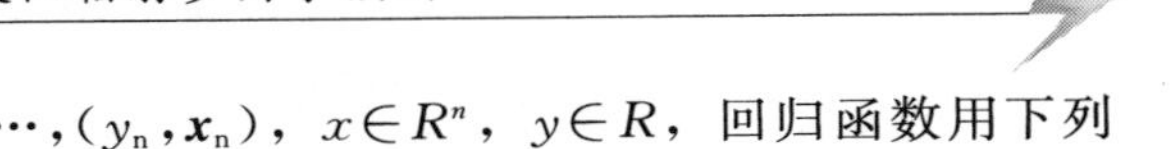

设训练样本集为：$(y_1, \boldsymbol{x}_1), (y_2, \boldsymbol{x}_2), \cdots, (y_n, \boldsymbol{x}_n)$，$x \in R^n$，$y \in R$，回归函数用下列线性方程表示：

$$f(\boldsymbol{x}, \boldsymbol{w}) = \boldsymbol{w}^{\mathrm{T}} \phi(\boldsymbol{x}) + b \tag{6-49}$$

回归的精确性由损失函数确定，支持向量回归采用了一种由 Vapnik 提出的新型损失函数（ε-insensitive 损失函数），即不敏感损耗函数 $L_e(y)$：

$$L_e(y) = \begin{cases} 0 & |f(\boldsymbol{x}) - y| < \varepsilon \\ |f(\boldsymbol{x}) - y| - \varepsilon & \text{其他} \end{cases} \tag{6-50}$$

支持向量回归通过 ε 在高维特征空间中进行线性回归分析，同时通过最小化 $\|\boldsymbol{w}\|$ 降低模型复杂度，可以通过引入松弛变量确定 ε-insensitive 区域之外的训练样本集的误差。根据最优化原理，最终求解得逼近方程为：

$$f(\boldsymbol{x}) = \sum_{i=1}^{N_{sv}} (-\alpha_i + \alpha_i^*) K(\boldsymbol{x}_i, \boldsymbol{x}) + b \tag{6-51}$$

式中　　N_{sv}——支持向量数；

$K(\boldsymbol{x}_i, \boldsymbol{x})$——核函数。

支持向量回归机的推广性能（估计精度）决定于变换参数 C，ε 和核函数参数的设置。

参数 C 决定模型复杂度和误差容忍度之间的平衡。参数 ε 控制 ε 延迟区域的宽度，用于适应训练数据。ε 的值能够影响支持向量的个数，一方面，ε 值越大，选择的支持向量越少。另一方面，ε 值越大，得到的估计结果越平滑。因此，C 和 ε 的取值在不同的方面影响着模型的复杂度。

事实上，支持向量机模型的泛化能力依赖于三个参数的共同作用，这增加了选择最佳参数的复杂性。选择特定的核函数类型和核函数参数通常要基于应用领域的知识，并且要反映训练数据输入值的分布情况。

6.5.2.2　风速预测建模

基于 SVR 的风速超短期预测建模，目的是为了建立一个风速与输入因子之间的逼近方程，这种关系显然是非线性的，势必就要选择合适的核函数实现非线性映射。

根据 6.5.1.2 节中风速预测因子的选取，将风速、气温、气压、湿度、风向分别表示为 x_i（$i=1, 2, \cdots, 5$），组成的输入因子向量为 $\boldsymbol{x} = (x_1, x_2, x_3, x_4, x_5)^{\mathrm{T}}$，输出因子为风速值 W。基于式（6-51）可建立逼近方程（6-52）用于风速超短期预测，其中 $W(t)$ 表示预测时刻的风速值，$\boldsymbol{x}(t)$ 表示预测时刻的输入因子值，预测时刻输入因子值可通过数值天气预报获得，也可以分别预测。

$$W(t) = \sum_{i=1}^{N_{sv}} (-\alpha_i + \alpha_i^*) K[\boldsymbol{x}_i, \boldsymbol{x}(t)] + b \tag{6-52}$$

6.5.2.3　太阳辐射预测建模

根据 6.5.1.3 节中太阳辐射预测因子的选取，将大气层外辐射、气压、湿度、压

强、大气质量和清晰度指数分别表示为 x_i（$i=1, 2, \cdots, 6$），组成的输入因子向量为 $\boldsymbol{x}=(x_1, x_2, x_3, x_4, x_5, x_6)^T$。输出因子为预测时刻的太阳辐射值 I。基于式（6-51），可建立逼近方程式（6-53）用于太阳辐射超短期预测，其中 $I(t)$ 表示预测时刻的太阳辐射值，$\boldsymbol{x}(t)$ 表示预测时刻的输入因子值，预测时刻输入因子值可以通过数值天气预报获得，也可以分别预测。

$$W(t)=\sum_{i=1}^{N_{sv}}(-\alpha_i+\alpha_i^*)K[\boldsymbol{x}_i,\boldsymbol{x}(t)]+b \tag{6-53}$$

6.6　基于地基云图的太阳辐射预测

前面介绍的太阳辐射超短期预测方法，都是利用历史气象要素数据和光伏电站输出功率数据进行统计分析，找出其内在规律并进行预测。这些模型在地表辐射变化平缓时预测效果较好，而由云引起的地表辐射剧烈变化很难用统计方法实现准确预测。这一问题的解决，需要对云和地表辐射进行长期的自动监测，通过云的预测和云辐射强迫分析，实现地表辐射超短期预测。

近年来，遥感监测设备的更新和数字图像处理技术的不断发展，云的自动化观测技术、实时采集技术日趋成熟，都为基于地基云图的地表辐射预测的实现提供了技术支撑，可将云这一主要气象要素从众多影响地表辐射的随机因素中单独分离出来，为光伏发电功率超短期预测提供了一种崭新的方法。

6.6.1　图像采集

遥感技术是 20 世纪 60 年代兴起的一种探测技术，它是根据电磁波的理论，应用各种传感器对目标物所辐射和反射的电磁波信号进行采集、处理，实现目标物的探测和识别。

利用地球同步卫星或极轨卫星可进行大范围云图采集，常见的气象卫星云图包括红外云图、可见光云图、水汽云图以及增强云图等。

全天空成像仪是一种全彩色数字成像设备，可以实现全天空图像持续观测，其特点是时空分辨率较高，不仅可以自动分析天空云量的大小，还可以借助成像技术实时获取天空图像记录。通过地基云图可以实现云的运动趋势分析，为较小范围内的太阳辐射变化特性分析研究提供关键数据。

图像分辨率是衡量全天空成像仪的重要指标，高分辨率的图像信息对于云图的纹理分析、云类识别和云高估计是非常重要的。在光伏发电功率超短期预测中常用的云图监测设备的分辨率大于 352×288 像素。图 6-17 为某款地基天空成像仪在不同天气条件下采集的华东某地全天空图像，展示了不同天气类型下的天空云况。

6.6.2　云团识别

在太阳辐射超短期预测研究中，将云图像中的云团设置为图像识别的主要目标物，

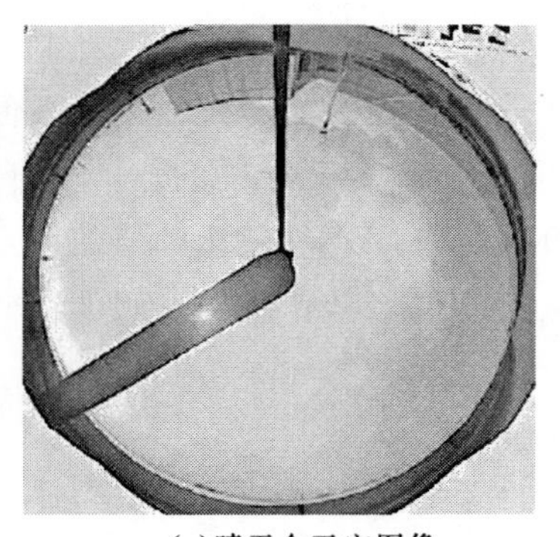

(a)晴天全天空图像

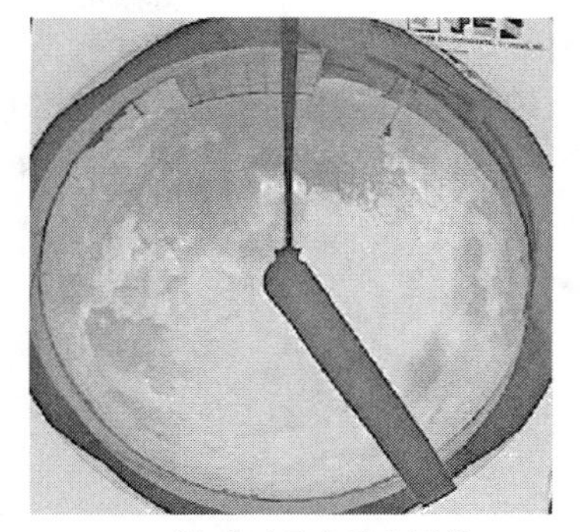

(b)多云天全天空图像

图 6-17 地基天空成像仪采集的图像

其核心技术可以归纳为通过云团的识别、提取，进行传感器可视范围内云团的运动估计，实现云团的运动趋势预测。

6.6.2.1 图像预处理

图像预处理是指对天空成像仪获取的图像进行数字化分析，突出图像中云图和天空的信息。对于原始图像，由于机械元件或者信道传输等因素都存在着一定程度的噪声干扰，噪声会影响图像质量，导致图像模糊。同时，在图像监测过程中客观存在能见度低、大气悬浮颗粒密度高等因素，所采集的图像样本会发生图像边缘模糊，造成线条、轮廓解析度低等问题，这都不利于云团的提取。为了消除以上干扰，采取中值滤波、图像锐化等方法进行图像预处理。

1. 中值滤波

中值滤波可以克服线性滤波器所带来的图像细节模糊，而且对滤除脉冲干扰及颗粒噪声最为有效。中值滤波的原理是把图像中单点的灰度值用该点领域中各点值的中值来替代。

2. 图像锐化

经过中值滤波，对图像中被模糊的细节予以突出，一般可采用基于拉普拉斯算子的二阶微分图像增强。

3. 图像复原

由于全天空云图在采集过程中，遮挡物的影像会影响后续的云图处理，利用霍夫检测对遮光带和镜头支臂进行定位，并利用周边像素填充的方法实现图像复原，去除遮光带和镜头支臂，实现图像复原。

6.6.2.2 云团识别

为了在彩色云图中提取云团，可利用颜色特征进行云团识别。根据大气、云粒子对可见光不同的散射原理，当天空为晴空时，蓝光波段的散射远远大于红光波段的散射，所以晴空呈现蓝色；而云粒子对可见光的散射，在不同波段散射的程度是相当的，所以天空云体呈现白色。

设定合理的红蓝比阈值便可以有效地区分云团和天空，进而产生二值化图像。有研究指出，根据大量图像分析，以红蓝比值大于 0.6 的像元为云点，低于 0.6 为非云点，能得到较好的识别效果，但是由于各个地方大气环境的不同，红蓝比阈值的设定必须运用大量图像数据进行多次反复的样本学习才能设置合理的红蓝比阈值。假设红蓝比阈值为 θ，可得到二值图。

$$I(i,j)=\begin{cases}1, R(i,j)/B(i,j)>\theta \\ 0, R(i,j)/B(i,j)\leqslant\theta\end{cases} \tag{6-54}$$

由于某些小云点，或者图像中与云颜色类似的气溶胶颗粒都有可能被误判为云团，这不仅增加后续图像计算中的计算量，还会对整体分析云团移动带来干扰。为了有利于云的运动分析，尽量在图像中保留相对较大、较集中的云团，采用如下处理方法：先对二值化图像进行膨胀，再进行腐蚀的形态学开运算，形态学开运算可以平滑对象轮廓，去掉细小突出部分。

图 6-18 所示为地基云图二值化识别，图（a）为原始图像，图（b）为相应的二值化图像。其中，二值图像中的白色区域为通过数字提取技术得到的云团影像。

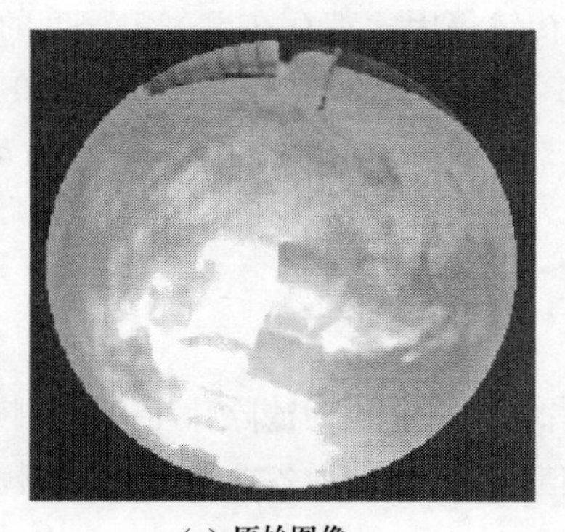

(a) 原始图像

(b) 二值化图像

图 6-18　地基云图二值化识别

6.6.3　云团运动

云图所识别的有效云团一般尺度较小，运动方向、速度基本一致。通过连续多幅图像的云团质心提取，能够实现云团运动速度向量的计算。通过上述图像的数字化分析，可以借助统计模型建立未来云团位置预测，云团运动预测如图 6-19 所示。

云团运动分析算法步骤如下：

(1) 计算连续拍摄的云图中各云团质心坐标 $(x_i, y_i)_t$，其中下标 t 为云图拍摄时间序号，下标 i 为云图中云团序号。

(2) 比较 $t-1$ 和 t 时刻云图中各云团相似度，确定两图中相同云团，给定从 $1\sim N_t$ 的云团序号。按照式（6-55）计算 t 时刻第 j 个云团的质心运动速度，其中 Δt 为图像

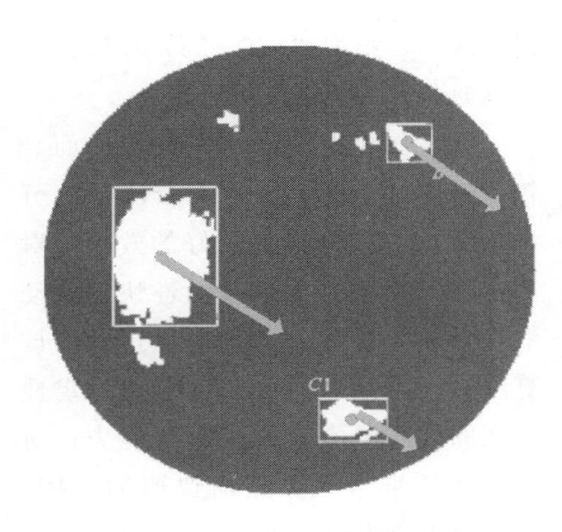

图 6-19 云团运动预测示意图

采样时间间隔：

$$v_j^t=\frac{(x_j,y_j)_t-(x_j,y_j)_{t-1}}{\Delta t} \tag{6-55}$$

（3）计算 t 时刻平均云团速度：

$$\boldsymbol{V}_t=\frac{1}{N_t}\sum_{j=1}^{N_t}v_j^t \tag{6-56}$$

（4）由 t 时刻的云团速度，得到 $t+1$ 时刻的云团位置：

$$(x_j,y_j)_{t+1}=(x_j,y_j)_t+\boldsymbol{V}_t\cdot\Delta t \tag{6-57}$$

循环以上步骤，即可得到未来一段时间内的天空云团运动情况。

6.6.4 辐射衰减

云对太阳辐射的衰减作用包含了直接辐射影响和散射辐射影响两部分，依据云图长期监测样本，可以将云图分为晴空、透光薄云和蔽光云三类。由云量差异和云种类的像素差异可以分析云对太阳辐射的衰减作用。基于长期的辐射数据和云图监测样本，对直接辐射无遮挡、薄云遮挡以及蔽光云遮挡三种情况分别统计总辐射衰减率，建立云辐射衰减模型。

总辐射衰减率 D_{GHI} 定义见式（6-58）：

$$D_{GHI}=1-\frac{GHI_{real}}{GHI_{clear}} \tag{6-58}$$

式中 GHI_{real}——实测水平面总辐射强度；

GHI_{clear}——晴空状态水平面总辐射强度。

实测水平面总辐射强度由地面总辐射计测量得到，晴空水平面总辐射根据大气层外辐射和大气质量计算得到。

晴空辐射模型见式（6-59）

$$GHI_{clear}=aI_{TOA}^2+bI_{TOA}+c \tag{6-59}$$

式中 I_{TOA}——大气层外太阳辐射强度；

a，b，c——统计拟合参数。

太阳遮挡状态通过对云图中太阳所处位置附近区域的像素类型进行判断，图像中太阳中心位置可根据天顶角和方位角的计算得到。一般以太阳中心为圆心，半径为 80（像素点数）的圆作为判断区域，统计区域内出现次数最多的像素类型作为云图拍摄时刻的太阳遮挡状态，即无遮挡、薄云遮挡以及蔽光云遮挡。按照太阳遮挡状态分类，对每一类状态对应时刻的水平面总辐射衰减率进行平均，即为该遮挡状态的云-辐射衰减率。

应用以上方法，在预知得到太阳遮挡状态时，即可由大气层顶太阳辐射强度和云辐

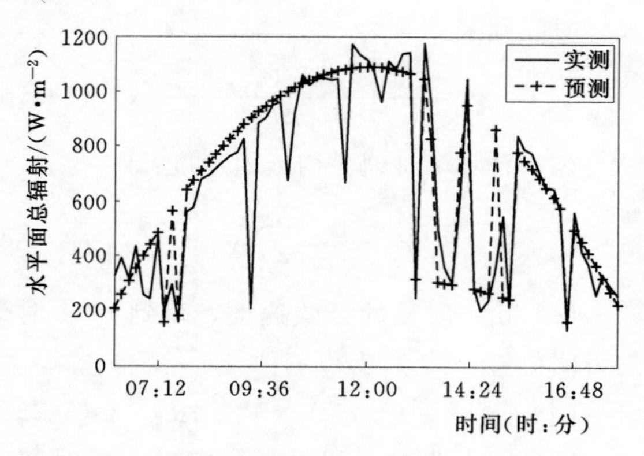

图 6-20　预测与实测水平面总辐射对比

射衰减率，根据式（6-58）计算出未来某时刻水平面总辐射强度。

图 6-20 为预测与实测水平面总辐射对比。总体上，基于云团轨迹分析的总辐射预测具有较好的效果，对 14：00 前后总辐射的连续性快速波动取得了较为理想的预测效果，说明该算法对于持续时间较长、形态稳定性较强的云团具有较好的预报能力；对于生命周期极短、生消快速的云团，预测效果尚不够理想。

6.7　风-功率转化模型

风速的超短期预测是风力发电功率超短期预测的重要前提，将风速预测值作为主要变量输入风功率转化模型，最终实现风力发电功率超短期预测。风-功率转化模型对风力发电功率超短期预测精度也至关重要，本节将分别基于理论方法和统计方法重点介绍风-功率转化模型的建立。

6.7.1　理论建模

风带动风机叶片转动，风机叶片获得的风功率表示为：

$$P=\frac{1}{2}\rho AC_{\mathrm{p}}v^{3} \tag{6-60}$$

式中　P——风轮输出功率；

ρ——空气密度；

A——风轮扫掠面积；

C_{p}——风轮功率系数，取值最大时，$C_{\mathrm{p,max}}=\frac{16}{27}$；

v——风速。

在风力发电超短期预测的理论建模中，对于已知风场中的一台特定风机，风轮扫掠面积是确定的，假定空气密度恒定。考虑风力发电机组切入风速和最大输出功率，得到某额定功率为 1500kW 的双馈变速风力发电机组的输出功率曲线，如图 6-21 所示。图中，输出功率和风速关系集中体现在切入风速、额定风速和切出风速这三个参数上，分别为 3m/s、13m/s 和 21m/s。

由图 6-21 可知，在低风速段（小于 6m/s），风速变化引起的输出功率变化较小；在中风速段（6～13m/s），较小的风速变化会引起明显的输出功率变化，如风速变化约为 2m/s 时输出功率的变化达到 400kW；在高风速段（大于 13m/s），风电机组输出恒定功率，风速的变化不会引起功率变化。因此，中风速段的风速预测对功率预测尤为重要。

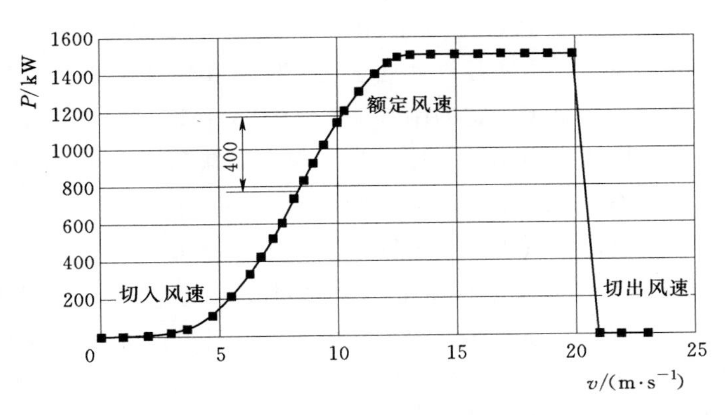

图 6-21 某 1500kW 双馈变速风力发电机组输出功率曲线

6.7.2 统计建模

一般情况下，在风机投入电场运行期间，其实际发电并不完全服从理论功率曲线。因受到很多随机因素的影响，实测风速与功率会呈现出“一对多”的关系，风速功率散点图及拟合曲线如图 6-22 所示。所以在实际中风速与功率的回归分析在风力发电功率预测中具有重要作用。

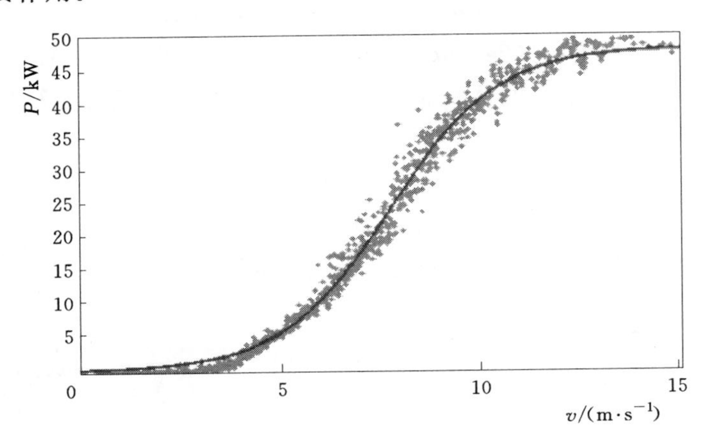

图 6-22 风速功率散点图及拟合曲线

风-功率转化的分段函数形式为：

$$P(v)=\begin{cases}0 & ,0\leqslant v\leqslant v_{\text{cut\_in}}\\ f(v) & ,v_{\text{cut\_in}}\leqslant v\leqslant v_{\text{r}}\\ P_{\text{r}} & ,v_{\text{r}}\leqslant v\leqslant v_{\text{cut\_off}}\\ 0 & ,v\geqslant v_{\text{cut\_off}}\end{cases} \tag{6-61}$$

式中　$P(v)$——风力发电机组输出功率；

v——实际风速；

v_{cut_in}——切入风速，即实际风速低于该风速时，风机没有达到出力条件，输出功率为0，当风速达到该值时，风机开始出力；

v_r——额定风速，当实际风速处于切入风速和额定风速之间时，风机输出功率与风速呈现一定的函数关系 $f(v)$，且该出力小于额定功率 P_r；

v_{cut_off}——切出风速，当实际风速 v 处于额定风速和切出风速之间时，风机以额定功率 P_r 出力，大小不随风速变化；当风速高于切出风速时，为保护风机此时风机停止运行，输出功率为0。

可见，实际风速介于切入风速和切出风速之间时是风-功率转化模型拟合的关键。从风速功率散点的分布情况（如图6-22）可知，一般风速值多分布在低于额定风速值处，相应机组运行出力低于额定功率。若考虑风力发电机组整体出力特性，可将式（6-61）近似简化为如下表达式：

$$P(v)=\begin{cases}g(v) & ,0\leqslant v\leqslant v_{cut\_off}\\ 0 & ,v\geqslant v_{cut\_off}\end{cases} \tag{6-62}$$

在建立了风-功率转化模型以后，结合风速预测值便可以预测出超短期风电功率值。

6.8　辐射-功率转化模型

太阳辐射的超短期预测是光伏发电功率超短期预测的重要前提，辐射预测值作为最主要变量，输入辐射-功率转化模型最终实现光伏功率超短期预测。辐射-功率转化模型对光伏发电功率超短期预测精度至关重要，本节将分别基于理论方法和统计方法重点介绍辐射-功率转化模型的建立。

6.8.1　理论建模

光伏组件在实验室环境下测得的光伏电池发电特性，如图6-23所示。

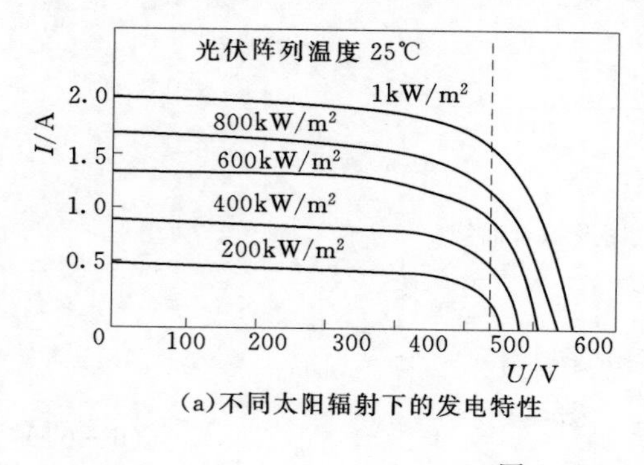

(a)不同太阳辐射下的发电特性

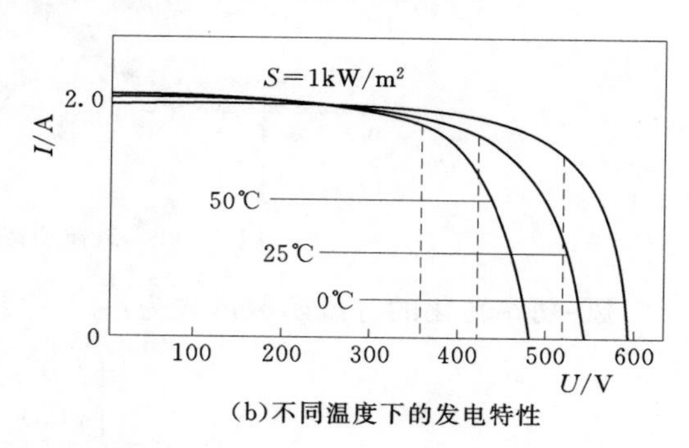

(b)不同温度下的发电特性

图6-23　光伏电池发电特性

考虑太阳辐射变化和温度影响时的理论模型为：

$$I=I_{sc}\{1-C_1[\exp((U-\Delta U)/C_2U_{oc})-1]\} \tag{6-63}$$

$$P=UI \tag{6-64}$$

$$\Delta T=T-T_{ref} \tag{6-65}$$

$$\Delta I=\alpha(S/S_{ref})\Delta T+(S/S_{ref}-1)I_{sc} \tag{6-66}$$

$$\Delta U=-\beta\Delta T-R_s\Delta I \tag{6-67}$$

式中　S，T——太阳辐射和光伏电池温度值；

S_{ref}，T_{ref}——太阳辐射和光伏电池温度参考值，一般分别取值为 $1kW/m^2$，25℃；

I_{sc}，U_{oc}——短路电流和开路电压；

R_s——负载电阻；

α——参考日照强度下的电流温度系数；

β——参考日照强度下的电压温度系数。

对于单晶硅以及多晶硅太阳电池其实测值为 $\alpha=0.0012I_{sc}$（A/℃）；$\beta=0.005U_{oc}$（V/℃）。

6.8.2 统计建模

光伏电站发电效率主要受地表辐射、光伏组件特性、逆变器整机效率，以及最大功率峰值跟踪等因素影响。因而，光伏电站的出力特性可总体视为由太阳能资源特性及电站发电设备特性所决定。

像所有其他半导体器件一样，太阳能电池对温度非常敏感，对光伏组件功率的转换效率有显著的影响。考虑温度因素建立光电转化模型为：

$$p(t)=\eta(t)f[I(t)] \tag{6-68}$$

$$f[I(t)]=a_m I^m(t)+a_{m-1}I^{m-1}(t)+\cdots+a_0 \tag{6-69}$$

式中　$p(t)$——t 时刻的预测功率；

$\eta(t)$——t 时刻温度影响下的功率折损系数；

$I(t)$——t 时刻的总辐射值。

$f[I(t)]$ 可以通过曲线拟合得到，其曲线类型和曲线拟合方程［式（6-69）］中的项数 m 可以通过历史功率数据和地表辐射数据绘制散点图，并根据散点图确定。拟合过程首先要建立下式中的目标函数：

$$\min_{a_1\cdots a_m}\sum_{i=1}^{n}\{a_m I^m(t)+a_{m-1}I^{m-1}(t)+\cdots+a_0-f[I(t)]\}^2 \tag{6-70}$$

通过最小二乘法确定目标函数中的系数为$\hat{a}_0$，…，$\hat{a}_m$，从而得到 $f[I(t)]$。

$$f[I(t)]=\hat{a}_m I^m(t)+\hat{a}_{m-1}I^{m-1}(t)+\cdots+\hat{a}_0 \tag{6-71}$$

6.9　超短期预测误差校正技术

超短期预测误差校正技术基于预测值与实际监测值的实时分析，以误差特征的在线评价为前提进行后续预测误差估计，从而达到减小预测误差的目的。依据这一思路，本节将对预测误差的评价指标以及适用于超短期预测误差校正的方法进行简要介绍。

6.9.1　误差评价指标

预测误差评估是对超短期预测结果性能的量化，通过预测误差的评估不仅可以考核预测系统的稳定性，而且还是分析误差来源，对算法进行评测的重要手段。若定义 C_{ap} 为新能源电站的装机容量，t 为时间，n 为考核样本个数，P_{Pt} 为 t 时刻风电场的实测输出功率，P_{Ft} 为 t 时刻风电场的预测输出功率，N_{pass} 为合格样本个数。下面给出常用的误差评价指标公式。

输出功率与预测功率间的相关系数为：

$$R=\frac{\sum_{t=1}^{n}[(P_{\mathrm{Pt}}-\overline{P_{\mathrm{P}}})\cdot(P_{\mathrm{Ft}}-\overline{P_{\mathrm{F}}})]}{\sqrt{\sum_{t=1}^{n}(P_{\mathrm{Pt}}-\overline{P_{\mathrm{P}}})^2\cdot\sum_{t=1}^{n}(P_{\mathrm{Ft}}-\overline{P_{\mathrm{F}}})^2}} \tag{6-72}$$

功率预测的均方根误差：

$$RMSE=\frac{\sqrt{\sum_{t=1}^{n}(P_{\mathrm{Ft}}-P_{\mathrm{Pt}})^2}}{C_{\mathrm{ap}}\sqrt{n}} \tag{6-73}$$

功率预测的平均绝对误差：

$$MAE=\frac{\sum_{i=1}^{n}|P_{\mathrm{Pt}}-P_{\mathrm{Ft}}|}{C_{\mathrm{ap}}\sqrt{n}} \tag{6-74}$$

功率预测的相对平均绝对误差：

$$RMAE=\frac{\sum_{t=1}^{n}|P_{\mathrm{Pt}}-P_{\mathrm{Ft}}|}{C_{\mathrm{ap}}\sqrt{n}P_{\mathrm{Pt}}} \tag{6-75}$$

预测样本合格率为：

$$RP=\frac{N_{\mathrm{pass}}}{n} \tag{6-76}$$

上述指标中，R 值越高、$RMSE$ 值越低表示模型预测精度的平均表现越好，MAE 值越

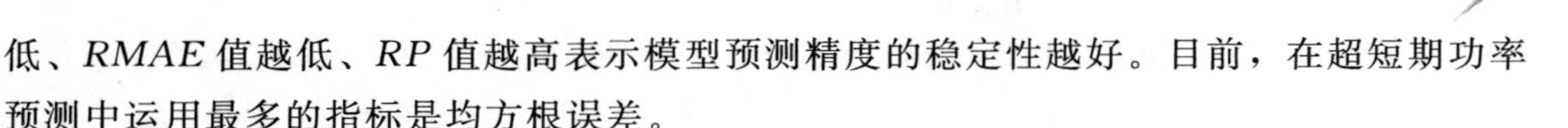

低、*RMAE* 值越低、*RP* 值越高表示模型预测精度的稳定性越好。目前，在超短期功率预测中运用最多的指标是均方根误差。

6.9.2　误差校正方法

误差校正方法的关键是对误差进行分析和建模，常用的误差校正方法有自回归模型、卡尔曼滤波法、偏最小二乘法等，其中自回归模型在误差趋势预测中有较好的应用，其实现流程如图 6-24 所示。在实践中，一般通过对实测功率与预测功率的误差进行自回归建模预测，实现对未来预测误差的估计，以此校对预测值来提高超短期预测精度。

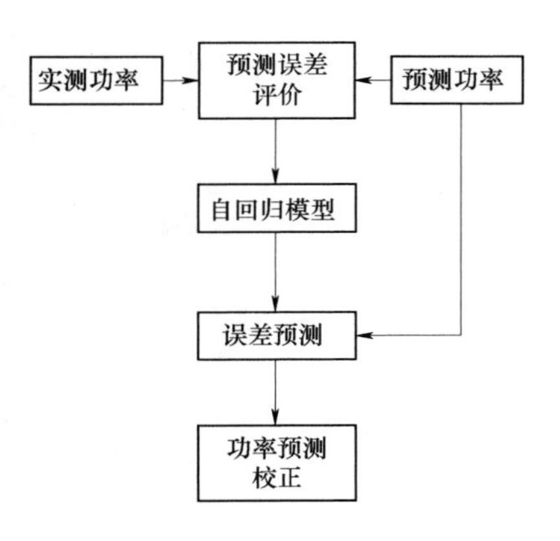

图 6-24　自回归模型功率预测误差校正实现流程示意图

若历史预测误差值为 $\{x_t\}$，白噪声序列表示为 $\{a_t\}$，回归系数用 $\phi_j(j=1,2,\cdots,p)$ 表示，可得到的自回归模型为：

$$x_t=\phi_1 x_{t-1}+\phi_2 x_{t-2}+\cdots+\phi_p x_{t-p}+a_t \tag{6-77}$$

若样本观测数为 N，记

$$Y=[x_{p+1}\quad x_{p+2}\quad \cdots\quad x_N]^T \tag{6-78}$$

$$\varepsilon=[a_{p+1}\quad a_{p+2}\quad \cdots\quad a_N]^T \tag{6-79}$$

$$\phi=[\phi_1\quad \phi_2\quad \cdots\quad \phi_p]^T \tag{6-80}$$

$$A=\begin{bmatrix} x_p & x_{p-1} & \cdots & x_1 \\ x_{p+1} & x_p & \cdots & x_2 \\ \vdots & \vdots & & \vdots \\ x_{N-1} & x_{N-2} & \cdots & x_{N-p} \end{bmatrix} \tag{6-81}$$

则自回归模型可以表示为：

$$Y=A\phi+\varepsilon \tag{6-82}$$

由最小二乘原理可得到模型参数的估计为：

$$\hat{\phi}=(A^TA)^{-1}A^TY \tag{6-83}$$

那么根据最小二乘估计值可以得到噪声的估计值为：

$$\hat{a}_t=x_t-x_{t-1}\hat{\phi}_1-x_{t-2}\hat{\phi}_2-\cdots-x_{t-p}\hat{\phi}_p,t=p+1,\cdots,N \tag{6-84}$$

噪声方差 $\hat{\sigma}_a^2$ 的最小二乘估计值为

$$\hat{\sigma}_u^2=\frac{1}{N-p}\sum_{t=p+1}^{N}\hat{a}_t^2=\frac{1}{N-p}\hat{\varepsilon}^T\hat{\varepsilon} \tag{6-85}$$

误差校正属于提高预测精度的辅助手段，当误差呈现出一定规律性时，误差校正效果明显；当误差随机性较强时，误差校正效果不明显，甚至有校正失误的风险。总体上说，在预测模型确定且长期较稳定运行的前提下，预测误差校正对预测精度的提高起到重要作用。图6-25展示了西北某光伏电站进行功率预测误差校正的效果，从功率误差序列可以看出校正效果较为明显。

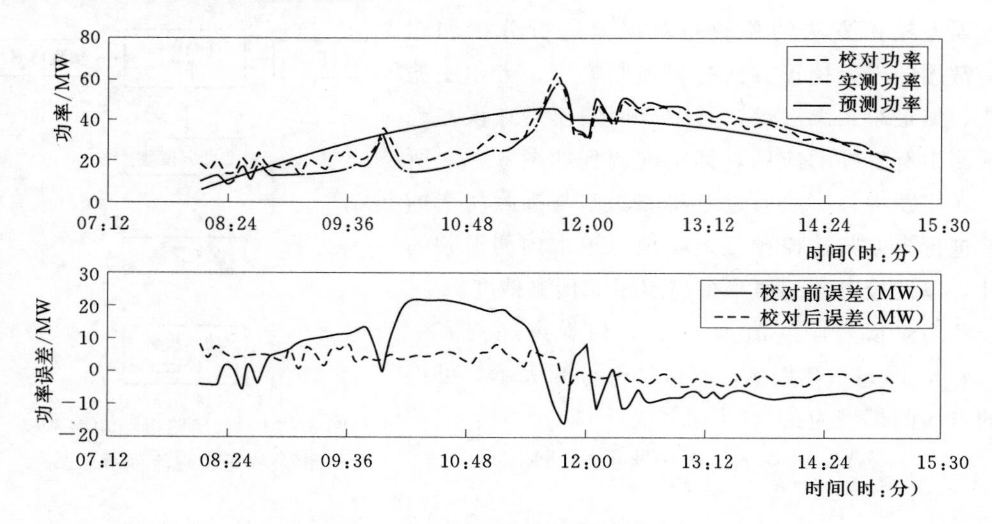

图6-25　功率预测误差校正效果图

参　考　文　献

[1] 丁明，张立军，吴义纯．基于时间序列分析的风电场风速预测模型［J］．电力自动化设备，2005，25（8）：32-34.

[2] 潘迪夫，刘辉，李燕非．基于时间序列分析和卡尔曼滤波算法的风电场风速预测优化模型［J］．2008，32（7）：82-86.

[3] 范高锋，王伟胜，刘纯．基于人工神经网络的风电功率短期预测系统［J］．电网技术，2008，32（22）：72-76.

[4] 王晓兰，王明伟．基于小波分解和最小二乘支持向量机的短期风速预测［J］．电网技术，34（1）：179-184.

[5] 刘纯，范高锋，王伟胜，等．风电场输出功率的组合预测模型［J］．电网技术，2009，33（13）：74-79.

[6] T. Nielsen，H. Madsen. WPPT-a tool for wind power prediction［C］．EWEA Special Topic Conference，Kassel，2000：1-5.

[7] 王晓兰，葛鹏江．基于相似日和径向基函数神经网络的光伏阵列输出功率预测［J］．电力自动化设备，2013，33（1）：100-103.

[8] 李建红，陈国平，等，基于相似日理论的光伏发电系统输出功率预测［J］．华东电力，2012，40（1）：100-103.

[9] A. Yona，T. Senjyu，T. Funabashi. Application of recurrent neural network to short-term-ahead generating power forecasting forphotovoltaic system［C］．IEEE Power Engineering Society General Meeting，2007.

[10] Adel, M., Alessandro M. P. A 24h forecast of solar irradiance using artificial neural network: Application for performance prediction of a grid-connected PV plant atTrieste, Italy [J]. Solar Energy, 2010, 84 (5): 807-821.

[11] 栗然，李广敏．基于支持向量机回归的光伏发电出力预测 [J]. 中国电力，2008，41 (2)：74-78.

[12] 朱永强，田军．最小二乘支持向量机在光伏功率预测中的应用 [J]. 电网技术，2011，35 (7)：54-59.

[13] 代倩，段善旭，等．基于天气类型聚类识别的光伏系统短期无辐照度发电预测模型研究 [J]. 中国电机工程学报，2011，31 (34)：28-35.

[14] Long, C. N., Sabburg, J. M., Calbó, J., et al. Retrieving Cloud Characteristics from Ground-Based Daytime Color All-Sky Images. Journal of Atmospheric and Oceanic Technology23, 2006, 633-652.

[15] Yang, D., Jirutitijaroen P., et al. Hourly solar irradiance time series forecasting using cloud cover index. Solar Energy86: 2012, 3531-3543.

[16] Chow, C. W., Urquhart, B., et al. 2011. Intra-hour forecasting with a total sky imager at the UC San Diego solar energy tested. Solar Energy85, 2881-2893.

[17] 陈志宝，李秋水，等．基于全天空云图的光伏功率超短期预测建模 [J]. 电力系统自动化，2013，37 (19)：20-25.

[18] 朱永强，田军．最小二乘支持向量机在光伏功率预测中的应用 [J]. 电网技术，2011，35 (7)：54-59.

[19] 盛裴轩，等．大气物理学 [M]. 北京：北京大学出版社，2003：30-32.

[20] 杨金焕，于化丛，等．太阳能光伏发电应用技术 [M]. 北京：电子工业出版社，2009：19-40.

[21] 李万彪．大气物理——热力学与辐射基础 [M]. 北京：北京大学出版社，2010：180-182.

[22] 冈萨雷斯，等．数字图像处理（第二版）[M]. 北京：电子工业出版社，2007：97-98.

[23] 龚玺，朱蓉，等．内蒙古草原近地层垂直风速廓线的观测研究 [J]. 气象学报，2014，72 (4)：711-722.

[24] 毕雪岩，刘烽，等．北京地区大气稳定度垂直分布特征 [J]. 热带气象学报，2003，19：173-179.

第7章　风力发电和光伏发电功率预测系统

风力发电和光伏发电功率预测系统（以下简称预测系统）是集气象要素监测与预测、发电功率短期/超短期预测、资源特性分析评价以及预测后评估等功能为一体的应用软件。预测系统需要满足《风电功率预测系统功能规范》（NB/T 31046—2013）、《光伏发电功率预测系统功能规范》（Q/GDW 1995—2013）、《光伏发电功率预测气象要素监测技术规范》（Q/GDW 1996—2013）以及《风电场接入电力系统技术规定》（GB/T 19963—2011）等技术标准要求，依据实际需求和应用场景进行系统设计与开发。

7.1　系统设计

系统设计原则和设计框架是系统设计的基础，因而在预测系统设计时要进行充分的应用需求分析，遵照相关国家标准和行业规范，以功能完备、界面友好、运行稳定、扩展性强为基本设计原则，制定满足实际生产应用的设计方案。

7.1.1　设计原则

预测系统的结构设计应充分考虑应用需求与技术发展趋势。设计原则在遵照相关国家标准和行业规范的前提下，不仅要求界面友好、功能完备，还应满足稳定性、安全性、高效性、可扩展性、移植性、兼容性等设计原则。

1. 稳定性

预测系统应能长期在线稳定运行。在设计上，需要充分考虑运行中可能出现的各种异常情况，并给出相应的解决措施。

2. 安全性

应满足《电网和电厂计算机监控系统及调度数据网络安全防护规定》（中华人民共和国国家经济贸易委员会第30号令）和《电力二次系统安全防护规定》（国家电力监管委员会第5号令）对电网计算机监控系统之间互联的安全要求，采用加密防护措施保证数据和系统的安全，防范来自网络的攻击和破坏。

3. 高效性

预测系统在局域网内可以优先选择分布式体系结构，支持大量客户端的并发访问，在物理逻辑上具备水平扩展的能力。

高性能编程语言之间的混合使用也是提高性能的一个重要途径，如C++、Java、

C 和 Python 之间的相互调用。

4. 可扩展性

预测系统应适应不断变化的实际应用需求，设计时应遵循业界的标准接口和开发规范，基于成熟技术进行组件式架构设计，以便于动态扩展。

5. 移植性

预测系统需要支持 Windows 和 Linux 操作系统，提高系统的灵活性，降低工程成本。因此在设计阶段可以优先考虑 Java 和 Python 等技术。

6. 兼容性

能够支持 IEC101、IEC102、IEC103、IEC104 等多种电力系统通信规约，满足不同的电力自动化系统间数据交互需求。

7.1.2 设计模式

预测系统平台设计模式主要采用两种方式：一种是基于（Client/Server C/S）方式；另一种是基于（Browser/Server B/S）方式。

目前，采用 C/S 平台模式的主要有基于统一技术平台扩展的系统功能模块或者独立的系统形式，而采用 B/S 平台模式的主要是独立的系统形式。两种平台设计方式各具特点和优势，且均有广泛应用。如电网调度自动化系统、智能电网调度技术支持系统和风电场、光伏电站综合监控系统等都是较为典型的 C/S 模式系统。比较典型的 B/S 模式系统在电力系统中也有很多，例如本章介绍的光伏功率预测系统、电力市场交易管理系统和交易信息系统等。

1. C/S 模式

C/S 模式（又称 C/S 结构），是软件系统体系结构的一种，它具有交互性强、存取安全和实时性强等优势。首先，交互性强是 C/S 固有优点。在 C/S 中，客户端有一套完整的应用程序，在出错提示、在线帮助等方面都有强大的功能，并且可以在子程序间自由切换。其次，C/S 模式提供了更安全的存取模式。由于 C/S 是配对的点对点结构模式，采用适用于局域网且安全性强的网络协议，这对于电网或电站的安全运行有很重要的意义。最后，由于 C/S 在逻辑结构上分为物理层和应用层，使得 C/S 在处理大数据量通信时，具有非常明显的速度优势，因此 C/S 模式非常适用于实时性要求较高的系统。典型的 C/S 模式应用系统网络结构如图 7－1 所示。

2. B/S 模式

随着互联网技术的兴起，B/S 模式（又称 B/S 结构）得到蓬勃的发展。在这种结构下，用户工作界面是通过浏览器来实现的。B/S 模式最大的好处是运行维护简便，能实现不同的人，在不同的地点，以不同的接入方式访问和操作共同的数据。简单来说，就是在电网或者电站的数据中心，将 B/S 模式的业务系统部署在对应的服务器上，在电

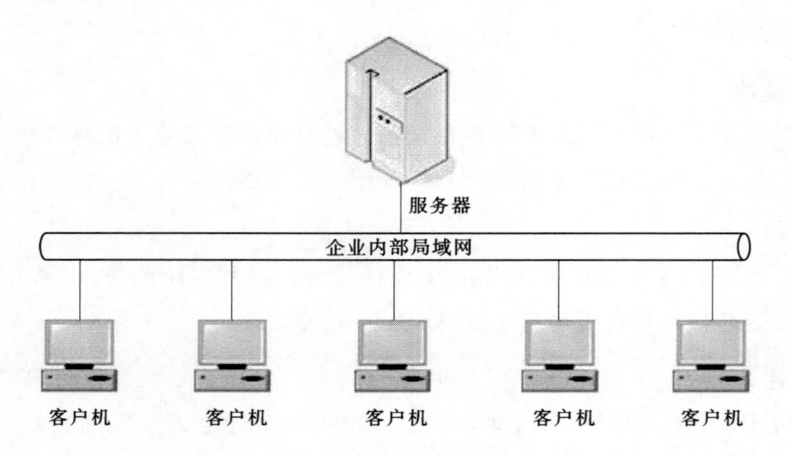

图 7-1　C/S 模式应用系统网络结构图

网或电站的内部局域网上可以很方便地访问服务器的系统。

采用 B/S 模式可以简化业务系统的客户端，它无需像 C/S 模式那样在不同的客户机上安装客户端应用程序，而只需安装通用的浏览器软件，就可以实现业务系统的访问。这样不但可以节省客户机的存储资源，而且使系统的部署更加简便、网络结构更加灵活。

B/S 模式简化了系统的开发和维护。系统开发者只要把所有已开发好的功能模块部署在 Web 服务器上，用户就可以在局域网范围内调用 Web 服务器上不同处理程序，实现对数据的访问。对于电网或者新能源电站来说，预测系统或将拥有多个分布在不同地域的客户端，当业务需求发生变化时，它不用为每一个现有的客户应用程序升级，而只需对 Web 服务器上的服务处理程序进行更新。这样不仅保障了系统升级的可靠性，还提高了系统维护的工作效率。

典型的 B/S 模式应用系统网络结构如图 7-2 所示。

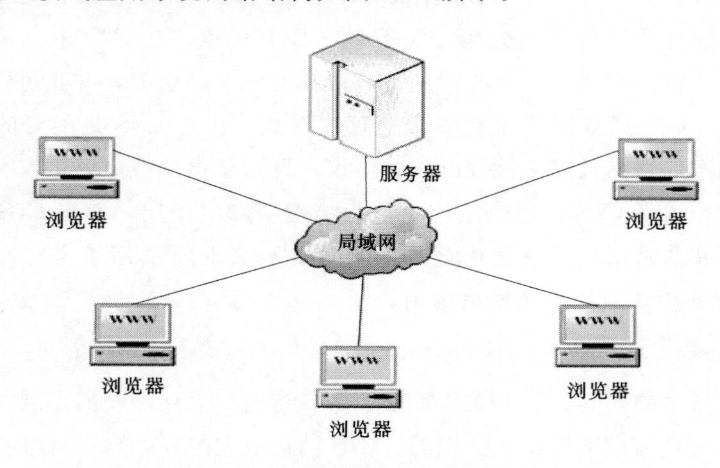

图 7-2　B/S 模式应用系统网络结构图

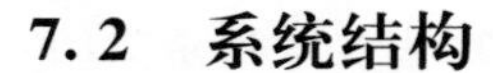

7.2 系统结构

风力发电功率预测系统和光伏发电功率预测系统的开发建设具有一定的共性，在系统结构设计上需要着重考虑数据库设计及管理、人机交互、数据接入、功率预测及分析评估等五大功能模块。根据预测系统的应用需求，本节将对预测系统的以上功能模块做全面阐述/描述。

7.2.1 数据库

作为预测系统的数据管理核心功能模块，数据库主要为系统提供各类历史和实时数据的组织、存储和管理，以支持其他功能模块的数据交互操作。数据库不仅需要对预测系统全生命周期的数据进行存储，还应在数据库的数据接口、权限管理、数据组织效率、数据存储和数据备份等功能设计开发上满足数据实时性、开放性、可靠性和安全性等方面的要求。

1. 数据接口

数据库的数据接口主要负责提供预测系统中的模型计算、统计分析和前端展示等功能的数据，因此，它对预测系统尤为重要，是系统稳定运行的前提。预测系统提供通用数据调用接口，供其他应用软件访问实时数据库表、历史数据库表的数据，以及查询日志文件。

2. 权限管理

数据库权限管理通过严密的用户、密码和对应权限管理，为预测系统的数据安全和业务权限管理提供有效的安全防护。并且预测系统还需要为数据访问提供中间数据管理层，让系统前端与后端数据服务在访问逻辑上进行隔离，这使得数据库密码管理起来更为方便，并且数据访问也更加的安全。

3. 数据组织效率

为了提高预测系统大量气象、电站数据的数据管理效率，方便后期的数据维护，数据库在数据结构设计时，将不同类型、不同时间的数据进行分类、分区存储，以提高数据管理和数据查询的效率。

4. 数据存储

数据是预测系统的基础，预测系统所涉及的存储数据主要包括数值天气预报数据、气象监测数据、电站运行数据、功率预测数据、统计分析数据和系统基础数据等。

5. 数据备份

预测系统运行一段时间后，会积累大量的气象监测、电站运行、功率信息和预测系

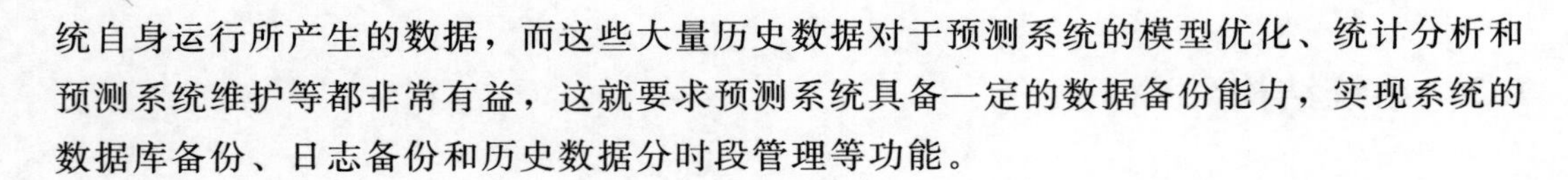

统自身运行所产生的数据，而这些大量历史数据对于预测系统的模型优化、统计分析和预测系统维护等都非常有益，这就要求预测系统具备一定的数据备份能力，实现系统的数据库备份、日志备份和历史数据分时段管理等功能。

7.2.2　人机界面

人机界面是用户和预测系统进行交互的平台，需为系统用户提供友好、丰富的展示、查询和分析画面。人机界面中通常以数据表格、过程线，以及直方图等形式向用户展示预测系统的各项实测气象数据、电站实时运行数据、预测模型的中间和最终预测结果。人机界面既可以展示实时动态数据、图形，又可以对历史数据进行综合分析对比。

典型预测系统的人机界面通常包括以下几个主要功能。

1. 信息监测

监测信息包括电站地理分布信息、实时气象信息、实测和预测功率信息等，它通常是基于二维地理信息系统（GIS）进行展示。监测信息具有实时性的特点，对展示界面的动态刷新频率提出了响应要求，一般不超过 5min。

2. 界面展示

电站基本信息包括装机容量、装机类型和气象监测站等。界面应能够支持多个电站输出功率的同步监测，同时显示系统预测曲线、实测功率曲线和预测置信区间。当预测系统在电网调度机构进行部署时，要求预测系统能够同时展示系统预测曲线、电站功率预测上报曲线和实测功率曲线。

3. 人机交互

系统可以提供查询、修改等多种人机交互方式，对预测和实测数据进行对比分析，且支持预测结果的人工修正。人机界面中所有的表格、曲线同时支持打印输出和电子表格输出。

4. 统计分析

统计分析界面包括预测误差、电站运行数据和气象监测数据统计等，界面提供表格、曲线、直方图等多种展示方式，支持日、月及任意时间段的均方根误差、平均绝对误差、相关系数、误差分布及预测合格率等统计数据的展示。

5. 上报数据管理

系统应支持电站功率预测的多种上报数据的查询展示，包括预测结果、设备运行状态、气象数据、开机计划、检修计划等。

7.2.3　数据接入

预测系统的各种气象数据、功率数据和电站基础数据是否完备、可靠，将直接影响

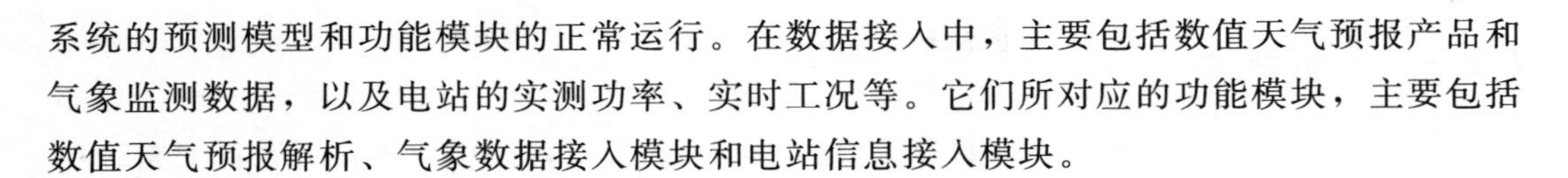

系统的预测模型和功能模块的正常运行。在数据接入中，主要包括数值天气预报产品和气象监测数据，以及电站的实测功率、实时工况等。它们所对应的功能模块，主要包括数值天气预报解析、气象数据接入模块和电站信息接入模块。

1. 数值天气预报解析模块

数值天气预报解析模块是根据预测系统预报频次和起报时间的要求，通过FTP或相关电力系统通信规约等方式，定时自动下载风速、风向、短波辐射、气温、湿度、气压、雨量等数值天气预报数据。

在此解析模块中，需要对数值天气预报数据文本的规则进行约定。解析模块通过自动筛选、格式化以及相关后处理操作，将各类气象要素数据进行整编，存入预测系统数据库。该模块支持人工补录、多数据源下载和数据质量控制功能，并且能够适应不同风电场、光伏电站、电网调度部门的通信和组网要求。

2. 气象数据接入模块

气象数据接入模块接收风电场和光伏电站所处微气象区域的太阳辐射、风速、风向、气温、湿度和气压等气象要素数据。各类实时气象数据经过合理性检验、通信状态检验等预处理后，气象数据将写入预测系统数据库。在对不同来源、不同类型的气象数据进行预处理的过程中，异常数据能够自动地被识别和标识。

3. 电站信息接入模块

电站信息接入模块自动从风电场、光伏电站的监控系统中采集场站实时功率、风力发电机组或光伏逆变器的实时功率，以及实时运行工况信息。电站信息采集模块将获得的数据存入预测系统的数据库实时数据表中，以满足预测模型计算、校验和预测模型的动态在线训练。

电站信息接入模块通常需要根据预测系统的应用对象进行具有针对性的开发，其原因在于电站信息接入模块应能够适应不同监控系统的通信规约，确保数据采集的实时性、稳定性和可靠性，而对于网省级区域性预测系统还需要满足对未来新增电站信息采集的自动扩展。

7.2.4 预测模型

短期和超短期功率预测模型是预测系统的核心功能模块，根据电站的基础数据条件和所处的地理位置，经过大量的数据统计分析和预测模型适用性条件的匹配，选用物理预测、统计预测模型等适用的预测建模方法，以实现风电场、光伏电站的发电功率的预测。

在系统开发时，根据不同的预测模型进行逻辑结构设计和实现。预测模型的技术实现方式包括两类：一是采用常用数学建模工具进行预测模型训练、测试，实现算法模型的代码编译；二是采用机器学习和人工智能来进行预测模型开发。

7.2.5　分析评估

分析评估模块是预测系统中非常重要的一项基础模块，该模块不仅可以对气象、功率数据进行统计分析和预测效果评估，而且也可为预测模型的参数调整和修订提供依据。

根据相关标准和规范，在分析评估模块的功能设计时，需要考虑日、月、年等周期的预测误差统计，以及查询任意时间段内的预测合格率、平均相对误差、相关系数以及均方根误差等统计结果。

分析评估模块的统计结果将以数据形式存入预测系统数据库统计表中，满足人机界面中图表查询的快速生成和各类统计查询数据的报表导出。具体的分析评估功能如下：

（1）具备功率历史数据、气象监测和数值天气预报产品等多种类型数据的统计分析，包括数据的频率分布统计、完整性统计，以及气象资源分布统计等。

（2）能够对实时功率、气象监测和数值天气预报等数据进行自动异常检验及处理。

（3）能够对功率历史数据、气象监测和数值天气预报等数据进行相关性校验。

（4）能够对历史任意时间段内的预测结果进行误差统计，误差指标包括均方根误差、平均绝对误差、合格率等。

（5）依据所采集的气象和功率数据，评估电站的理论发电能力，并与电站实际输出功率进行对比分析。

7.2.6　典型系统

为满足预测系统的总体设计要求，预测系统的硬件配置应能满足不同应用现场的数据通信、应用服务部署和运算效率等实际运行要求。

预测系统的功能框架如图 7-3 所示，预测系统的功能框架较为复杂，其中既包含系统的数据接入情况，也包括不同数据在存储、分析以及应用方面的逻辑。

鉴于预测系统在电力系统中所处的信息安全等级，出于网络安全的考虑，在预测系统的数据通信上需严格按照《电力二次系统安全防护规定》进行设计。在安全控制措施方面目前主要采用物理隔离方式，实现内、外网之间的数据通信，外网数据穿越隔离如图 7-4 所示。

预测系统在配备基本硬件时，要求在满足基本硬件要求的前提下，还必须具备一定的扩展性，以满足电站未来建设的扩容需求。预测系统的基本硬件一般主要包括工作站和服务器、安全防护设备、网络通信设备和其他附属设备。服务器至少包括数据库服务器、通信服务器和应用服务器，安全防护设备至少要包括防火墙、正向和反向物理隔离装置。

基于以上硬件配置所构建的场站预测系统与电力调度端的专网通信场景，实现了气象监测、电站运行等数据的采集，以及数值预报数据的下载解析和内外网间的通信。

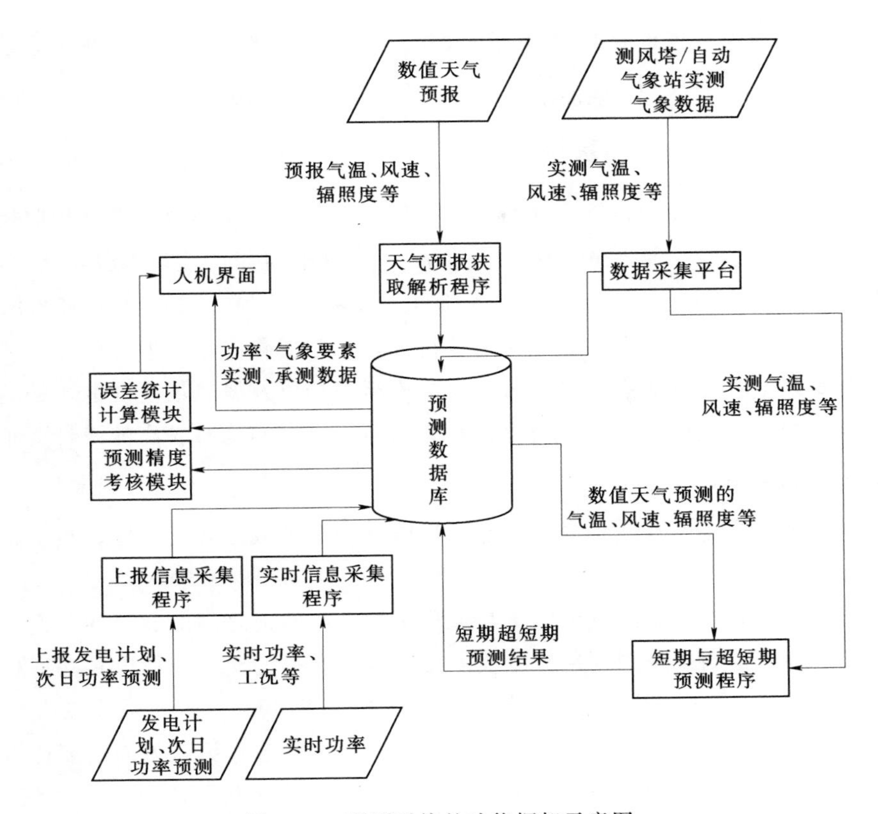

图 7-3 预测系统的功能框架示意图

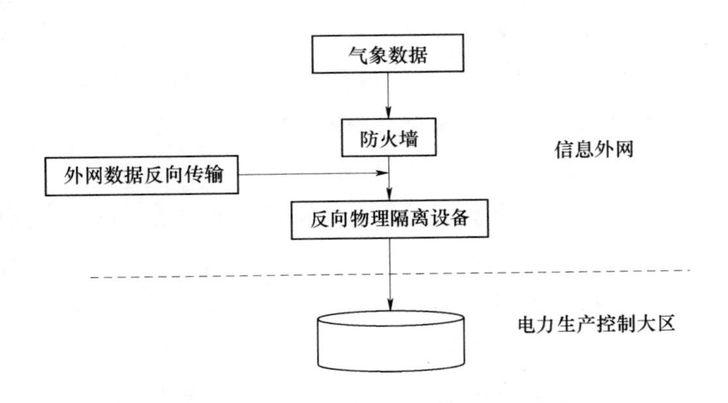

图 7-4 外网数据穿越隔离示意图

7.3 应用案例

随着新能源发电功率预测技术的发展，风力发电功率预测系统和光伏发电功率预测系统已在我国甘肃、吉林、冀北、新疆、江苏、福建等风光资源富集区域得到广泛应用。预测系统部署于网省级调度中心和风电场、光伏电站，在我国风能、太阳能的开发

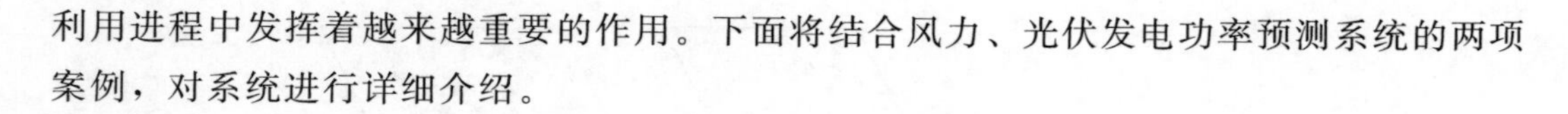

利用进程中发挥着越来越重要的作用。下面将结合风力、光伏发电功率预测系统的两项案例，对系统进行详细介绍。

7.3.1 风力发电功率预测系统

以某大型近海风电为例，着重介绍既包含风电场应用，又涉及风电远程监控建设需求的风电功率预测系统。该风电场以 1.5MW 风力发电机组为主，装机容量 200MW，年设计上网电量 4.35 亿 kW·h。风电场所处沿海狭长区域，其下垫面多为滩涂、水体，地理特性复杂，气候具有典型的海陆性特征，风能变化的季节差异明显。风电功率预测系统需要充分考虑风电场装机、风力发电机组布局以及风电场所处区域的地理气候特征，所以在测风塔选址、功率预测建模和通信组网等方面均有较高的设计要求。

1. 系统网络拓扑

本案例预测系统建设在远程集控中心，风电场配置了数据转发装置，负责将预测结果上传至直属调度部门。

在数据通信方面，为了解决风电场与远程集控中心两地之间的通信问题而专门架设了数据专线，功率预测系统则利用该专线实现了两地数据的交互。风电场功率预测系统一方面需要与集控中心的电网调配自动化集成系统（ON3000）进行数据交互，获取风电场实时出力以及 100 余台风力发电机组的出力、运行状态；另一方面需要通过专线方式与部署在风电场端的通信机进行通信，通过 IEC104 规约获取风电场实时气象信息。此外，远程集控中心的风力发电功率预测系统还需通过数据专线，将风电场运行数据、测风塔实时数据以及功率预测数据通过 E 文本方式下发至风电场端的数据转发服务器，再由转发服务器通过 IEC102 的扩展规约，将 E 文本上传至风电场所直属省电力公司调度中心。由此最大限度地减轻了风电场侧的技术管理工量，充分发挥了远程集控中心的集约管理优势。系统拓扑结构如图 7-5 所示。

在界面展示方面，该套风电功率预测系统不仅要在集控中心进行预测展示，而且支持风电场端通过通信专网实现 WEB 界面的浏览功能，所以在系统平台设计上，采用用户访问更为简便、网络结构更加灵活的 B/S 模式结构，通过设置不同的用户访问安全权限，可以满足两地不同的实际应用需求。

系统安全防护方面，要求数值预报的下载采用硬件防火墙，而且在远程集控中心至风电场的数据下行链路上配置反向安全隔离设备，以满足电力二次系统安全防护要求。

2. 人机界面功能模块

综合考虑预测系统的应用需求可以发现，风电功率预测系统的人机界面功能主要分为实时监测、气象信息和功率信息三大功能模块，以及多类系统功能子项。其中，实时监测模块主要针对实时功率数据和实时气象数据的展示；气象信息模块主要包括各类气象统计分析的展示；功率信息模块是人机界面中应用最为频繁的部分，主要展示次日计划曲线（短期预测）、风力和功率数据对比曲线等信息，以及预测精度等统计分析信息。

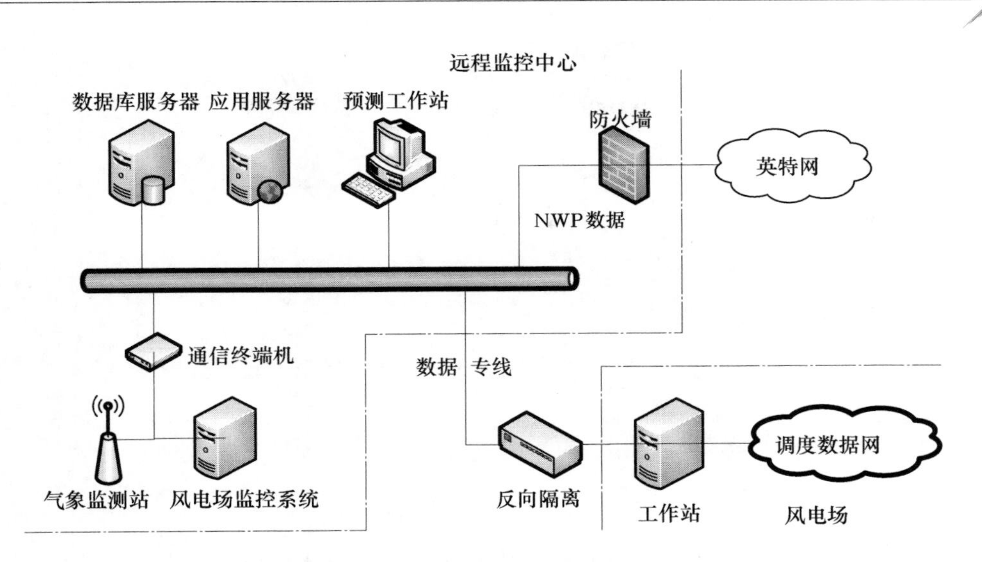

图 7-5 系统拓扑结构图

人机界面功能模块如图 7-6 所示。

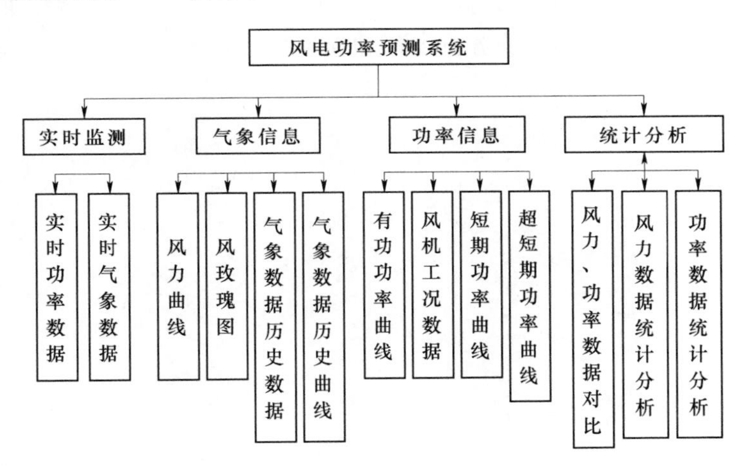

图 7-6 人机界面功能模块示意图

(1) 预测系统主界面。预测系统主界面以多种方式展示了实时状态信息，包括实时功率、预测功率、实时气象数据等动态信息，以及风电场全景和基础数据等静态信息，便于用户直观快速地掌握预测系统的运行数据和风电场状态。

预测系统在数据展示时，采用丰富的数据曲线和数据图表形式进行呈现。在曲线图中，常采用多色曲线来标识实测数据、短期预测数据、超短期预测数据等不同的数据类别。界面中除了具有数据曲线展示外，还采用表格形式展示预测的统计分析结果，使得系统用户能够较为清晰的掌握当前系统运行情况，风力发电功率预测系统主界面如图 7-7 所示。

(2) 短期/超短期功率预测曲线。功率预测曲线主要采用曲线图的方式，实现不同

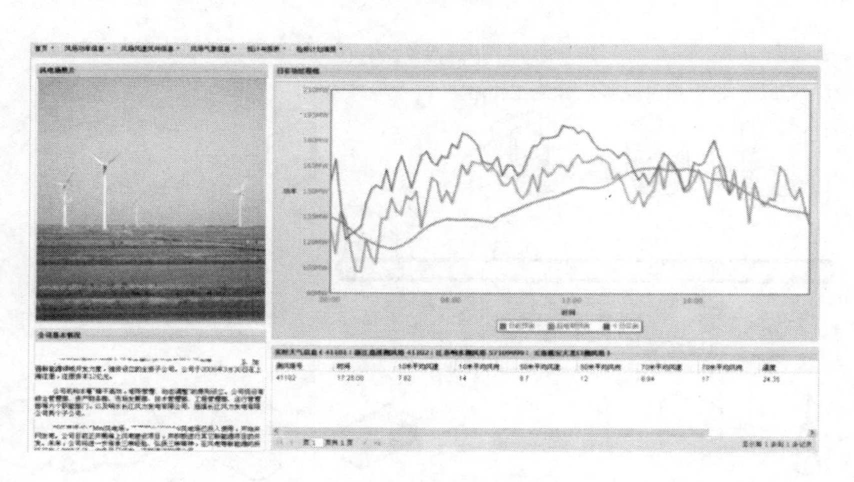

图 7-7　风电功率预测系统主界面

查询条件下的风电场实测功率、短期预测功率和超短期预测功率进行查询对比展示。

这一界面可以选择查询时间和曲线显示类型，通过图形分析可以展示预测数据和实测数据的一致性趋势、绝对误差和时段最大误差的发生时间，为系统用户的预测精度评价以及研究人员的预测模型跟踪、分析评估和模型修订提供依据。短期/超短期功率预测曲线如图 7-8 所示。

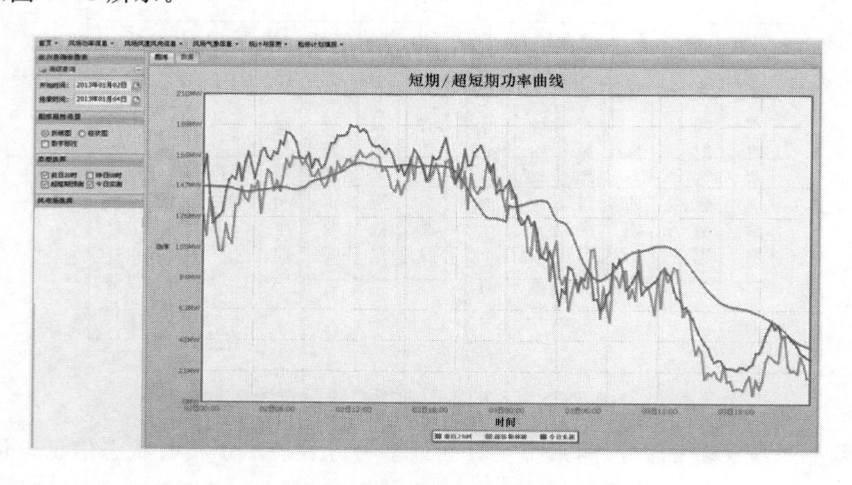

图 7-8　短期/超短期功率预测曲线

（3）风玫瑰图展示界面。对于风电场的运维管理，可以通过分析该区域内测风塔的风玫瑰图，来准确掌握辖区内风能资源的特性。按照风玫瑰图的数据定义，通过对预测系统长期采集积累的气象监测数据进行统计分析，绘制出风电场区域的风玫瑰图。

风玫瑰图是在极坐标底图上，点绘出某一地区在特定统计时段内的各个风向出现的频率，或各风向平均风速的统计图。预测系统通过风玫瑰图的展示，能够向系统用户直观地展示某时段内风电场风资源的分布情况以及主导风向。风玫瑰图展示界面如图 7-9 所示。

（4）风速变化曲线。风速是影响风电场风机出力最直接的气象要素，风力发电功率

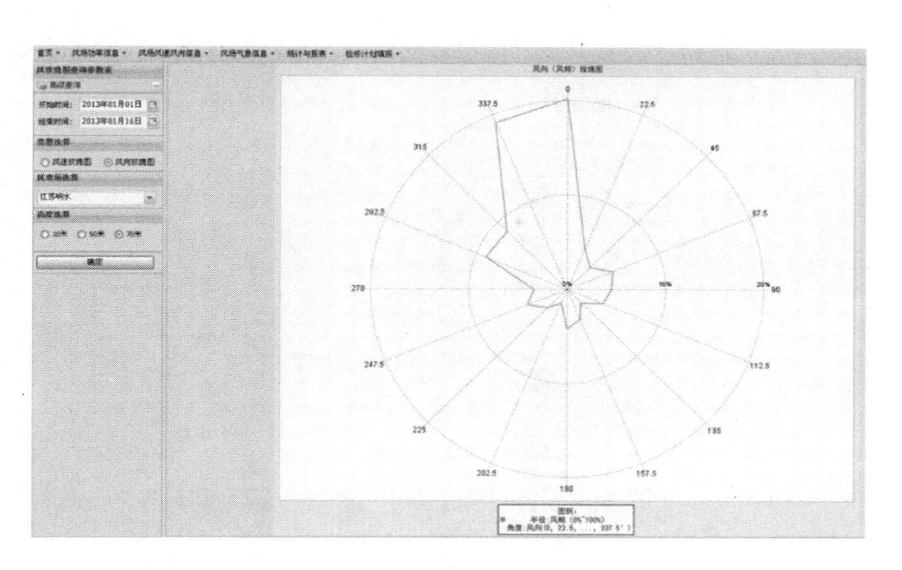

图 7－9 风玫瑰图展示界面

预测系统通过曲线图方式对实测风速、短期预测风速和超短期预测风速进行了查询对比显示，比较预测和实测数据间的一致性。

图 7－10 中，不同风速等级下，风速的预测精度存在较大差异，如何提高不同时段、不同风速等级下风速预测精度，将对预测系统的整体预测水平产生重要影响。

通过比较风速预测值与实测值之间的一致性及其日变化，有助于系统用户和研究人员有针对性地查询或分析某一特定时段的误差影响因素。风速展示界面如图 7－10 所示，风速预测整体与实测值一致性较好，但是在 1 月 3 日 12 时前后测风塔实测风速值发生跳变，超短期预测值准确地反映了这一变化，而该时段的短期预测与实测一致性发生偏差。

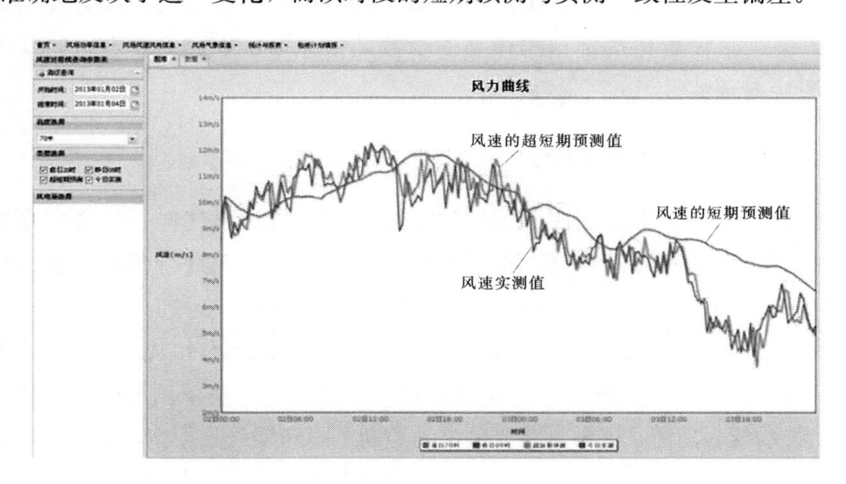

图 7－10 风速展示界面

（5）误差统计。风电功率预测系统的误差统计规则依据当前行业相关标准。其中，误差统计的对象主要包括次日 0～24h 短期功率预测精度和超短期功率预测的第 4 小时的预测精度。在统计指标方面，主要包括均方根误差、平均绝对误差、相关系数以及合格率等，误差统计界面如图 7－11 所示。

时间	类型	合格率	相关系数	均方根误差	平均相对误差
2013-06-01	20时预测	0.829	-0.267	0.188	0.157
2013-06-02	20时预测	0.86	0.686	0.144	0.102
2013-06-03	20时预测	0.856	0.148	0.116	0.169
2013-06-04	20时预测	0.882	0.643	0.135	0.112
2013-06-05	20时预测	0.892	0.545	0.16	0.129
2013-06-06	20时预测	0.817	0.789	0.127	0.198
2013-06-07	20时预测	0.898	0.681	0.126	0.1
2013-06-08	20时预测	0.833	0.295	0.149	0.123
2013-06-09	20时预测	0.844	0.748	0.133	0.215
2013-06-10	20时预测	0.881	-0.706	0.142	0.162
2013-06-11	20时预测	0.881	0.79	0.15	0.118
2013-06-12	20时预测	1	0.58	0.048	0.036
2013-06-13	20时预测	1	0.923	0.041	0.029
2013-06-14	20时预测	0.885	0.84	0.105	0.073
2013-06-15	20时预测	0.969	0.869	0.089	0.068
2013-06-16	20时预测	0.815	-0.054	0.105	0.216
2013-06-17	20时预测	0.813	0.333	0.159	0.106
2013-06-18	20时预测	0.898	-0.117	0.164	0.184
2013-06-19	20时预测	0.89	-0.243	0.139	0.21
2013-06-20	20时预测	1	0.773	0.023	0.014
2013-06-21	20时预测	0.99	-0.2	0.067	0.049
2013-06-22	20时预测	0.979	0.853	0.077	0.053
2013-06-23	20时预测	0.846	-0.203	0.169	0.204
2013-06-24	20时预测	0.99	0.906	0.056	0.037
2013-06-25	20时预测	0.835	-0.43	0.125	0.181

图 7－11　误差统计界面

在风力发电功率预测系统中，这些指标的数据类型、采样频率、计算方法和计算公式均遵照相关标准中的规定。

(6) 风电机组工况设置界面。影响预测系统预报精度的因素，除了预测模型本身外，风力发电机组运行状态也是个重要原因。本系统预留了风力发电机组检修计划输入接口，为风电场运维人员提供了可视化的手工填报界面，风力发电机组工况设置如图 7－12 所示。在手工填表界面中，系统用户可通过风电场不同区域内的风力发电机组的运行状态进行设置，该设置将决定预测模型的参数调整，以考虑风力发电机组状态异常情况下的风电场功率预测。

7.3.2　光伏发电功率预测系统

我国太阳能资源较为丰富的西部地区属温带大陆性半干旱气候，年降水量低，日照充足，非常适于光伏电站开发，现以该区域某一光伏电站为例进行预测系统介绍，电站装机容量为 30MWp，年发电量可达 3400 万 kW·h。

该电站的光伏发电功率预测系统由监测、预测、评估等几部分组成。其中，监测的数据类别主要包括气象信息和光伏电站运行状况，它为光伏电站的功率预测建模提供了基础数据；预测是系统的核心功能，能够满足光伏电站短期、超短期气象要素与功率预测要求；评估是功率预测的精度进行统计分析。以上功能基于分布式软件平台进行实现。

系统软件平台设计方面，采用 B/S 多层应用结构，系统构架满足 J2EE 规范，实现数据的集中化存储和信息共享，提高数据的利用率和系统的执行效率。在设计时特别地强调数据层和应用层的分离，这一做法的优点是以保证系统兼容性为前提，便于后期预测模型优化及

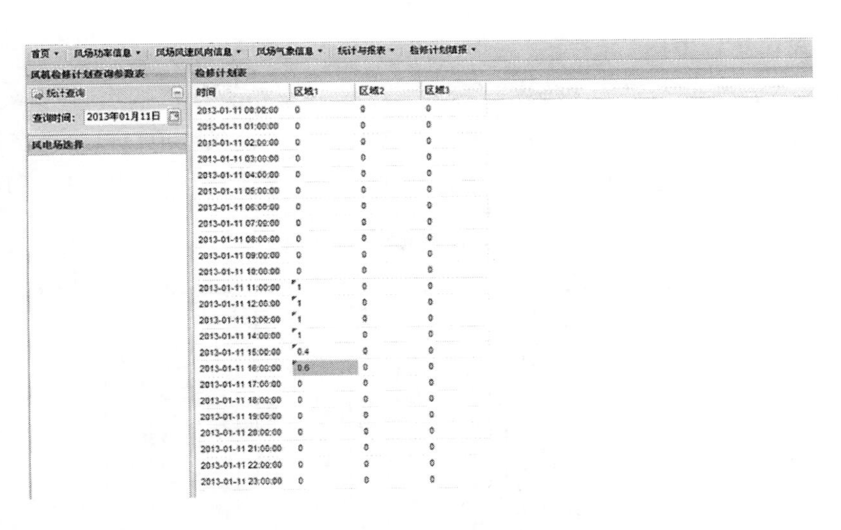

时间	区域1	区域2	区域3
2013-01-11 00:00:00	0	0	0
2013-01-11 01:00:00	0	0	0
2013-01-11 02:00:00	0	0	0
2013-01-11 03:00:00	0	0	0
2013-01-11 04:00:00	0	0	0
2013-01-11 05:00:00	0	0	0
2013-01-11 06:00:00	0	0	0
2013-01-11 07:00:00	0	0	0
2013-01-11 08:00:00	0	0	0
2013-01-11 09:00:00	0	0	0
2013-01-11 10:00:00	0	0	0
2013-01-11 11:00:00	1	0	0
2013-01-11 12:00:00	1	0	0
2013-01-11 13:00:00	1	0	0
2013-01-11 14:00:00	1	0	0
2013-01-11 15:00:00	0.4	0	0
2013-01-11 16:00:00	0.6	0	0
2013-01-11 17:00:00	0	0	0
2013-01-11 18:00:00	0	0	0
2013-01-11 19:00:00	0	0	0
2013-01-11 20:00:00	0	0	0
2013-01-11 21:00:00	0	0	0
2013-01-11 22:00:00	0	0	0
2013-01-11 23:00:00	0	0	0

图 7-12　风电机组工况设置

其他系统功能拓展。

1. 系统网络拓扑

数据采集、处理和传输是实现系统功能的关键，在具体的设计开发阶段，系统采用WEB服务与其他电力自动化系统进行数据交互。同时，通过IEC 102通信规约，以E文本方式定时向上级电网调度部门发送气象监测、短期和超短期功率预测数据。

系统的所有数据统一存入数据库服务器，通信服务器负责处理从反向隔离传输过来的气象监测数据和数值预报数据，而预测模块部署于应用服务器，承担短期、超短期预测模型的运行。预测系统网络拓扑图如图7-13所示，整个预测系统部署在的电力生产控制大区的非控制区，即电网调度控制中心的安全二区。

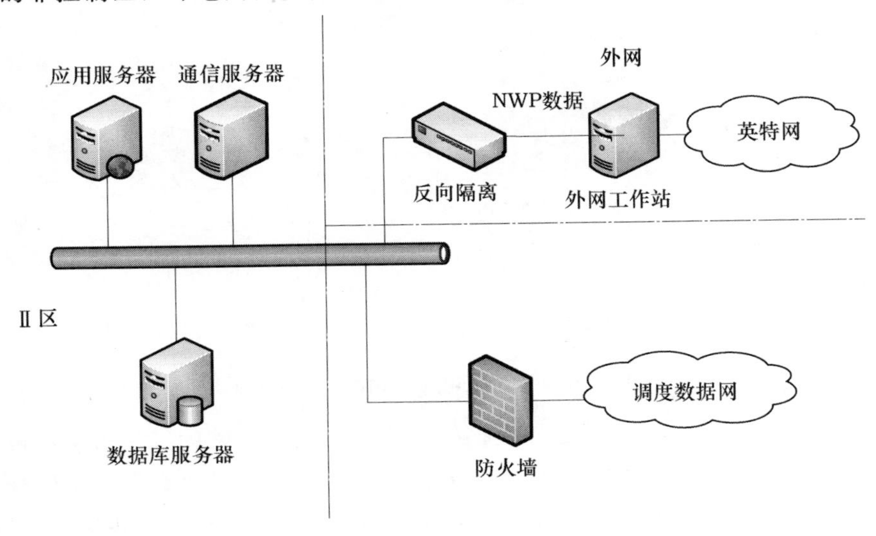

图 7-13　预测系统网络拓扑图

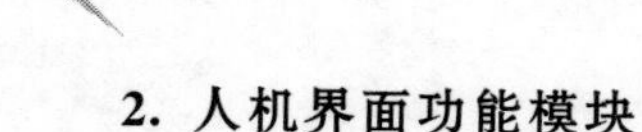

2. 人机界面功能模块

系统人机界面通过不同方式展示了预测系统的状态信息，包括实时功率、预测功率、实时气象监测等动态信息，以及光伏电站建站信息，使系统用户以较为简洁、直观地方式快速掌握预测系统的实时运行状态。其中，人机界面功能模块如图 7－14 所示。

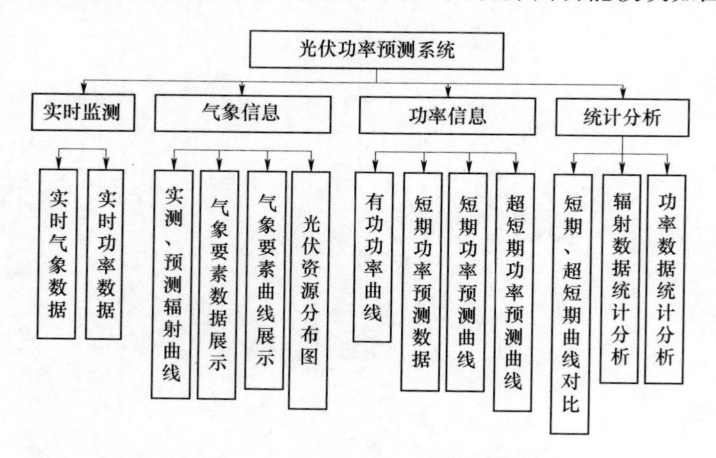

图 7－14　人机界面功能模块示意图

（1）预测系统主界面。图 7－15 是光伏发电功率预测系统主界面，该系统主界面左侧通过图文对电站进行简要介绍，右侧以曲线图方式展示当前时刻的最新监测、预测信息，包括实测数据、短期预测数据、超短期预测数据等，曲线图下方为数据表格模块，展示当前电站的实时气象监测信息，以便于系统用户了解电站当地气象条件。

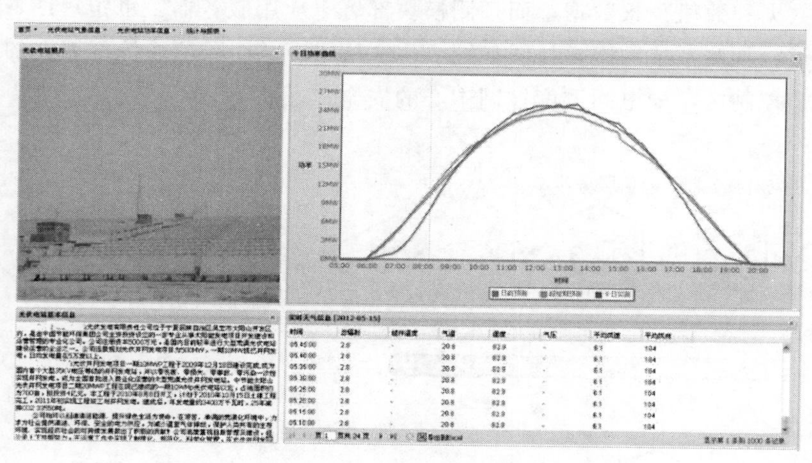

图 7－15　光伏发电功率预测系统主界面

（2）气象数据查询界面。界面以表格的方式展示光伏电站的气象信息，包括辐射、风速、风向、气温、湿度、气压等要素，支持查询时间设置以及查询信息的升降排序。此类信息可通过 Excel 文件方式导出，方便用户对查询信息进行进一步应用，气象数据查询界面如图 7－16 所示。

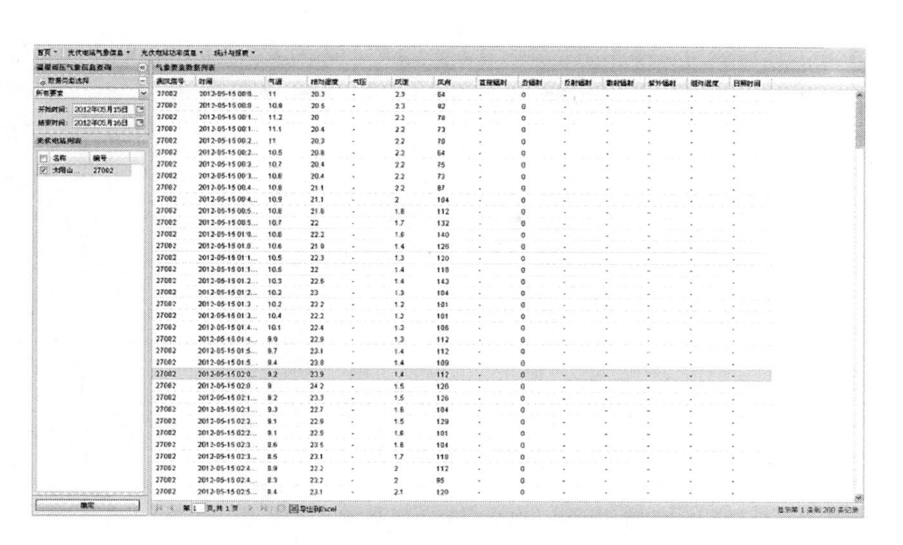

图 7-16 气象数据查询界面

（3）太阳辐射预测界面。辐射预测功能界面主要是对电站辐射的实测、预测数据进行对比展示，可以在界面的左侧参数设置功能模块中，对辐射的查询方式进行设置，以实现对不同时间、展示方式（柱状图、折线图）、展示内容的浏览。而右侧界面则通过曲线形式将查询结果作出展示，并且曲线数据可以在对应的数据表中显示，太阳辐射预测与实测对比曲线如图 7-17 所示。

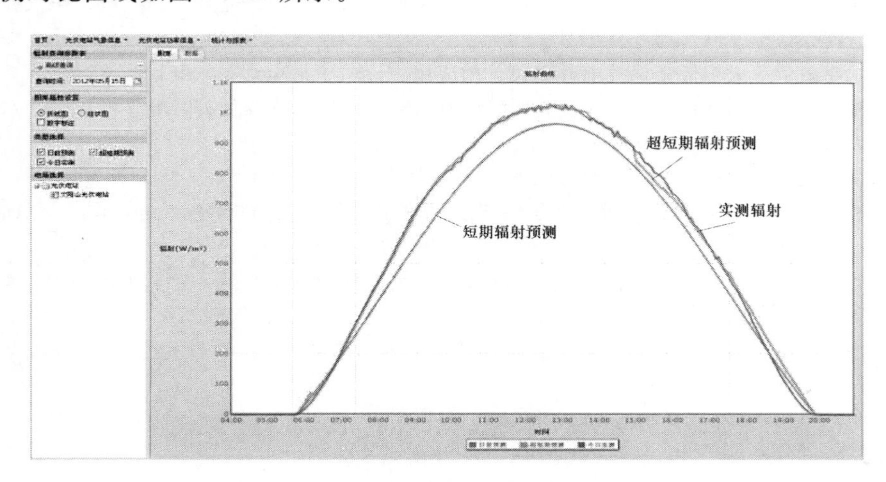

图 7-17 太阳辐射预测与实测对比曲线

（4）功率信息界面。功率信息界面主要实现功率预测曲线的展示，界面采用统一风格进行设计，在界面的左侧对查询条件进行设置，包括数据查询时间选择、数据展示方式、数据展示类型等，而在右侧区域则对查询的结果进行展示。这些功率曲线数据还可以在对应的数据表中进行展示，以便于预测效果的评估和统计，功率预测与实测对比曲线如图 7-18 所示。

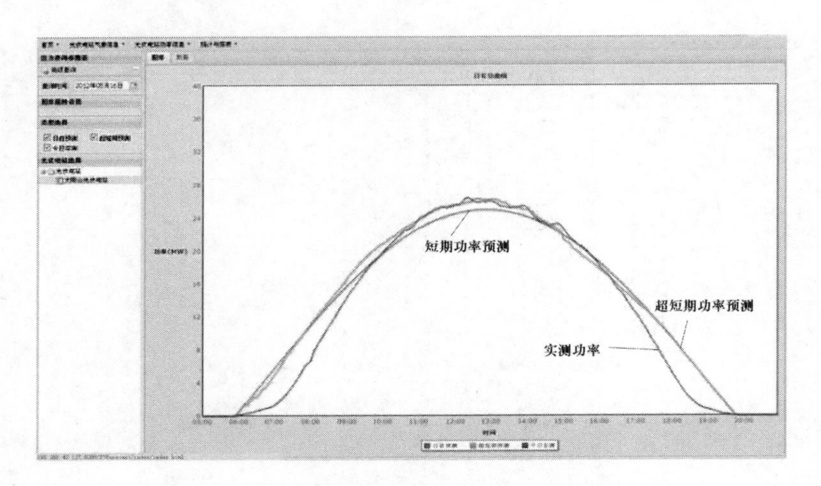

图 7-18 功率预测与实测对比曲线

参 考 文 献

[1] 杨金焕．太阳能光伏发电应用技术 [J]．第 2 版．北京：电子工业出版社，2013：176-258.

[2] 刘福才，高秀伟，牛海涛，等．太阳能光伏电站远程监控系统的设计 [J]．仪器仪表学报，2002，23 (3)：418-419.

[3] 李凌锐，董文斌，郭小坚．光伏电站远程监控系统通信模式的研究与设计 [J]．电气技术与自动化，2008，37 (5)：157-159.

[4] 袁晓，赵敏荣．太阳能光伏发电并网技术的应用 [J]．上海电力，2006，3：342-347.

[5] 杨卫东，薛峰，徐泰山，等．光伏并网发电系统对电网的影响及相关需求分析 [J]．水利自动化与大坝监测，2009，33 (4)：35-39.

[6] 郭忠文．太阳能光伏发电自动跟踪系统 [J]．太阳能，2008，6：36-37.

[7] 董广涛，穆海振，周伟东，等. 基于气象数值模式的风电功率预测系统 [J]. 太阳能学报，2012，33 (5)：776-781.

[8] 李洪涛，马志勇，芮晓明. 基于数值天气预报的风能预测系统 [J]. 中国电力，2012，45 (2)：64-68.

[9] 杨秀媛，肖洋，陈树勇. 风电场风速和发电功率预测研究 [J]. 中国电机工程学报，2006，25 (11)：1-5.

[10] Q/GDW 392—2009 风电场接入电网技术规定 [S].

[11] GB/T 19963—2011 风电场接入电力系统技术规定 [S].

[12] 温昱．软件架构设计：程序员向架构师转型必备 [J]. 第 2 版. 北京：电子工业出版社，2012.